见识城邦

更新知识地图　拓展认知边界

John R. McNeill & Peter Engelke

THE GREAT ACCELERATION

An Environmental History of the Anthropocene since 1945

大加速

1945 年以来人类世的环境史

[美] 约翰 · R.麦克尼尔
[美] 彼得 · 恩格尔克 著
施雳 译

中信出版集团 | 北京

图书在版编目（CIP）数据

大加速：1945 年以来人类世的环境史 / (美) 约翰 · R. 麦克尼尔，(美) 彼得 · 恩格尔克著 ；施雱译 . -- 北京 ：中信出版社，2021.5

书名原文：The Great Acceleration: An Environmental History of the Anthropocene since 1945

ISBN 978-7-5217-2447-9

Ⅰ . ①大… Ⅱ . ①约… ②彼… ③施… Ⅲ . ①环境－历史－研究－世界 Ⅳ . ① X-091

中国版本图书馆 CIP 数据核字（2020）第 247660 号

大加速：1945 年以来人类世的环境史

著　者：[美] 约翰 · R. 麦克尼尔　[美] 彼得 · 恩格尔克
译　者：施雱
出版发行：中信出版集团股份有限公司
（北京市朝阳区惠新东街甲 4 号富盛大厦 2 座　邮编　100029）
承 印 者：北京楠萍印刷有限公司

开　本：787mm × 1092mm 1/16　印　张：17　字　数：252 千字
版　次：2021 年 5 月第 1 版　印　次：2021 年 5 月第 1 次印刷
京权图字：01-2018-3594
书　号：ISBN 978-7-5217-2447-9
定　价：78.00 元

如有印刷、装订问题，本公司负责调换。
服务热线：400-600-8099
投稿邮箱：author@citicpub.com

目 录

导读

人类世与环境史研究

2018年初，中信出版社邀我为《大加速》[1]中文简体版写导读，我感到很荣幸，但也有点儿忐忑。因为我虽然与作者之一约翰·麦克尼尔教授交往多年，对他的研究也比较熟悉，但这本书作为第一本从环境史视角阐述尚在讨论中的地质时代——人类世和大加速的著作，理解起来并不是很容易。5月下旬，趁麦克尼尔教授来京接受北大授予他客座教授之机，我们谈起了为本书撰写导读这一提议，麦克尼尔教授很高兴，而且极力鼓励我放手去写。麦克尼尔教授的表态既是对我的肯定，也是对我的鞭策。可以说，是他帮助我下定决心来写这篇导读。

《大加速》是由麦克尼尔教授和恩格尔克博士合作完成的。恩格尔克博士曾是麦克尼尔教授在乔治敦大学外事学院指导的博士生，现在担任著名的智库"大西洋委员会"驻会高级研究员和欧洲多个智库或基金会（如日内瓦安全政策研究中心、博世基金会等）的研究员，也是乔治敦大学继续教育学院的兼职教师。他的博士论文主要研究20世纪50—80年代联邦德国的城市规划史，现在重点研究技术创新和断裂、气候变化和自然资源、地缘政治、城市化等全球和区域问题在未来30年的发展趋势。

对于麦克尼尔教授，相信国内对世界史和环境史有兴趣的读者并不陌生。他是美国著名世界史学家和环境史学家，现任乔治敦大学校聘教授，美国艺术与科学院院士（2017年），美国历史学会主席（2019年至今）。他1954年出生于美国一个历史学世家（其祖父是研究教会史的专家，其父是享誉世界的世界史学家威廉·麦克尼尔教授），1981年在杜克大学获得博士学位。1985年后，在乔治敦大学历史系和外事学院任教。麦克尼尔教授迄今已出版著作6部，编著14部，发表学术论文200多篇。其著作一经出版，大多都获得了多项学术奖励，并被迅速译成多种文字出版，产生世界性学术影响。

综合来看，麦克尼尔教授的学术研究具有如下特点：一是博大。从研究范围来看，从跨大西洋殖民帝国开始，遍及除北欧以外的全世界，兼顾微观（国家的）、中观（区域的）和宏观（全球的）研究；从研究方法来看，在坚守历史学注重档案研究的同时，还能借鉴人类学的田野调查、环境科学的建模分析等方法，并能熔于一炉。二是创新。在环境史研究中开拓了太平洋环境史、人类世和大加速等新研究领域，提出了结构世界环境史的五圈层（岩石圈、土壤圈、大气圈、水文圈和生物圈）新框架；[2] 在世界史研究中提出了人类之网新理论（经历了第一个世界性网络向城市网络和世界网络发展的过程）。三是精深。在建构历史的同时，深入探索了历史形成的推动力和形塑力，并从能量流动和复杂性增强两方面试图整合自然规律和人类社会发展规律。[3]

麦克尼尔教授的两本重要著作已经翻译成中文出版。他们父子合著的世界史著作由北京大学出版社引进，已发行了两个版本，分别是《人类之网：鸟瞰世界历史》（北京大学出版社，2011 年 7 月第一版）和《麦克尼尔全球史：从史前到 21 世纪的人类网络》（北京大学出版社，2017 年 3 月第一版）。他独著的 20 世纪环境史在中文世界发行了三个版本，分别是繁体字本《太阳底下的新鲜事：二十世纪的环境史》（台北：书林出版公司，2012 年 9 月初版），简体字本《阳光下的新事物：20 世纪世界环境史》（商务印书馆，2013 年 7 月第一版）和《太阳底下的新鲜事:20 世纪人与环境的全球互动》（中信出版集团，2017 年 7 月第一版）。前者已被多家世界通史课程指定为教材或主要参考书，后者成为世界环境史和世界近现代史课程的必读参考书。从这个角度来看，这两本书已经并将继续对中国学术界、对中国知识人的世界历史认识产生重要影响。

从《大加速》的书名，我们能够发现两个相互联系但又各自不同定义的关键概念，那就是"人类世"和"大加速"。大加速出现在主标题中，人类世出现在副标题中，副标题用"1945 年以来人类世的环境史"来限定和说明主标题。尽管早在 100 多年前，科学家就提出了诸如"人类圈""智慧圈"等术语来概括地球环境发生的变化，但一般认为，人类世的概念是 1995 年诺贝尔化学奖得主保罗·克鲁岑和尤金·斯托尔默在 2000 年发表于《全球变化简报》第 41 期上的一篇论文中明确提出来的。[4] 后来，经过保罗·克鲁岑和其他科学家在不同场合、以不同方式大力提倡而逐渐成为一个被科学界和大众传媒接受的术语。尽管如此，在有关人类世概念提出的合理性和可行性等方面依然存在着不可忽视的争论。第一，在促使地球环境变化的因素中，人类是否已经超越了自然营力成为主导力量？在研究地球演化时，国际地质科学联合会认定的标准是自然营力造成大规模的地质变迁，如旧物种灭绝和新物种爆发进而形成新生物地层。显然，自工业革命以来的人类活动确实导致了物种以越来越快的速度灭绝，但尚未形成新生物地层。如果就此认为地球演化进入了一个人为的时代，那么就会出现两套标准不统一的问题，这会在地球历史研究（具体指地质学的框架——地质年代表：宙、代、纪、世、期）中引发混乱。第二，如果人类世概念成立，那么它从什么时候开始？或者说，这个具有普遍意义的"金钉子"（作为地质时代分界线的标志层）在哪里？因为涉及人类活动，因此形成多种说法，不一而足。综观而言，主要有两类。一类认为人类世从我们现在所处的全新世中的某个时间点开始。有人认为始于 1780 年瓦特发明工业使用的蒸汽机，此后由于大量使用化石燃料导致大气中二氧化碳含量持续上升；有人认为始于 1945 年第一颗原子弹爆炸，此后在地球圈层中可以测量出数量虽少但先前没有的人造放射性核素。[5] 另一类也承认提出人类世概念的合理性，但认为以 200 年或 60 年为界划分地质时代不合理，主张人类世的起始与全新世相同，但人类世在内容上比全新世更加强调人类活动对自然界的适应和改变。[6]

尽管存在这些争议，但是如果换个思路，第一个问题将不成其为问题，第二个问题将会成为具体问题。从大历史的视角来看，如果按同比缩小，假定宇宙形成于 13 年前，地球大概只存在了 5 年，多细胞的大型有机物只存在了 7 个月，灭绝恐龙的小行星撞击地球发生在 3 周前，猿人仅存在 3 天，人类仅存在 53 分钟，农业社会存在 5 分钟，有文字记载的文明史只有 3 分钟，现代工业社会只存在 6 秒钟。[7] 这个时间序列说明，一方面人类及其文明在整个宇宙和地球历史演化中非常短暂，但另一方面随着地球的演化，人类及其文明对能量的消耗以及在此基础上形成的复杂性都达到了史无前例的程度，但这与地球环境演化的基本规律是一致的，人类之网中的信息传递契合了能量流动的热力学第二定律。换句话说，尽管人类在整个宇宙和地球历史上作为单个物种第一次在塑造生物圈中扮演了关键角色，而且改变生物圈的速度越来越快，甚至表现出某种盲目性和危险性，但是，从整体论和有机论[8]的视角来看，这并没有脱出地球环境演化的基本轨道和方向。进而言之，人类活动必须在地球环境的整体内来理解，但人又不同于一般生物体的演化，因为他具有无与伦比的社会性。从这个意义上说，改变原有的地质分层标准、引入人类力量不但具有了某种合理性，甚至可以使之具有包容性和复杂性，从而把历史与未来、人类与自然力量熔于一炉。不过，需要指出的是，这里强调人类成为全球地质变化的重要力量，并不是要否认自然营力的基础作用，因为在导致地球环境的基本变化中，自然营力仍是不可代替的。

人类活动导致大气圈的变化及其对生物圈的影响是提出人类世概念的主要依据。作为大气化学家的保罗·克鲁岑特别强调地球大气环境中二氧化碳含量的增加。他认为，人类世始于18世纪后期，因为对极地冰芯中所含空气成分的分析表明那时全球二氧化碳和甲烷含量开始增加，这正好与瓦特在1784年改良蒸汽机的时间吻合。[9] 5年后，他与威尔·斯蒂芬和约翰·麦克尼尔合作，进一步厘清了人类世与全新世的关系，辨析了工业化以前人类对地球环境的作用，指出了人类世的三个发展阶段，阐明了12项人类社会经济指标与大加速的对应关系。[10]具体而言，以大气中二氧化碳的浓度增加为唯一的和简单的指标来衡量，人类世开始于工业革命发生的1800年左右，其核心特征是化石燃料使用的迅速扩张。1800年之前是前人类世时期，尽管人类学会了用火，发生了更新世大型动物灭绝，早期农业在全新世中期的发展或许延迟了下一次冰期的开始时间，中国宋朝炼铁用煤和

13世纪以后英国伦敦的家内用煤增加了大气中二氧化碳的含量，但人类对地球环境的影响在很大程度上是地方性的和暂时的，人类及其社会在影响地球环境方面仍然无法与自然营力相提并论。

1800年后开始的人类世可以分为三个阶段。其中，第一阶段从大约1800年到1945年，是工业时期的人类世。在农业时代，人类最大程度上利用了肌力，在当时最好技术条件下利用了水力和风力等，但这种能量利用是有限度的，是瓦特改良的蒸汽机突破了这个瓶颈，从而把世界经济和人类与地球系统的关系推向新阶段。工业化之前大气中的二氧化碳含量为270~275ppm，到1950年上升到300多ppm。显然，在短短150年内增长25ppm已经突破了自然营力造成增长的上限，说明人类活动对环境已经造成了全球性影响。1945—2015年，人类世进入第二阶段，即大加速。大气中的二氧化碳含量自1950年起飞速增长，从310ppm上升到380ppm，自工业革命以来大气中增长的二氧化碳含量一半多发生在过去30年。大气中二氧化碳含量的高速增长恰好与社会经济因素的高速增长相对应，包括人口、实际国内生产总值、外国直接投资、河流建坝、水利用、化肥消费、城市人口、纸张消费、麦当劳餐厅、机动车、电话、国际旅游等12项。这从另一方面证明了人类社会经济的发展成为影响地球系统的首要因素。大约在2015年之后，人类世进入第三阶段，或许可以称之为管理地球系统。应该说，这个分界点是建立在一个猜想基础上的，他们认为，随着全球环境主义的发展，经济社会发展中的某些关键因素的增长出现放缓或逆转趋势，与此同时，人类通过科技和制度创新干预和减缓全球气候变暖也已取得进展，这必然会遏制大加速，从而使全球系统处于人类的精心管理之中。尽管这个进程仍在路上，其结果也具有很大不确定性，但大体上可以总结出三条思路，分别是相信市场可以调节的一切如常论、通过改进技术和管理来减轻人类对地球系统压力的减压论，以及采用地质工程方法控制和减少温室气体的工程干预论。

在参与“第四纪地层学分会”（Subcommission on Quaternary Stratigraphy）成立的“人类世工作组”之前，约翰·麦克尼尔已经在2000年出版了《太阳底下的新鲜事》。从书名就可以看出，作者要告诉读者20世纪的世界发生了和以前完全不同的事情，即人与环境的关系发生了巨变。这种变化从广度到深度都是前所未有的。[11]这种基于扎实的环境史研究的判断似乎与科学家提出的人类世构想有异曲同工之妙。在2014年出版的《大加速》中，他改变了2007年在与威尔·斯蒂芬和保罗·克鲁岑共同发表的文章中对人类世分期的看法。他认为，尽管关于人类世始于何时存在着不同认识，[12]但他和恩格尔克认为，人类世始于20世纪中期，其中两个重要原因分别是：第一，人类的无意识活动自20世纪中期以来成为改变生物地质化学循环和地球系统的最重要因素；第二，人类对地球和生物圈的影响自20世纪中期以来升级了。[13]显然，这个改变不仅仅是把人类世开始的时间从1800年改到了1945年，更重要或更深刻的是它改变了衡量人类世的标准，从单纯关注大气中的二氧化碳含量变化和相应的经济变化扩展到了更全面和彻底的变化。具体而言，就是此后出现了大规模的新变化激增的现象，包括化石燃料使用、人口增长、城市化、热带森林滥伐、二氧化碳和二氧化硫排放、平流层臭氧损耗、再生水使用、灌溉和河道治理、湿地排水、含水层枯竭、化肥使用、有毒化学物质排放、物种灭绝、海洋酸化等。从这个意义上说，人类世就是人为活动与环境相互作用的新地质时代，标志人类世开始的“金钉子”就是出生于1940年代到1950年代的哺乳动物的骨骼和牙齿中含有明显的核试验和核武器使用所造成的化学印记。[14]换句话说，大加速启动了人类世，虽然大加速已经呈现出不可持续的迹象，但人类世还将继续或进入新阶段。[15]也就是说，大加速只是人类世的初始阶段，人类世的新阶段正在酝酿。显然，从2007年开始参与人类世研究到2009年加入“人类世工作组”后经过与不同学科的科学家合作进而深化对人类世的认识，约翰·麦克尼尔实现了从追随、遵从保罗·克鲁岑的概念到提出自己见解的转变，实现了从用单一指标界定人类世到用系统、复杂因素衡量人类世的转变，在一定程度上也实现了把人类世从一个自然科学概念变成综合科学概念的转变。[16]

2016年8月，在南非开普敦召开的国际地质学大会上举行了一次非正式投票，科学家同意提出人类世概念，并提议向“第四纪地层学分会”提出正式命名建议。[17]“第四纪地层学分会”的“人类世工作组”也在2019年5月投票通过确立人类世作为一个时间、过程和地层的地质单位，并以20世纪中期作为人类世的起点。[18]现在，科学家正在努力从10个候选地址中确定一个标志这个时代开始的“金钉子”。“人类世工作组”计划于2021年前向负责监管官方的地质年代划分的国际地层学委员会提交正式确立人类世的提议。如果获得通过，最终将由国际地质科学联合会的执行委员会审批确立。如果终审通过，这就意味着1885年国际地质学大会通过的全新世概念将正式成为一个历史概念，其时限可以明确划定为大约1.2万年前到1945年。

这本书虽然篇幅不大，但内容丰富，四大专题（能源与人口、气候与生物多样性、城市与经济、冷战与环境文化）几乎涵盖了当代世界环境史的所有重点领域。其中，能源消耗和人口的指数性增长在1945年后的人与环境其他部分相互作用中发挥着基础性作用。自从人类经济从有机经济转向矿物能源经济之后，能源利用不但带动世界经济大发展，而且在一定程度上促成了世界霸权的转移。[19]第二次世界大战后，与人口的高速增长相结合，能源消耗大加速。与此同时，城市化和工业化从规模上看在广大发展中国家迅速扩展，从强度上看在工业化国家迅速升级。这在某种程度上可以视为争夺能源和资源的冷战愈演愈烈，于是环境危机率先在发达工业化国家爆发，然后在后发国家形成环境污染和生态破坏叠加的复合型环境问题，环境危机全球化。最令人担忧的全球性环境问题是气候变暖和生物多样性减少，最引人注目的新变化是全球性、多层次的环境主义运动的兴起和发展。随着化石能源有限性的凸显、利用技术的提高和替代能源的出现，随着发达工业化国家人口增长趋势的逆转和环境主义运动的压力，大加速似乎即将接近峰值，人类世的历史或人与环境其他部分相互作用的历史正在进入一个新的阶段。

不同于一般研究人类世或大加速的、带有强烈悲观色彩的著作，这本书在辩证思维的基础上达致悲观与乐观的统一。早期的环境史著作大都是一种“倡议史学”，为了唤起人们对环境破坏的关注而强调环境污染对人体造成损害的一面，客观上造成忽略环境与社会的弹性和恢复力的片面性。深度生态学渗透进历史学研究后，人类被等同于一般生物体，其社会性和能动性没有得到应有的重视，进而简单地把人变成生态系统的破坏者和罪人。这两种思路在人类世和大加速研究的论著中都有突出反映。虽然这种叙事能够起到惊醒世人的作用，但也容易堕入对人类文明进步失去信心甚至产生失望情绪的深渊。麦克尼尔是在环境主义运动中成长起来的学者，受到其父和汤因比、克罗斯比等学者的影响，[20]既能看到人类活动对环境的负面影响，也不忽略人类通过改进文明应对环境问题的能力。作为智库学者，恩格尔克不但要发现问题，更重要的是要提出解决问题的思路和办法。在研究人口增长对环境的影响时，他们像许多环境主义者一样，注意到了人口增长对环境造成的压力，但他们并未停留于此，而是进一步发现在某些文化中人口增长对环境保护的正面影响，从而给读者描绘了一幅人口增长与环境互动关系的复杂图景。在分析冷战与环境文化时，既看到了冷战导致的独特环境问题，也看到了在一定程度上由冷战带来的无意识的客观环境主义运动；既包括发生在发达资本主义国家和社会主义国家的环境主义运动，也包括中产阶级和穷人的环境主义运动，还包括建制内或官方的环境主义运动和建制外或非政府的环境主义运动。这种辩证思维让读者在正视人类处理与环境的其他部分的关系时无意识或有意识产生的后果的同时，也看到了人类在环境问题反作用力推动下做出的调整和改进，从而让人看到希望和未来。

与传统的历史学著作具有很强的人文特点和历史性叙事的写作方式不同，这本书主要采用专题性分析和用统计数字说话的方式来展示全球性的人类与环境的其他部分的互动史。在 20 世纪的历史编撰中，曾经发生了两次转向：一次是由年鉴学派引发的、历史学的“社会科学化”；另一次是由建构主义和解构主义引发的历史学的“语言学转向”。前者让社会、经济等成为历史叙述的主要内容，打破了历史学以政治史和外交史为主的局面；后者让历史学脱离对历史史实的分析，变成依赖话语和权力分析方法的文本分析史。在这本书中，作者大量采用了第一次转向的写法，同时在分析全球气候变化及其相关认识时采用了第二次转向的写法，但需要特别指出的是，作者提出了历史学的第三次转向即“环境转向”的概念，[21] 并在本书的写作中进行了实践。虽然作者没有对历史学的“环境转向”做出明确解释，但是，从本书的内容和麦克尼尔在其他论文中的论述，大致上可以感知，他们所讲的历史学的“环境转向”就是广义的环境史，最终将形成“超级史（Superhistory）”。这种历史的研究和写作不仅仅要关注人与人、人与自身心灵的历史，更要把这些置于人与环境的其他部分的关系史中来认识。形成这种历史认识需要借鉴自然科学的概念、方法和研究成果，这在一定意义上就是历史学的“自然科学化”。[22] 在他 2018 年获得荷兰皇家人文与科学院颁发的喜力历史学奖奖词中，主办方总结了他在融合不同学科方面的成就。具体而言，就是整合了自然科学、地球科学、技术科学、考古学和农业科学，并从中获得启发，进而把环境史和全球史这两个新潮流整合在一起。[23]

作为一本探索性著作，这本书也提出了一系列需要进一步研究的问题。从这个意义上说，它可能会成为建立在人类世概念基础上的新史学的起点。第一，传统上的地质分期和历史分期的匹配问题。从传统思维来看，无论是全新世还是人类世，主要是建立在地质时间分期基础上的，而人类史的分期是建立在历史时间基础上的。尽管从整体论和有机论视角出发可以从理论上整合地球史和人类史，但这两种既有分期显然是不协调、不匹配的。1945 年后的历史在人类史的分期中对应的是当代史范畴，那么，在此之前的全新世如何与古代史、中世纪史和现代史对应呢？或许克服这一难题的思路在于形成新的历史分期标准和规范。

第二，全球系统与人类社会的协调问题。全球系统是科学家用来分析地球环境变化的概念，其中虽然也包括人及其社会，但只是把它当作与其他环境因素类似的因素来对待。在传统历史学中，人被从人文科学和社会科学的角度来看待，人的自然属性被忽略。进而言之，从这两个不同的视野出发，前者塑造的是地球之史，后者塑造的是人的全球史。这两者显然是有区别的。人类世的环境史试图融合这两个视野和建立在此基础上的两种历史，但如何在地球系统的大框架下求得人的自然性、人文性和社会性与地球系统中其他环境因素的交融互动和平衡仍是一个需要进一步探讨的问题。

第三，环境可持续性与社会可持续性的平衡问题。1972 年罗马俱乐部发布《增长的极限》的研究报告，通过建模分析得出人口增长和工业发展在未来某个时刻会出现崩溃或增长中断的结论。这个报告对人类重新认识进步主义的历史观产生了重要影响，促使人们反思整个社会中洋溢的发展主义意识形态。直到 1987 年联合国发布的《布伦特兰夫人报告》提出了“可持续发展”的理念，发展理论进入一个新阶段。建立和维护环境可持续性似乎已成共识，但如何在严重分化的世界和社会建立社会可持续性仍是一个未解之谜，如何在这两个现在仍然是理想的或虚拟的可持续性之间建立平衡更是需要探讨的问题。对未来的预测一定是在历史的延长线上进行的，从这个意义上说，对人类世环境史的研究是正确预测未来的前提。

总之，这是一部建立在新概念基础上、视野宏大、采用跨学科研究方法、富有启发性的探索性著作。对学者来说，它不但提供了新的思路，也激发出进一步探索的兴趣。换句话说，人类世与环境史研究的关系是一个开放的、发展中的研究领域。对实际工作者而言，它不但奉献出新知识，还为思考未来走向提供了深沉的历史路径。大体而言，未来统合的地球系统和人类系统将建立在生物和文化多样性的基础上。

包茂红

2019 年 4 月于北京大学

中文版序

“大加速”（the Great Acceleration）这一术语指20世纪中叶以来全球环境变化在速度、规模和范围上的显著增长。地球的环境在它整个40亿年的时间里一直发生着变化，而人类却在我们30万年的时间里改变着它。1945年以来，在人的一生的时间跨度里所发生的环境变化，在人为导致的环境变迁的历史记录中是前所未有的。2005年，在柏林郊区达勒姆（Dahlem）举行的一次研讨会上，这一术语被创造出来。它本是被用来唤醒人们对短语“大转型”（the great transformation）的记忆，卡尔·波兰尼（Karl Polanyi）于1944年出版的一本著作即以此为题。这位生于维也纳的社会科学家在书中称，以市场为基础的现代经济体系的出现既非天然也非必然，而是特定历史条件的产物——简言之，它是偶然的产物。与此相类，现代全球生态系统的形成既非天然亦非必然；它是特定历史进程的产物。

本书旨在对1945年以来的全球环境变化的类型、性质和量级加以解释说明。可是这本书却又篇幅简短，是一部简明扼要而非面面俱到的作品。例如，书中很少写到有关水土流失和珊瑚礁的命运的内容，却更多地写到城市和生物多样性的内容。环境变化在最近突然加速，在探寻其背后成因的时候，较之于消费文化或技术变革的相关内容而言，本书在能源、人口、城市化和地缘政治竞争——尤其是冷战——方面有更多内容要写。我希望在中国的读者看来，对主题做这种选择是言之成理的。

本书虽为历史著作，却大量利用了科学研究的成果。对于《保护生物学》(*Conservation Biology*)或《毒理学和环境卫生杂志》(*Journal of Toxicology and Environmental Health*)等科学期刊的引用，注释中比比皆是。这是本书主题使然，它要求我们采用跨学科的研究方法。人们难以从某个单一学科的观点来理解大加速这个主题，只有借鉴自然科学、社会科学和人文科学的视角，才能形成较为全面的观点。这个事实是 21 世纪诸多智力挑战的一种体现。我们迫切需要对全球环境变化之类的基本问题加以研究和理解，但与此同时，我们当中被教导在任意一门单一学科的条条框框中思考的那些人，却并不能轻易触及它们。教育机构要加快其自身的转变，以培育跨学科的学习与研究。

最初是两位历史学家的邀请促成了本书的写作，他们是入江昭(Akira Iriye)和于尔根·奥斯特哈默(Juergen Osterhammel)。他们着手从事一个项目，要创作一部由多位作者合作撰写的 1945 年以来的世界历史的大部头著作。尽管他们二位都没有环境史的背景，他们仍然意识到环境变化是 1945 年以来世界最重要的主题之一。他们得出一个结论，认为书中得包含一篇有关环境的长篇论文，于是约请我来写这一部分。我在博士生彼得·恩格尔克也可以参与项目的前提下，同意接受这一工作。作为入江昭和奥斯特哈默编著的《全球相互依存：1945 年以后的世界》(*Global Interdependence: The World after 1945*，哈佛大学出版社)中的一部分，我和恩格尔克撰写的文本于2014年首次问世。随后，经过修订和更新的版本独立成书，于2016年出版。

任何哪个地方的大加速都不会比中国的更加引人注目。1945年的中国是一个贫穷的国家，且绝大多数地方都是农村，它因为战争的破坏而更加贫穷。数千年间，农民的劳动缓慢地雕刻出中国的环境，创造了农业景观。部分由于经济计划中强调工业化，在20世纪50、60和70年代，中国环境变化的速度有所加快。几十年间的人口快速增长也助长了环境湍流：中国在1953年的人口普查记录了约有5.8亿人口，其中13%居住在城市里；1982年的人口普查认为中国有10亿人口，其中21%是城市居民。

20世纪80年代以来，人口增长虽然放缓，但是工业化和城市化却加速了。今天，约有56%的中国人居住在城市里，与全球平均值大体相当。并且，中国已经成为一个工业强国，用大量的原材料和能源制造的商品如今正行销全世界。1980年以来，中国最非同寻常的转变——世界历史上规模最大和速度最快的一次工业化——彻底改变了中国的环境，还在很大程度上导致全球环境的根本转变。

至于说中国环境，尽管为了抑制从烟囱和汽车中排放的废气，中国已经做出了越来越多的努力，但是在最近几十年里，世界上一些最糟糕的城市空气质量问题依然让它深受其害。水污染和土壤污染也成了严重问题。任何一个在中国长大的人都能意识到这些问题，以及其他一些问题。

至于说全球环境，中国对20世纪50年代的环境湍流几乎没有产生什么影响。比如说，它的工业部门和车辆总数如此之小，以至于它的温室气体排放量也非常之少。在整个20世纪70年代，情况依然如此。但是在最近几十年，尤其是2000年以来，对于原材料和能源的大量使用已经把中国变成了全球尺度环境变化的主要来源之一。如今，全球海洋中约10%的塑料沿着长江顺流而下，进入太平洋。中国现在占全球温室气体排放量的30%左右，约为印度的4倍、美国或欧盟的2倍。如今它已加入那些国家的行列，它们正在无意间重塑这颗行星上基本的生物地球化学循环——碳、氮和硫的循环乃重中之重。当然，碳循环可能最为紧要，因为它在塑造气候方面发挥了有力的作用。

中国还加入了那些国家的行列，它们试图减少温室气体排放，并且稳定世界的生物地球化学循环和地球的气候。这样的努力是全世界与时间展开的不顾一切的竞赛，尽管没有人知道还有多少时间，以及沿途是否可能存在"临界点"——如果越过这样一个临界值，就意味着减缓环境变化的进程将变得更加困难，或许便不可能实现。在下一个百年中的某个时刻，全世界的社会可能会大幅削减化石燃料的使用，采用太阳能、风能和地热能等可再生的能源形式。过去的能源转换总是渐进的，这一次也将如此。只是我们还不可能知道它的特性和速度究竟如何。

但是，它几乎一定会出现。很大程度上取决于它多久可以到来以及它以何种形式出现。通常而言，可再生能源制度将减缓大加速的进程，特别是将减慢气候变化的步伐。这对中国和其他任何地方都很重要。对于世界上有些民族而言，这尤为紧急，如居住在陷于海平面上升危险之中的低洼岛屿或海边的那些民族。

稳定气候与减缓甚至最终抑制大加速，是关乎人类福祉的当务之急。但是，为此做一些有益之事的能力却非常不均衡地分散在共享这颗行星的近80亿人中间。尼泊尔和莫桑比克的农民几乎不使用化石燃料。他们只拥有最低限度的社会力量，这意味着其决定将不会引导数以千计的人或数百万人的行为。在另一个极端，加拿大人、科威特人和美国人平均使用的化石燃料约百倍于莫桑比克人。而且，他们中的一些人还拥有社会和政治上的力量。他们必须比尼泊尔人和莫桑比克人做更多的事情，如果我们——人类总体——想要减缓大加速的进程的话。

此时此刻，关于大加速的未来的最重要的决策地在北京。这一地点过去曾经在华盛顿。1945年以后的几十年间，随着大加速日益变快，在华盛顿做出的决策推动了这一进程。1970年以前，少有人知道或关心全球尺度的环境系统，这一包括了所有主要的生物地球化学循环在内的系统正变得越来越不稳定。但是，甚至在某些人知道了以后，华盛顿的决策者不管是在减少那种不稳定状况，还是在减缓大加速的进程方面，几乎无所作为。今天，恰恰由于中国排放的温室气体比其他任何国家都要多，倾倒的混凝土比其他任何国家都要多，以及显著地参与到如此之多的影响环境的其他活动之中，北京才有机会去做华盛顿没有做成的事情：做出可以减缓大加速进程的决策。

10年之内，我们或许会形成一种合理的观念；50年之内，我们就会确定无疑地知道，北京能否恰当地应对这一挑战并领导一场全球活动，以减缓大加速进程与稳定巨大的生物地球化学系统和地球这颗行星的气候。我希望本书的中文版将有助于读者从长远的视角去思考全球环境问题，并希望用这本书来帮助他们了解，目前在中国，环境、经济和能源的规划是最为重要的。

约翰·R. 麦克尼尔
于乔治敦大学
2018年2月

导 论

无论谁来撰写现代历史，若过于亦步亦趋地埋首追随其脚步，或许会被踢得牙齿不保。

——沃尔特·劳利爵士，1614年

19世纪以来，地质学家、地球科学家、进化生物学家和其他一些科学家已经将地球的历史分为一连串的代、纪和世。从不太严格的意义上说，这种分期法是基于我们星球的环境史，尤其是地球生命进化的曲折转变之上的，这些已在化石记录中得以揭示。我们正在（并且已经长期处于）新生代之中，且恰好处于其中的第四纪。我们还处于第四纪中的全新世，并且在全新世中已大约经历11 700年之久了。在对全新世的界定上，气候起到了尤为特殊的作用。与之前的地质时期相比，迄今为止，间冰期气候一直保持稳定，这着实令人欣慰。在传统意义上归属于人类历史的一切，包括农业和文明的整部历史在内，都发生在全新世里面。或者应当这样说，它业已在全新世里出现过了。

本书采用这样一种观点：在地球的历史上，一个崭新的时代已经来临——全新世已告终结，某个新的世代已经开启，是为人类世。人类世的概念从 2000 年开始经由荷兰大气化学家保罗·克鲁岑（Paul Crutzen）得以广为普及，他曾因平流层中臭氧层损耗的研究工作于 1995 年获得诺贝尔化学奖。在克鲁岑看来，变动中的大气成分，尤其是证据确凿的二氧化碳含量的增加，对于地球生命而言，似乎都是如此猝不及防，而又如此影响深远。据此，他推断地球的历史已经翻开了一个新篇章，人类对全球生态开始施加最为重大的影响。人类世概念的关键之处仅在于：在新的时代（不论地质学家所说的世、纪或代）中，无论微生物悄无声息的存续，还是地球轨道的持续摆动和绕日轨道离心率，同人类活动相比都不免黯然失色；人类活动对地球的调节系统施加着影响，由此，这一时代因人类的活动而得以界定。[1]

克鲁岑认为人类世始于 18 世纪后期，那时化石燃料能源体制得以建立。在 18 世纪 80 年代，煤的使用开始变成英国经济生活中不可或缺的部分，而且从那时起，煤炭在世界经济中起到的作用越来越大。新技术和新能源需求引发了对其他化石能源即石油和天然气的开采。到了 19 世纪 90 年代，化石能源在全球能源使用量中占了半数，而在 2015 年，这一份额已经攀升至近 80%。如我们所见，在化石燃料能源体制和能源用量指数级增长的背景下，世界历史步入了近代阶段。

克鲁岑不太关注的一个方面是，近代历史的发展也离不开人口的飞速增长。1780 年，约有 8 亿～9 亿人生活在地球上。这一数字在 1930 年约为 20 亿，而到了 2011 年，则增至约 70 亿之多。虽然那时的人们尚未察觉到它的存在，但是在 18 世纪中期，人口数量的长期激增还是开始了。一开始，它发展得比较缓慢，并且（如我们所见）在 1950 年以后逐渐达到高潮。在地球生命史上，还没有哪种灵长类动物或哺乳类动物曾以如此迅猛之势繁衍，同时还能够幸存的。在我们的人口统计史上，近代人口增长这种事件不啻绝无仅有，且不会再次发生。克鲁岑认为人类世起源于 18 世纪，而近代人口增长的编年史则能够为他的这一观点提供佐证。能源消费和人口增长这两个成双成对出现的飙升始于 18 世纪且延续至今。未来，二者将如何演进，让我们拭目以待——而且在本书随后的篇章中，我们也会时不时地姑妄猜测一番。无论如何，人类从 18 世纪后期就开始勇敢地投身于崭新的冒险事业之中了，此举在人类历史上当属史无前例，且在生物界亦属举世无双。

自从 2000 年克鲁岑首倡人类世的概念以来，一些相关的竞争性概念便层出不穷。人们各有其想要强调的不同的参照标准，依据这些标准可以找到种种理由将人类世的时间往前推至 1610 年、1492 年、约 7000 年以前、约 1.2 万 ~ 1.5 万年以前，或是上溯至久远的约 180 万年前，那是人类开始对火加以利用的时代。[2] 或者，有人可以找到理由，提出一个更加晚近的时间作为人类世的起点，正如本书所采用的时间断限一样。简而言之，理由如下：首先，从 20 世纪中叶起，人类活动（无意间）成了支配碳循环、硫循环和氮循环的最重要的因素，这三者属于至关重要的生物地球化学循环。“地球系统”是一系列环环相扣的全球进程的总和，那些循环则构成了如今所谓的“地球系统”中的很大一部分内容。[3] 其次，从 20 世纪中叶起，人类对地球和生物圈的影响逐步升级，这可以通过许多不同的方式（我们将对其中一些方式做详细阐述）做出衡量和判断。

1945 年以来的逐步升级发生得如此之快，以至于有时它也被冠

搬运满满一筐煤炭的印度煤矿工人，1950 年左右。1945 年以后，煤和其他化石燃料，比如石油和天然气，一起成为世界经济的推动力，但是随着对它们的开采和使用，公共卫生和环境也付出了沉重的代价。（盖蒂图片社）

以大加速之名。[4]在由人类造成的二氧化碳气体排放当中，有 3/4 产生于过去三代人的生存时期之内。全球机动车总量从 4000 万辆增至 8.5 亿辆，人口总数增加到过去的几乎三倍，且城市居民数量从 7 亿左右增加到了 37 亿之多。1950 年，世界上产生了大约 100 万吨塑料制品，而到了 2015 年，这个数字增加至近 3 亿吨。在同一时段，氮化合物（主要是化肥）的总量从不足 400 万吨攀升至逾 8500 万吨。时至今日，大加速中的某些趋势仍在高速运转，但是其余的一些趋势——海洋鱼类捕捞、大型水坝建设、平流层臭氧损耗——已开始减缓。[5]

1945 年以来的时期和人类平均期望寿命的长度约略相当。如今健在的人群中，每 12 个人中仅有 1 个人对 1945 年以前发生的事还有记忆。现今在世的几乎每个人的全部人生经历都发生于大加速中的这一反常历史时刻，它一定是 20 万年来人类和生物圈关系史上最为反常和最不具代表性的时期。当我们对此有所了解之后，便不再会对任何一种当前的特殊趋势的长期存续抱有期待。

目前形态下的大加速无法长久持续下去。已经没有足够的大江大河可供建造水坝，已经没有足够的石油储藏可供燃烧，已经没有足够的森林可供砍伐，已经没有足够的海洋鱼类可供捕捞，已经没有足够的地下水可供抽取。事实上，预示着大加速渐趋停止的若干迹象已然显现出来，并且在一些案例中，因为这样或那样的原因，它呈现着逆转的趋势，正如本书将会阐释的那样。从根本上，或许可以首先将其归结为能源体系的特征和人口的规模。这看起来是有可能的，如果我们将在未来几十年里精心打造一个能源体系，其中，化石燃料所起的作用将比它们近来所起的作用小得多，那么大体上，我们对于地球系统和环境的影响将显著降低。而且，全世界人口生育力持续减弱看起来是有可能的，如此则未来任何的减速趋势都将得到加强。虽然无法断言大加速将于何时终止，也不能说明它将如何终止，但它几乎无疑是人类历史、环境历史乃至地球历史中昙花一现的短暂瞬间。

尽管如此，若非经受大灾大难，人类世必将延续。人类将继续向环境和全球生态施加影响，尽管这种影响与人类的数量并不相称，而且使得其他物种对于地球的影响显得大为衰弱。我们的人口数量不可能大幅降低。我们对能源和物质的欲望也不可能大幅下降。考虑到生物技术的变化速度，我们改变生态系统的能力将只会越来越强。只是，尚且无法确定的是，将来人类对地球及其系统的巨大影响将如何施加并能坚持多久。但是，大体上从 1945 年到如今的这段时期，人类已经在采取行动了，这确保了人类在地球上留下印记，它的气候、它的生物区系、它表面海洋的酸度，以及其他许多将在未来数千年间持续存在的方方面面。

在冒险深入未来学诱惑之中以前，应当记得题词部分所引用的沃尔特·劳利爵士的话。只有部分的未来是已经注定了的（在沉积物之下将会散布和掩埋着许多塑料和混凝土）。其中大多是要拜尚未到来的选择和机遇所赐。因此，最好是回到过去那更加稳固的根基之上，尝试去看清楚现在如何成其为现在，大加速又是如何启动了人类世的。那不会允许我们知晓未来——没有什么能够让我们做到这一点，即便是最为复杂精细的建模推演也不行——但它或许可以帮助我们想象可能性的范围，或者如同圣保罗所述，对镜观看，模糊不清。

第一章

能量与人口

能量是个恼人的抽象概念。这个词源出于一个显然是由亚里士多德创造出来，用以表示运动或工作的术语。现代物理学家也只是比可敬的古希腊人前进了一小步而已。他们相信能量存在于宇宙的有限量之中，只是以若干不同的形式存在。能量不生不灭，但它能够从一种形式转化为另一种。例如，当你吃掉一个苹果以后，你就将化学能（苹果）转换为身体的热量，转换成肌肉运动，还转换成了其他形式的化学能（你的骨骼和组织）。[1]

地球上充满了能量。它们几乎全部来自太阳。根据人类的用途，能量的主要形式有热能、光能、动能和化学能。太阳的有效负荷主要以热和光的形式产生。其中 1/3 被立即反射回太空，但是其中的大部分会暂时逗留一会儿，温暖着大地、海洋和空气。少量的光被植物吸收并通过光合作用转换成了化学能。

每一种能量转化都会导致有效能量发生某种损失。通常植物所能设法捕捉的能量还不到太阳传递能量的百分之一。其余的能量都消散了，主要以热的形式。但是植物所吸收的能量已经足以供生物生长了，海洋中每年的生物量约有 1100 亿吨，陆地上每年的生物量约有 1200 亿吨。动物吃掉其中的一小部分，将其转化为身体的温度、动作和新的组织。而且，新产生的动物组织中的一小部分还要被食肉动物吃掉。在任何一个营养级，被成功收获的有效能远远低于 1/10。因此，输入能量的很大一部分被白白浪费了。不过，太阳是如此慷慨，从而仍有充足的能量在四处流动。

直到可以利用火，我们的祖先才在这能量和生命之网中占有一席之地，只是并不能改变它。他们所能找到并吃掉的食物是可供他们使用的唯一的能源。或许在 150 多万年以前，我们的人类祖先一旦可以运用火的力量，就能够获得更多的能量，其中既有原本难以消化但如今通过烹制成为可食用的那类食物的形式，也有热量的形式。火也有助于使他们在寻找和猎取食物的时候更加高效，强化他们以肉的形式对化学能的使用。大约在 1 万年前，农业兴起之前，这种低能耗的经济基本原封不动，只有一些适度的改变。

通过种庄稼和养牲畜，古代的农人可以获取的能量比起他们的祖先所能得到的能量要多得多。粮食作物是禾本科植物的种子，诸如稻米、小麦或玉米，因此它们富含能量（和蛋白质）。所以，就一定面积的土地而言，经过耕种比未经耕种的土地可为人们的身体提供更加富余的可用能量，可能有十倍到百倍之多。驯化了的大型动物尽管需要大量的饲料，也能将干草原、稀树草原、沼泽地上的原本近乎无用的植物转化为可用能量，在拉犁（公牛、水牛）或运输（马、骆驼）的时候提供帮助。农耕尽管从未遍布世界，但还是渐渐地普及开来。

水磨和风车最终又增添了一小部分可供人类使用的总能量。水磨的出现或许距今已有 2000 年之久，风车的出现或许距今也有 1000 年了。在那些水流充沛可靠或风力相当稳定的合适地点，这些装置能够完成好几个人的工作量。但是在大多数地方，风力和流水不是太稀缺就是太没规律。因此，能源体制仍然是有机的，它依靠人类和动物的肌肉来提供机械动力，并且依靠木材和其他生物来提供热量。有机的能源体制一直延续到18世纪。

随后，在18世纪后期的英国，对煤的利用打破了有机能源体制的束缚。借助化石燃料，人类得以获得凝固的阳光——或许相当于此前5亿年的光合作用。开采这种来自遥远过去的天赐之物，初期为此付出的努力是低效的。早期的蒸汽机将化学能转化为热能，接着转化为动能，浪费了供给它们的99%的能量。但是，截至20世纪50年代，逐步的改良使得机器浪费的能量远远低于光合作用或是吃肉所浪费的能量。在这种意义上，文化使自然得以改进。

近几十年来，能源消费的巨大扩张超乎人们的想象。截至1870年左右，我们每年使用的化石燃料能源超过了每年全球所有的光合作用产生的能量之和。从1920年起，我们人类使用的能量或许就已超过了以前所有人类历史时期使用的能量。在1950年以前的半个世纪中，全球能源消费增加了一倍还多一些。在接下来的半个世纪里，全球能源消费是1950年的5倍。20世纪70年代的能源危机——1973年和1979年的两次石油价格大幅上涨——减缓却并未阻止化石阳光用量的这种飞快的攀升。自从1950年起，我们已经燃烧了相当于大约5000万～1.5亿年的化石阳光了。

化石燃料能源体制包括数个阶段。到1890年左右，煤炭超过生物量成为世界最主要的燃料。煤炭作为能源之王占据统治地位约75年之久，到了1965年左右才让位于石油。近来，天然气的重要性在上升，因此2013年的世界能源结构呈表1中的分布。

这些数据不包括生物量，因为相关数据并不完善。但是最接近的推算是，它或许占总数的 15%，化石燃料约占 75%，而水电及核能共同占约 10%。至今，石油作为能源之王的统治地位已持续了 55 年，这将很可能被证明和煤的统治时期一样短暂，但是仍有待观察。自从 1860 年左右商业生产开始，我们已经用掉了大约 1 万亿桶石油，并且我们现在每年还要用掉大约 320 亿桶。[2]

表 1　全球商业能源结构，2013

能源类型	%
石　油	33%
煤　炭	30%
天　然　气	24%
水　电	7%
核　能	4%

数据来源：*BP Statistical Review of World Energy*, 2014 年 6 月。

全球总量掩盖了世界各地能源消费的巨大差异。21 世纪初，北美洲人均消耗量约为莫桑比克人均消耗量的 70 倍。在表 2 中，1965 年以来的数据充分证明了中国和印度的增长，而且充分反映了世界财富分配状况。

1960 年，欧洲和北美洲以外的世界大部分地区仍然仅使用很少的能源。能源密集型的生活方式可能波及了全世界 1/5 的人口。但在 20 世纪后期，1880 年左右就已准备就绪的那种模式迅速发生了变化。1965 年以后的 50 年间，中国的能源消费量增长了 16 倍，印度增长了 11 倍，埃及增长了 10 倍或 11 倍。与此同时，美国的能源消费量上升了约 40%。1965 年，美国能源消耗量占世界能源消耗量的 1/3，但在 2009 年，这一比值仅为 1/5；1965 年，中国仅占 5%，但在 2009 年却占 20%，且中国在 2010 年超过美国成为世界上最大的能源消费国。

总而言之，近代史上迅速增长的能源利用率使得我们的世界大相径庭于人类历史上任何一个时代。1850 年后大约一个世纪里能源的大量使用都局限于欧洲、北美洲和日本，尽管日本在程度上略逊一筹。这些区域之所以在国际体系中享有政治和经济优势，这一事实成为蕴含在背后的最重要的原因。从 1965 年起，能源消费总量以略微减缓的速率持续攀升，但是，绝大多数的增加都发生在欧洲和美洲之外，主要发生在东亚。

表 2　年均能源消耗量，1965—2013（以百万吨石油计算）

年份	世界	中国	印度	美国	日本	埃及
1965	3813	182	53	1284	149	8
1975	5762	337	82	1698	329	10
1985	7150	533	133	1763	368	28
1995	8545	917	236	2117	489	38
2005	10 565	1429	362	2342	520	62
2010	11 978	2403	521	2278	503	81
2013	12 730	2852	595	2266	474	87

数据来源：*BP Statistical Review of World Energy*, 2010 年 6 月、2012 年 6 月、2014 年。
注：总量仅指商品能源，而非生物量，后者可能会增加 10%~15%。

化石燃料能源与环境

化石燃料社会的创始与扩张是现代最具环境危害的新发明。其中部分原因在于采掘、运输以及燃烧煤、石油和（程度小得多的）天然气所造成的直接影响。这在过去（和现在）主要表现为大气、水和土壤污染的问题。其余部分原因存在于廉价能源和充足能源的间接影响：它确保了很多活动的开展，而这些活动原本会因为不划算而不会发生，或者可能会发生但只能以更加缓慢的速度发生。

一直以来，从地壳中开采化石能源都是个复杂的差事。煤炭从 1945 年起就在超过 70 个国家得到商业开采，由此带来的影响是最普遍的。深井开采给陆地、空气和水都造成了改变。从地表之下挖出来的地道把诸如南威尔士、鲁尔区、东肯塔基、顿涅茨盆地和山西省之类的采煤区的地球面貌弄得千疮百孔。有时，地下矿山的崩塌还会引发小型地震，就像 2008 年在萨尔兰州（德国）发生的那次一样。在中国，截至 2005 年，煤矿引起的地面沉降影响到面积相当于瑞士那么大的一块区域。尾矿和矿渣堆破坏了煤矿周边地区的景观。在中国（到 2005 年为止），煤矿渣覆盖了面积相当于新泽西州或以色列的一片区域。在各处，尾矿和矿渣堆沥出的硫酸进入当地水体。至 20 世纪 60 年代，在美国宾夕法尼亚州和俄亥俄州的某些河道中，矿井排水中含有的酸性液体导致水生生物大量死亡，尽管在某些地点，生物从那时之后已经回归了。深井开采也经常向大气排放额外的甲烷，在这种强效温室气体的自然释放的基础之上，又增加了大约 3%~6% 的排放量。

深井开采总是将人类置于危险环境之中。例如，在中国约有 10 万座小型矿井开设于“大跃进”期间（1958—1961），那时每年大约有 6000 人死于矿山事故，而在 20 世纪 90 年代，每年死于矿山事故的人数只增不减。1961 年的英国，约有 4200 人死于矿山事故。在美国，煤矿工人所遭遇的最危险的年份是 1907 年，这一年有超过 3000 名工人死去；从 1990 年起，年均死亡人数从 18 人至 66 人不等。在 21 世纪初，中国每年有数千名矿工因事故丧生，是俄罗斯或印度的好几倍。尘肺病，作为年复一年在地下吸入煤灰的后果，在采煤的地区夺去了更多人的生命。[3]

地表采矿，在美国也通常称为露天采矿，对矿工来说更加安全。它起初使用简单工具，兴起于几个世纪前，但是在 20 世纪初期，蒸汽技术令其更具实效。1945 年以后，新型采掘设备和廉价石油开辟了一个露天开采的黄金年代。如今，它约占世界煤矿开采量的 40% 左右，并且在中国以外的地区，通常露天开采比深井开采更为普遍。在地表采矿时，实际深度接近 50 米，大型机械挖去煤层之上的泥土和岩石，破坏了植被和土地。在美国，它引发了许多群体的强烈反对，这成为 1977 年以后联邦政府规制的先导。从那时起，矿业公司就负有了法律义务，需要为景观恢复提供资助。

露天采矿的一大不受欢迎的变体就是“山顶移除”，这尤其在肯塔基州和弗吉尼亚州西部蕴含低硫煤的那些地区得到了运用。20 世纪 70 年代高企的能源价格令这一做法利润可观，这是前所未有的。20 世纪 90 年代，更加严格的空气污染法规使得对高硫煤的利用更加困难，这强化了山顶移除的经济学逻辑。炸掉阿巴拉契亚山脉的顶部产生许多环境后果，其中危害最大的一个莫过于矸石（“覆盖岩层”）填满了溪流和峡谷，它会掩埋森林和溪流，并且导致加快土壤侵蚀和偶发山体滑坡。

20 世纪 30 年代以降，山顶移除和一般意义上的地表采矿引发了激烈的反对，并使得阿巴拉契亚山区的普通乡村民众中出现了环保主义者。他们的农场、钓鱼的溪流和狩猎区都沦为煤炭生产的牺牲品。在 20 世纪 60 和 70 年代，阿巴拉契亚地区反对露天开采的呼声达到了顶点，在一些地区，矿业公司只为周边提供了为数不多的工作岗位，于是便在这些矿区的社区中出现了分裂。但是山顶移除的实践仍然是经济的，并且一直持续到 21 世纪。[4]

开采石油带来的环境问题与此不尽相同，但纷争也不少。20 世纪初期，在许多人口密集的地方出现了石油钻探，包括得克萨斯州的东部、加利福尼亚州的南部、罗马尼亚中部、巴库市和当时奥地利的加利西亚省。喷油井、溢油和火灾威胁着人们的家园。但是，到了 20 世纪中期，钻井和储存的技术都有了进步，结果是，油田不再非得是如同奥吉厄斯国王的牛舍一般肮脏的场所。而且，生产越来越向诸如沙特阿拉伯和西伯利亚之类的人口稀少的地方转移，由此，石油污染造成危害的成本变得更低——至少从经济和政治的角度来看是这样。

但是，在 20 世纪 70 年代，能源价格上涨导致人们开始在新的环境且通常是具有挑战性的环境中钻探石油，这些地方包括海底、热带雨林和北极地区。由于北极的寒冷和深海的压力，石油泄漏、事故和井喷变得更加普遍。除了在低浓度下，原油对大多数生命形式而言，都是有毒的，而且清理起来极其困难。截至 2005 年，世界上约有 4 万座油田，它们全都存在着污染。常规钻探包含建造新的基础设施，移动有时重达数千吨的重型设备，以及大量的石油和受到污染的水倾泄到周边的环境里。1980 年以后的几十年中，每年约有 3000 万吨（或 2.2 亿桶）的石油滴漏和喷洒到环境中，其中约 2/5 发生在俄罗斯。[5]

海上钻井于19世纪90年代率先在加利福尼亚开启，但在许多年中仍囿于浅海水域。在20世纪20年代，这项实践传至委内瑞拉的马拉开波湖和里海——结果使两地都遭受了持久的污染——以及在20世纪30年代传至墨西哥湾。20世纪40年代起，石油公司可以利用的巨额的共同投资资本，与技术的进步一起，开启了在更深海域离岸钻井的新边界。到20世纪90年代，深水钻井平台星罗棋布于北海、墨西哥湾以及包括巴西、尼日利亚、安哥拉、印度尼西亚和俄罗斯在内的多国沿海地区。大型钻井平台矗立于水面以上的部分，高达600多米，可与最高的摩天大厦比肩。

海上钻井作业本就具有危险性。当遭受热带风暴或偏航油轮的撞击，石油就会经由钻井架喷溅到周围海域。最严重的事故发生在墨西哥湾。1979年，墨西哥国家石油公司经营的一座钻井架遭遇了井喷事故，石油持续喷涌了长达9个多月才被成功封堵。约有330万桶石油泄漏（相当于1979年美国约六小时的石油用量）。它造成的海面浮油的面积约相当于黎巴嫩或康涅狄格州的大小，并损毁了墨西哥和得克萨斯州的一些渔场。[6]

2010年4月，英国石油公司（BP）租赁的石油平台——深水地平线（Deepwater Horizon）发生爆炸并沉没，11名工人因此死亡，并且在路易斯安那州附近海域海面下方大约1500米的海底形成了泄漏。在三个多月的时间里，抑制石油泄漏的努力屡遭失败。共有约500万桶石油涌入了墨西哥湾，造成了史上最大的石油泄漏事故。海岸湿地生态系统和前些年游人如织的墨西哥湾沿岸海滩满是漂浮的石油。海面上漂浮的原油球块和石油冲上了路易斯安那州、密西西比州、亚拉巴马州和佛罗里达州的海岸。渔场停止了作业，而死去和受伤的鸟类开始堆积。路易斯安那褐鹈鹕是受害者之一，它们曾在 20 世纪 50 和 60 年代因为滴滴涕的使用而一度濒临灭绝。保护工作曾经给予褐鹈鹕第二次生命，它在 2009 年终于被移出了联邦濒危物种名单。在英国石油公司泄漏事故发生的头两个月中，褐鹈鹕已知数量的 40% 因为沾染了过多的石油而死亡。约有 4.8 万名临时工和一支从诺曼底登陆以来从未见过的舰队尝试遏制这场生态破坏。海洋学家和海洋生物学家将用好几年的时间来评估石油泄漏事故的影响，律师也要在几十年的时间里不断忙碌，为的是查明谁将负有责任以及数百亿美元将如何易手。[7] 在墨西哥湾，每天都会发生小型的泄漏，每几年就会发生大型的泄漏事故，但是从未有哪次比得上“深水地平线”的这次灾难。

在厄瓜多尔的森林中钻取石油给近海环境提出了不同的挑战。1967 年，在厄瓜多尔东北部亚马孙河流域遥远的上游，有一家德士古–海湾联合企业（Texaco-Gulf consortium）采掘出石油。在接下来的半个世纪中，该地区出产了超过 20 亿桶的原油，其中大部分都是通过穿越安第斯山脉的输油管道输送，厄瓜多尔由此成为南美洲第二大石油出口国，并使其政府保持偿付能力。为了在雨林中经营，联合企业和于 1992 年接管了所有业务的厄瓜多尔国家石油公司不得不建造了新的基础设施，包括公路、管道、泵站等等。在厄瓜多尔钻取石油几乎不受法规制约，采用了尤为随意的一种方式。大量的有毒液体被倾倒（或渗漏）入溪流与河流当中，这导致了不幸的反讽——在地球上水资源最为富集的地区之一，许多人却得不到饮用水。事故不可避免地发生了。1989 年，足够多的石油涌入了宽约 1000 米的纳波河，使得这条大河的河水在一个星期内就变成了黑色。[8]

部分当地原住民，被称为华欧拉尼人（Huaorani）的灵活矫健的猎人，试图击退石油的入侵。只有长矛作为武器的华欧拉尼人最终失败了，并且被政府重新安置。厄瓜多尔的其他原住民族群也曾为了阻止石油生产而斗争，但通常都失败了。根据一些流行病学家的观点，生活在油田附近的人口表现出发病率上升的迹象，尤其是癌症的发病率上升。

石油收入被证实对厄瓜多尔政府是如此具有吸引力，以至于它将本国在亚马孙地区 2/3 的领土列入石油和天然气的勘探范围。到 2005 年为止，它租出了那儿的大部分土地，其中包括亚苏尼国家公园（Yasuni National Park）里的大块土地。根据常规的算法，对厄瓜多尔（以及对石油公司）而言，在东部（Oriente，正如厄瓜多尔人对它的称呼）通过钻取石油赚钱是合情合理的，因为它扰乱的是原住民的生活，而这些人对国家几乎没有什么贡献。同样，亚马孙流域西部的生态系统是世界上生物最为丰富多样的生态系统之一，却很少出产为该国所重视的东西。相同的逻辑也在秘鲁盛行，只是政府不允许在国家公园里进行钻探而已。在 2010 年，厄瓜多尔和联合国开发计划署（UNDP）达成协议，通过一个信托基金付给厄瓜多尔 36 亿美元，换取它不在亚苏尼国家公园的土地上开采石油——那块区域有近 10 亿桶石油的储量，（暂时）保护了大片的热带雨林。尼日利亚当局有充分的理由立即对这一新颖的协定表现出了兴趣。[9]

尼日利亚东南部的尼日尔河三角洲地区是一块不规则的热带雨林区域，也是世界上最大的湿地之一，这里有错综复杂的溪流、沼泽和潟湖，还有一度富足的渔业。和东部一样，尼日尔河三角洲的人口分为几个民族，尤以伊乔、伊博和奥戈尼族为主。和东部不一样的是，这里人口密集，是数百万人的家园。荷兰皇家壳牌集团和英国石油公司从 20 世纪 50 年代起在此处开采石油，它们高兴地发

厄瓜多尔雨林中的一处石油钻探点。厄瓜多尔和其他产油区的石油开采造成了污染，由此导致了外国公司和本地居民之间激烈的环境斗争。（©G. 鲍沃特 / 科比思）

现了低硫的原油，这种油便于被精炼为汽油。其他公司紧随其后，建设了大约160家油田和7000千米长的输油管道。几十年来，油轮在这里装满了原油，几个世纪前，同样在这里，木船也曾装载过奴隶。

尼日利亚政府记录了从1976年到2005年间发生在三角洲地区的大约7000次石油泄漏，涉及约300万桶原油，而这很有可能是出于保守的描述。[10] 某些泄漏是由常规事故造成的，这些事故在行业中属于常态，但在三角洲地区因为维护不当和艰难的环境——既有地理上的也有政治上的，而发生得尤为频繁。其余的事故则是当地居民实施的破坏行为所致，其中有些人是为某事寻求报复，另一些人则是向石油公司进行敲诈勒索或寻求补偿金。尽管从尼日尔河三角洲抽取了价值数十亿美元的石油，这里曾经是且依然是尼日利亚最贫困的地区。对于大多数居民而言，石油生产让生活变得更加艰难。为了石油勘探而疏浚运河，清除了大多数红树林沼泽，那里曾是鱼类产卵的地方，这与石油污染一起削弱了三角洲地区长期存在的生计来源。主要来自油井的废气燃烧器的空气污染和酸雨损害了庄稼。20 世纪 90 年代初期，联合国宣布尼日尔河三角洲是世界上最濒临生态灭绝的三角洲。当地居民曾经感到（并且仍然感到）外国公司和尼日利亚政府破坏或偷窃了他们的天然财富，尼日利亚政府的领导阶层在攫取石油财富方面显示出卓越的毅力。由此产生的挫败感助长了当地少数民族的解放运动和犯罪组织。近来，尼日利亚及其跨国合作伙伴加强了海上钻探，因为在海上无须考虑当地人的因素。[11]

为了寻求石油，人们在西伯利亚和阿拉斯加的寒冷纬度带以及热带雨林开始新的钻探。从 20 世纪 60 年代起，苏联在西伯利亚西部开发了大型油气田（1978—1985 年，苏联使用核爆的方式协助地质探查，因此某些西伯利亚的石油具有轻微辐射性。）[12] 对阿拉斯加北部规模小得多的油田的开发始于 20 世纪 70 年代。在西伯利亚和阿拉斯加这两个地区，不过特别是在西伯利亚，都有其常规事故以及故意释放的石油、“采油废水”和其他有毒物质。在高纬度的湿地、针叶林和苔原，生化进程行动迟缓，石油泄漏的不良作用通常会比在热带留存更长时间，正如我们将看到的。

厄尔多瓜东部与尼日尔河三角洲是被牺牲地区的极端例子，那里采掘能源的代价包括普遍的生态退化。在这些地区，本地物种里只有食油细菌可以从土壤和水的污染中受益。但是，远方的人们也以如下的形式从中受益：供给消费者的廉价石油，相关公司的可观利润，以及政府官员丰厚的收入来源。石油开采给世界带来了极大的收益，但是特定的地方却付出了高昂的代价。居住于露天煤矿附近的人们可能会讲述同样一部有关煤炭开采的历史。

煤炭和石油的运输

尽管煤炭和石油的开采将环境代价强加于矿区和油田的固定群岛（a fixed archipelago）之上，但化石燃料的运输却有着广泛分布的影响。煤炭的运输主要通过机动轨道车和驳船进行，极少发生事故，且即便发生了事故，不过是煤炭倾覆于路面或者倾倒入运河与河流，这些导致的后果极小。

石油则不然。石油相对于煤炭的吸引力部分来自它便于运输。作为液体的石油（除了最重的品种之外）能够顺着输油管道流淌，还可以借助油轮漂洋过海。1950 年以后，石油在一国钻探却在另一国燃烧的情况日益普遍，波斯湾的大型油田的出现就是一种反映。因此，公海上的油轮越来越多。如今，石油组成了海上货物载重量的半壁江山，并且全世界输油管的长度比铁路的里程数还要长。[13]

输油管和油轮被证明非常容易出事故。油轮出了这么多的事故，一个原因在于它们变得太大而难以停止。1945 年，一艘大型油轮可以运载2万吨石油;20世纪70年代，可以运载约50万吨石油；如今，则可以运载100万吨石油。超大型油轮长达300米，属于海面上最不灵活的船只。它们从减速到停止需要数千米的距离。

幸好在同样的几十年间，油轮变得越来越难以被撞破。20世纪70年代，大多数新油轮有着双层船体，这大大降低了由于碰撞暗礁、冰山和其他船只导致泄漏的可能性。但是，当泄漏发生时，则可能是大型事故，而且通常都发生在近海，石油会污染那儿丰富的生态系统和宝贵的资产。

尽管小型油轮泄漏事件几乎每天都在发生，大多数漏油还是出自一些大型事故。英吉利海峡曾见证两起巨型油轮泄漏事故，分别发生在1967年和1978年。目前最大的一次泄漏是1983年发生于开普敦附近海域的那一次，泄漏的石油比1989年著名的“埃克森·瓦尔迪兹号”油轮泄漏石油的6倍还要多。油轮泄漏可以发生在几乎任何地方，但是以墨西哥湾、欧洲大西洋海域、地中海和波斯湾为最多。[14] 2002年，有一艘单体船在西班牙西北海岸附近遭遇了风暴的袭击而破裂，由此发生了最近的一次大型油轮泄漏事故。

1945年以后，管道输油在世界石油份额中所占的份额虽然较少但却有日益增多之势。建造者们打算让输油管坚持15~20年，但是很多输油管，也许是大多数的输油管都被迫超期服役。它们受到腐蚀并且爆裂，当遭受极端气候时尤其如此。输油管的设计大体上是与时俱进的，但是因为世界上输油管网络发展得如此迅速，事故还是有所增加。[15]

受影响最为严重的景观出现在俄罗斯。1994年发生了最严重的单一管道泄漏，这次事故的发生地在俄罗斯联邦科米共和国的乌辛斯克附近，位于莫斯科东北方向约1500千米处。外界估计这次泄漏的石油大约有 60 万至 100 万桶。官方最初否认存在任何泄漏，但不久之后就不得不放弃了这一姿态。[16] 另一次大型事故发生于 2006 年。在 20 世纪 90 年代，共有约占俄罗斯石油产量 7%~20% 的石油经由出了故障的输油管道泄漏，这反映出石油的廉价，反映出一种尤其是在经济极为惨淡的十年里面存在的轻视日常维护的企业文化，还反映出来自偏远和气候的双重挑战。在 20 世纪 90 年代，成千上万起大大小小的泄漏和喷溅，每年都有发生。像科米共和国——该共和国大部分领土位于北极圈以内——的油田所在地区，零度以下的冬季寒冷天气对输油管和石油基础设施的其他组件而言是严酷的考验。[17] 不足为奇的是，有些本土的西伯利亚人试图组织起来抗议石油和天然气开发。输油管道泄漏危及他们的狩猎、捕鱼和驯鹿放牧。一部分人至少有一次尝试过武装反抗，但并不比厄瓜多尔的华欧拉尼人努力的结果强。[18]

就人类而言，最严重的输油管泄漏事故于 1998 年发生在尼日尔河三角洲，当时由壳牌公司和尼日利亚国家石油公司维护的一条管道发生泄漏。当村民们聚集在一起自己动手放出石油的时候，爆炸和火球导致 1000 多人丧生。两座村庄被烧为灰烬。2006 年，在尼日利亚的其他地方又有两起输油管道大火夺去了大约 600 条生命。作为将能源从开采地运送到使用地的工具，油轮和输油管道都比煤炭运输更加经济，但也更加危险。[19]

化石燃料的燃烧与大气污染

1945 年以后的几十年中，煤矿事故和输油管道爆炸夺去了成千上万人的生命，但却远不及常规的、和平的化石燃料的燃烧所造成的死亡人数多。主要来自煤炭和石油燃烧的大气污染致使数千万人丧命。

为了对燃煤导致的大气污染有所了解，想一想经过了几十年的规制和技术改良，在2010年左右，美国一个中等规模的煤炭发电站的年均污染物排放量吧。一座中等规模的发电站每年排放数百万吨的二氧化碳，它是主要的温室气体；还排放出几千吨的二氧化硫，它是酸雨的主要成分；它也向大气中释放几十千克的铅、汞和砷。这是将煤炭变成电力的代价的一部分，40年前的代价比现在高得多，因为那时候燃煤的污染更为严重。而且这还不包括灰烬和烟尘。

城市里大气污染的历史由来已久。在12世纪，迈蒙尼德（Maimonides）——毫无疑问是公正地——抱怨开罗的空气质量，称其为一座燃烧粪便和秸秆的城市。一个世纪之后，伦敦颁布了第一部旨在应对大气污染的有记录的法令。将煤炭用作基本燃料令问题更加糟糕，没有什么比伦敦在1952年12月的第二个星期里的经历更糟的了。

1952年12月初，一股冷气团在泰晤士河谷上空驻足，气温随之降至冰点以下，伦敦人往他们的壁炉里添了更多的煤炭。每一天，从他们无数的烟囱里喷吐出1000吨的煤烟尘和近400吨的二氧化硫。就连正午的时候，人们都因看不清路而没有办法过马路。就像熟悉他们的手背一样熟悉这座城市的本地人在日常出行中也迷了路。一些人因误入泰晤士河而溺水身亡。从12月5号到9号期间，约有4700人死亡，约比平时多出了3000人。在接下来的三个月里，死亡人数仍然高于平时伦敦冬季的死亡人数，因此，现在的流行病学家认为，在12月的这一幕中因为污染而死去的有1.2万人。[20]在1952至1953年的这个冬天，煤烟、烟灰和二氧化硫的致死人数大概是 1940—1941 年纳粹德国空军闪电战中杀死的人数的两倍。殡仪员的棺材都用完了。[21]

公众和新闻界爆发了强烈抗议，促使一位内阁大臣哈罗德·麦克米兰（Harold Macmillan）在一份备忘录中留下了记录，他在有生之年明智地保守了秘密："不知何故，又一场'烟雾'吸引了出版界和民众的想象力……尽管看起来很可笑，我还是建议我们成立一个委员会。我们做不了很多事，但我们可以看上去很忙。"[22] 麦克米兰对于大气污染及其影响的漫不经心是他那个时代的特征，他继续拥有杰出的政治生涯，包括从 1957—1963 年期间担任首相。黄色迷雾，伦敦人这样称呼他们遇到的浓雾，它在伦敦又持续了几年。但是从 1956 年到 20 世纪 60 年代中期，主要是在麦克米兰的任期内，大气污染法和燃料转换（为石油和天然气），使得伦敦的杀人雾成为过去。[23]

燃油比烧煤更清洁。石油及其衍生物如汽油的燃烧释放出铅、一氧化碳、二氧化硫、氮氧化物和挥发性有机化合物（VOCs）。挥发性有机化合物在阳光的共同作用下，有助于制造光化学烟雾。石油通过排气管而非烟囱对城市的大气污染产生了重要影响。汽车尾气提供了产生光化学烟雾的原材料，这在第二次世界大战期间的洛杉矶首次被发现。光化学烟雾产生于那些汽车化得以确立的地方和阳光明媚之处。纬度较低的特别是与山比邻的城市，因为污染物很难随风渐渐散去，尤其容易受到影响：洛杉矶、圣地亚哥、雅典、德黑兰以及世界冠军墨西哥城。

墨西哥城在 1950 年有 10 万辆汽车，彼时的它仍以其清晰的火山远景享有盛誉。到了 1990 年，那时的它已笼罩在一片近乎永久的阴霾之中，400 万辆汽车堵塞了街道。卡车、公共汽车和小汽车导致了墨西哥城 85% 的大气污染，到 1985 年的时候，大气污染已是如此严重，以至于鸟儿在飞行途中从天上坠落在中央广场。始于 1986 年的周密监控发现，墨西哥城的一种或多种主要污染物在 90% 以上的时间里超过了当时法定限值。在 20 世纪 90 年代，推算表明该城每年约有 6000~1.2 万人死于大气污染，是每年谋杀案件数的 4~8 倍。始于 20 世纪 80 年代的抑制大气污染的各种努力已经产生了种种结果，但是从 20 世纪 90 年代开始，死亡率似乎只是略有下降。

在世界上的城市中，煤炭和石油都成为大众杀手。在 2000 年左右的西欧，死于汽车尾气和死于交通事故的人口比例约略相当。[24] 与此同时，在中国，每年约有 50 万人死于各种来源的大气污染，并且由于污染物随风向东飘散，在日本和韩国共有 1.1 万人死亡。[25]20 世纪 90 年代，估计全球每年可归于大气污染所致的死亡人数约为 50 万。2002 年的一项研究将其估算为每年 80 万人。[26] 从 1950 年到 2015 年，大气污染可能导致了大约 3000 万 ~ 4000 万人死亡，近来其中大部分为中国人，约等于 1950 年以来世界上所有战争造成的死亡人数。[27] 还有数以百万计的人饱受愈演愈烈的哮喘和其他病痛的折磨，这些病症都是由吸入的污染物造成的。化石燃料的燃烧是造成这些死亡和疾病的最大原因。

除了这些对于人类健康造成的不幸影响之外，化石燃料，尤其是煤炭，是导致广泛分布的酸化作用的原因。火山和森林火灾向大气释放出大量的硫，但是截至 20 世纪 70 年代，煤炭燃烧排放出的硫约有它的 10 倍之多。二氧化硫接触到了云滴，就形成了硫酸，它和雨、雪或雾一起（通常称为酸雨）回归地表。酸雨中通常也含有氮氧化物，它们来自煤炭或石油的燃烧。在美国中西部、中国、孟加拉和其他地方发现的煤就属于高硫煤这一类，它们酸化了广大的生态系统，山林和淡水生态系统显示了最为严重的影响，并且有些高敏感度物种（溪红点鲑、糖枫）在强酸性环境中完全消失。一般而言，截至 20 世纪末，世界上有三大酸化的热点区域：欧洲北部和中部、北美东部以及中国东部尤其是东南部。

到了 20 世纪 60 年代末，酸雨成为一个政策问题。对于本地社区而言，最简单的解决办法是要求建造高大的烟囱，将不适气体排放至更远的地方。酸雨在 20 世纪 70 年代变成了一项国际问题，因为加拿大人对（主要由）美国发电站排放物导致的加拿大湖泊的酸化提出了抗议，并且斯堪的纳维亚人发现了英国和德国的煤炭燃烧破坏了他们的河道。波兰及其邻国使用的煤炭的硫含量尤其高，酸雨会洒落在彼此的大地上，且它的酸碱值偶尔会达到醋的酸碱值。在波兰的部分地区，铁路列车不得不遵守最低速度限制，因为火车轨道中的铁经过酸蚀作用而老化了。1980 年后，随着中国煤炭使用量的飞速提高，当韩国人、日本人感到中国发电站和发电厂的影响时，跨国界的酸化作用在东亚也成为争论的缘由。

除了敏感的生态系统以外，酸排放对于人体健康也有一定影响，而对于那些用石灰岩或大理石建造的建筑物却有很大影响。希腊当局发现将最宝贵的卫城雕塑置于室内以防止被酸雨腐蚀，是明智之举。在印度城市阿格拉（Agra），来自附近一座炼油厂和其他来源的污染物威胁着泰姬陵的大理石。[28]

酸化作用原来是最易于处理的环境问题之一，真乃幸甚至哉。在欧洲和美国，尽管由于煤炭企业及其政治盟友的反对导致了一些阻滞情况，总量管制与排放交易方案仍然得以策划，它允许污染者选择减少排放的方法，并且准许它们购买和出售排污许可额度。从 1990 年前后起，这迅速降低了 40%~70% 的硫排放量，结果所用的成本仅为预期的一小部分。生态系统需要一段时间才能从酸化作用中恢复，但是在欧洲北部和北美东部，到2000年，恢复的迹象已开始显现。为酸雨所困的中国也在尝试处理硫排放，但是对煤炭的严重依赖拖了它的后腿，直到2006年之后，硫排放量才有所减少。在中国北方，酸雨的后果由碱性尘埃（中和酸）的广泛分布加以抑制，但是在南方，那里的土壤和生态系统却显示出和欧洲北部与北美东部一样的脆弱。[29]

总的来说，1970年以后，发达国家在二氧化硫和其他煤基污染物上的排放减量已相当可观。例如，哥本哈根在1970年到2005年期间，二氧化硫浓度降低了90%。[30]从20世纪20年代到2005年期间，伦敦的烟尘水平降低了98%。[31] 1950年，苏格兰格拉斯哥的居民每人每年吸入大约1000克的烟灰；到了2005年，他们的肺几乎不会吸入烟灰。20世纪60年代中期以前的日本是污染者的天堂，到了1990年，即便是像工业城市大阪那样的硫排放温床也设法使空气变得清新。[32]城市空气污染的这些显著变化产生的原因在于燃料转换（较少的煤炭，较多的石油和天然气）、去工业化和新的技术，后者主要是借由新法规的推动在经济上变得实用。在大多数实例中，公民的鼓动是新法规出台的幕后推手。公民行动的重要性在德国有所体现：联邦德国的大气污染水平从20世纪60年代起骤降；在民主德国，秘密警察让公民有充分的理由不公开自己的观点，所以，大气污染状况没有得到抑制，这种情况一直延续到1989年共产党的政权走到终结。

化石燃料的燃烧在大气的另外一种改变中起到了核心作用，这就是二氧化碳的不断形成。这里，与二氧化硫的故事相比，公共政策至今仍然没有起到效果。高层级的国际努力，诸如1997年在东京和 2009 年在哥本哈根的两次谈判，并未显著降低碳排放。仅中国一国在 1990 年以后的排放就超过了世界各地所能达到的轻微减量。从 1950 年起，化石燃料用量的壮观攀升是与此并行的大气碳含量上升背后的主要原因。

原子能的奇特经历

原子能与其他能源利用形式的不同之处在于，它有一个生日：1942 年 12 月 2 日。那一天，在芝加哥大学橄榄球场看台下的一间经过改造的壁球室里，意大利流亡物理学家恩里克·费米目睹了首次可控的核反应。原子内部的键的力量使得人类所能获得的其他能量来源都相形见绌。一把铀能够产生的能量比一卡车煤能够产生的能量还要多。这种惊心动魄的力量首先用于炸弹，造出了成千上万颗原子弹。1945 年 8 月，美国为了对付日本使用了其中两颗原子弹，第二次世界大战由此结束。

不久，原子能的和平利用便接踵而至。到了 1954 年，第一座核反应堆开始运营，为莫斯科附近的小型输电网供电。从 1956 年到 1957 年，在英国和美国，比这大得多的反应堆投入运转。20 世纪 50 年代中期，原子能的前景看似光明而广阔。科学家预见了由原子能提供动力的火星之旅。美国的一位官员预测电力将很快会因为“太便宜而无须加以测算”。在美苏两国，梦想家想象利用核爆炸来实施巨型工程，例如，开凿一条新的巴拿马运河或粉碎来势汹汹的飓风。[33] 在许多国家，核技术得到了巨额的补贴——尤其是美国的一项法律确定了针对核设施提起的诉讼的最大限额，这个限额设定得比较低，由此才能购买保险，否则无人会为这些核设施提供保险。

从1965年到1980年，核电站的发电量在世界上所占的份额从不足1%提高到了10%，到了2013年，该数字达到了13%。

那些拥有科学资源和工程资源但是化石燃料储量却相对贫乏的国家最彻底地转向了原子能。到2010年的时候，法国、立陶宛和比利时有超过一半的电力依靠原子能提供；日本和韩国约有25%；美国约有20%。

在20世纪70和80年代，由于众所周知的事故，对原子能未来前景的乐观预期萎缩了。20世纪50和60年代，民用反应堆发生了大大小小几十次事故，其中最严重的一次发生在苏联。但是，这些事故却被严加保密。1979年发生在宾夕法尼亚州三哩岛（Three Mile Island）的事故引起了公众的仔细审视。在核事故过去之后，它所造成的后果是比较小的，但事故仍被公之于众，近距离地审视就会发现情况要糟糕得多。它起到的作用是把美国的公众舆论拉向远离核能的方向。[34] 在世界上的其他地方，公众一般都不太会关注这个问题，只是在每个拥有核工业的国家，灾难才会激发反核运动和监督组织的出现。公众对于核安全的忧虑引起了改革、更加严厉的控制以及更高的建造和运营成本。1986年3月，英国精英杂志《经济学人》发表意见，“原子能工业仍然同巧克力工厂一样安全”。[35]

四个星期以后，在苏联的切尔诺贝利（今属乌克兰），一座运营三年的反应堆容器发生爆炸。接踵而至的大火释放出来的放射性烟羽，比大约41年前笼罩在日本广岛和长崎上空的放射性烟羽还要多数百倍。接连多日，由米哈伊尔·戈尔巴乔夫领导的苏联政府试图对此秘而不宣，并且拒绝对当地的人们发出警告，没有告知他们在户外活动或饮用牛奶都是有危险的（从草到牛再到牛奶是放射性的一种传播途径）。放射性尘埃随风在欧洲上空传播并最终少量地落到了北半球的每一个人的身上。约有 83 万名士兵和工人（“切尔诺贝利清理者”）被逼迫参加清理工作；有 28 人很快因辐射身亡，另有几十人也在不久之后死去；随着时间的推移，又有成千上万的清理者不幸死去，比精算表推算出的还要多数千人。由于家园遭到了污染，约有 13 万人永久地迁居别处；他们离开了这片废弃的区域，在长达至少 200 年的时间里，这里聚集着的放射性强度都将属于不安全的级别。只有一些勇敢而固执的人仍然居于此地。

自那时起，切尔诺贝利隔离区变成了实际上的野生动物保护区，野猪、驼鹿、鹿、狼、鹳、鹰和其他生物遍布其中。它们在放射性等级被视为对人类不安全的区域游荡——因为捕食和饥饿的危险，野生动物很少能活到可以得肿瘤的年纪。但是，从甲虫到野猪，所有的物种都显示出了不同寻常的患肿瘤、加速老化和基因突变的比率。“这个区域”——当地人的称呼方式——的植物也显示出了很高的突变率。目前研究的一小部分土壤微生物也是如此。因为人体平均含有约 3 千克的细菌、病毒和微型真菌，它们被切尔诺贝利做出的改变可能会显示出对人类饶有趣味的影响。在 1986 年的灾难发生之后，这个区域成为古怪的生物矛盾体：因为没有了人类的日常活动，诸如割草、除草、铺路和狩猎，这里有了大量的野生动物和复苏的植被，从而比周边区域更加富饶——但同时，恰恰因为发生了事故，这里的野生动物和植被都没有别处的来得健康。[36]

切尔诺贝利核事故对于人类健康的影响仍然富有争议。在灾难过后的数年间，癌症的发病率迅速上升，儿童的甲状腺癌尤为如此，直到 2004 年，这或许导致了 4000 例额外的病例。如果不是政府试图掩盖这场事故，伤亡人数可能会少得多。这一点已得到普遍认可。切尔诺贝利核事故对于健康全部的影响究竟如何，还是颇富争议的。

通常会从广岛和长崎的幸存者的经验进行推断的流行病学家，大胆地做出许多关于切尔诺贝利可能的死亡率的判断。一个被称为切尔诺贝利论坛的联合国机构联合体于 2006 年估算出与切尔诺贝利有关的死亡人数为 9000 人，相关病患达 20 万人，这些总数在其发言人看来是可靠的。根据专家的看法，这些数据位于整个伤亡数据值域较低的那一端。更为晚近一些，来自俄罗斯科学院和白俄罗斯辐射安全实验室的研究人员报告了一连串的潜在危害。例如，他们注意到，在切尔诺贝利事故发生后的几个月内，整个欧洲受到辐射的人群中存在着早衰现象和衰老迹象，以及唐氏综合征发生率、婴儿出生体重偏低和婴儿死亡率的激增。到 1994 年为止，在乌克兰超过 90% 的切尔诺贝利清道夫患有疾病，80% 的撤离者和 76% 的其父母曾遭受过辐射的儿童也是如此。如此之多的人遭受着免疫系统削弱的影响，以至于保健人员称其为“切尔诺贝利艾滋病”。受到危害最大的人群有：因为居住在切尔诺贝利附近而遭受了高剂量辐射的人、切尔诺贝利清理者和 1986 年 4 月以后的几个月中出生的婴儿——在那个特殊的春天，子宫成了一个特别危险的地方。这些研究者根据苏联被辐射地区升高的死亡率计算出，到 2004 年为止，切尔诺贝利事故已经在俄罗斯、乌克兰和白俄罗斯造成了约 21.2 万人死亡，并且估算，事故还在全世界导致了将近 100 万人的死亡。这些数据接近值域的较高一端。但是，由于对死亡原因的评判本身就存在困难，以及苏联有意伪造了切尔诺贝利清理者们的健康档案，因而再也无人知晓切尔诺贝利事故的人员损失情况。[37]

切尔诺贝利事故的发生与世界石油价格的暴跌出现于同一时期，这让建造核电站的生态逻辑和经济逻辑突然间似乎就不那么具有说服力了。原子能产出的电力在世界上所占的份额虽曾一度上升得很快，但在接下来的 20 年中却趋于平稳。

切尔诺贝利事故对原子能工业的激冷效应（chilling effect）持续了数十年，但并非永久。1987 年，意大利曾通过一项反对原子能的全民公决；2009 年，它便被废除。日益增长的电力需求，尤其在中国，导致当局建造了更多的核电站。截至 2010 年，全世界（44 个国家）约有 440 座核电站在运转，其中有 20 座在中国，10 座在俄罗斯，5 座在印度，另有约 50 座在建。原子能几乎不产生温室气体的事实，使得它在许多认真对待全球暖化问题的人那里颇有市场，但他们并未顾及安全方面的考量、对于政府补贴的依赖问题和至今仍未解决的如何处理危险核废料的问题。截至 2010 年，美国已经累积了约 6.2 万吨核废料，且已无处可放。[38] 根据美国国家环境保护局的说法，一万年以后，这个问题会自行得到解决，因为燃料将不再会对人类的健康造成威胁。截至 2010 年，虽然引起了环保焦虑和为了市场竞争而需要补贴，原子能还是从切尔诺贝利的废墟上复活，几乎在世界各地都变得政治可行起来。

接下来便是福岛。[39] 2011 年 3 月，一场里氏震级 9.0 的强烈地震引发了海啸，冲向日本东北部海岸。排山倒海的巨浪——约有 14 米高——猛烈撞击着海岸，导致约 2 万人死亡，而且，就这次海啸所造成的破坏程度而言，它可能成为世界历史上代价最高昂的自然灾难。

福岛第一核电站是世界上最大的核电站之一。它从 1971 年开始运营，并且在 1978 年的地震中幸免于难。福岛核电站由东京电力公司（TEPCO）经营。但是在 2011 年，海浪轻而易举地便越过了防浪墙，而该防浪墙修建得还不足以抵御只有这次的一半那么高的海浪。

6座正在运转中的反应堆关停，发电机和蓄电池失灵，电站失去了所有的电力，由此也失去了向反应棒——即使当反应堆不运转的时候，它也会产生高温，这是由裂变产物的持续衰变造成的——泵送冷水的能力。大火和爆炸接踵而至。三座反应堆熔化。东京电力的工人把反应棒浸入海水中，以期能防止最坏的情况出现。这次海啸过后第一个月内泄漏到环境中的辐射量约为切尔诺贝利事故发生后的10%。福岛第一核电站的几十名工人承受了巨大的辐射量。

然而，政府却从最初就大大低估了这场灾难的严重性，最终设立了一个禁区，它以发电站为中心，延伸到周边20千米。约有35万人迁往较为安全的地带。只不过，究竟该去往哪里，一开始似乎很难有具体的指向。政府也正式确定，位于南方约200千米远的东京的供水系统受到了辐射的影响，对婴儿是不安全的。东京电力公司和日本政府都因其缺乏准备和不诚实遭到了猛烈谴责。[40]

少量的放射性物质在北半球上空飘散，污染了北美洲的牛奶，并在各地引发了不安的情绪。德国政府宣布关闭本国的一些年代久远的反应堆，还有一些国家宣布对自己的核安全程序进行检查。中国虽然比大多数国家距离灾难发生地点更近，但依然保持着核电站建设的既定步伐。

日本国内的情绪朝向支持原子能的反方向涌动，并且该国的全部54座反应堆在灾难发生之后停工14个月，此后，只有两座反应堆恢复了运转。几乎没有地方社区愿意接受一座随时可能爆炸的核电站在当地安家落户。为了弥补由此导致的电力缺乏，日本增加了一半的化石燃料进口，大大增加了能源成本。发生于福岛核电站附近的这次海啸能否长久地抑制人们对于原子能的狂热，仍有待观察。

饱受争议的水电事业

从产量的角度来看，水电可与原子能相媲美。从争议和悲剧的角度来看，二者也相去不远。人类自古以来就利用水力碾磨谷物，18 世纪以来，人们还利用水力为工厂提供动力，但是直到 1878 年，才运用流过涡轮的水来发电。从 1890 年到 1930 年，欧洲和北美洲建造起成百上千座的小型水电站。美国——苏联紧随其后——率先在 20 世纪 30 年代建造了大型水电站。这些庞然大物同核电站一样，成了精湛技艺和现代性的象征。1947—1964 年执政的印度总理贾瓦哈拉尔·尼赫鲁常常把水电站大坝称作“现代印度的神庙”。在 1945 年之后，整个世界继续沉浸在建造大坝的狂热之中，这种狂热在 20 世纪 60 和 70 年代达到了顶点，那时为止，在发达国家，大部分的优良选址上都修建了大坝。

水电具有极大的吸引力。对于工程师而言，它能够随时提供电力（除非遇到足以致使水库干涸的大旱），这是水电的优势所在。被俘获的水是潜在的能源，它只需待在原地不动，无需成本即可使用（蒸发率高的地区除外，就像埃及的阿斯旺水坝的水库纳赛尔湖一样）。此外，水库还具备多种用途，它可用作灌溉水源、休闲景点或是渔场。对于环保主义者而言，虽然他们常常发现大坝有很多地方令人反感，但是，它们在运营过程中不会排放温室气体，这便是水电站的魅力所在。大坝的修建则是另外一个问题，但是即便将所有方面都纳入考量范围，从气候变化的角度来看，水电也许还是最好的发电形式，而且毫无疑问，它比用化石燃料发电要好太多了。

可是，水电也有许多缺点。大坝可能带来重大事故，一次溃坝所引起的饥荒和传染病可能导致十多万人死亡。除了极端情况，也存在着更加普遍的情况，某些设计不佳的大坝可能会因为淤泥充塞水库，致使其有效使用寿命只有10年或20年的时间，其中的大多数都位于中国。有时，水库的出现也形成了对珍贵美景的一种亵渎，巴西为了与巴拉圭在伊泰普大坝上开展合作而致使一个国家公园被淹没就是一个例证。伊泰普大坝修建于巴拉那河之上，从1982年开始运营。它的发电站是世界第二大的。有一些水库则导致考古宝藏被从地表抹去，埃及的阿斯旺大坝和土耳其建在安纳托利亚东部的底格里斯河和幼发拉底河之上的那些大坝尤为如此。有许多考古文物埋葬在上升的水面之下，就算有"打捞考古学（salvage archeology）"加以挽救，一般也只能救出其中一小部分的文物。[41]

筑坝最能引发政治动荡的一个方面在于人口的迁移。水库占用了大片空间——约相当于整个意大利的两倍那么大。位于加纳和俄罗斯的一些大型水库的面积则等于塞浦路斯或康涅狄格州的面积。在全世界，约有4000万～8000万的人口——仅印度一国就有2000万人——不得不为水库让路，在某些罕见的情况下，人们并未得到任何的预警，他们只能为了生存而四散奔逃。[42]在多个案例中，居住在有着湍急河流的山区的少数民族，是为了他们国家的其他地方所需的电力的利益而被重新安置的那一群人。[43]

在印度，（为了灌溉和电力）筑坝构成了该国1947年独立以来的发展规划的重要部分。到了20世纪80年代，农民抵制筑坝成了广泛的运动。在印度这个国家，抵制极少会使它的雄心发生转变。但是，在印度西部讷尔默达河（Narmada River）上建造大坝，却引发了大型的抗议活动、政治骚乱和漫长的诉讼。讷尔默达计划包括大大小小数千座大坝，它们的建造始于1978年。来自地方的阻力主要由搬迁居民而起，它在20世纪80年代变得更加有组织，还成功地和国际环保组织进行接触并获得了支持。1993—1994 年，印度建坝的长期支持者世界银行撤销了对它的支持。外国的批评引燃了印度民族主义的烈火。印度的小说家和演员也涉足其中，这里面既有支持继续筑坝的，也有反对继续筑坝的。但是，印度最高法院却站在了政府和工程师一边，筑坝工程还在继续进行，因此又有约 10 万印度人——在印度，他们被称为“被驱逐者”——为了讷尔默达水库的修建而不得不搬迁。[44]

到 1980 年的时候，当欧洲和北美洲已经穷尽其开发水电的最佳选址之际，世界其他地区仍在飞速地建造大坝。1950 年以后，世界上兴建的大型水坝半数出自中国。从 1991 年到 2009 年，中国建造

2000 年 4 月 4 日，新德里的美国大使馆附近，拯救讷尔默达运动的成员举行示威，反对美国公共事业公司奥格登能源集团。水电几乎不产生污染，但通常却得为此建造水库，这将迫使当地人背井离乡，正如在印度的讷尔默达河之上一系列大坝的相关例子中所反映的那样。（盖蒂图片社）

了迄今为止世界上最大的水利设施——长江三峡大坝。虽然三峡大坝的主要功能是防洪防汛，但是，三峡大坝也说明了水电属于环境权衡的选择——没有了它，中国每年将会多烧数千万吨的煤炭。

截至 2015 年，在非洲和南美洲，由于电力市场的不景气，大量的水电未得到开发，因此，仍然存在着发展水电的巨大可能性。尽管存在着人口迁移和其他问题，对于气候变化的忧虑却增加了这样一种可能性——剩余的水电开发机会并不会无人问津。

替代能源的（初步）出现

从环境的角度来看，化石燃料、原子能和水电都具有明显的缺点，人们因之盼望着健康和“绿色”能源的出现。长久以来，关于化石燃料供给耗竭的焦虑增加了找寻替代物的迫切要求。1917 年，苏格兰裔美国发明家亚历山大·格雷厄姆·贝尔（Alexander Graham Bell）支持发展乙醇事业，理由是煤炭和石油终有一天会消耗殆尽。乙醇是一种利用农作物收获后的残茬制成的燃料。不过，化石燃料价格的下跌和早年间人们对原子能抱持的乐观主义却阻碍着替代能源的研发，这种情况直到 20 世纪 70 年代才有所转变。由于 1973 年和 1979 年的原油价格猛涨，以及 1986 年切尔诺贝利事故发生之后达到顶点的对于原子能希望的幻灭，人们对于太阳能和风能以及潮汐能、地热能和其他一些仍不太具备重要可能性的能源的兴趣高涨。自 20 世纪 70 年代起，就其本身而言，乙醇成为巴西的重要能源。甘蔗茎为燃烧混合能源的汽车大军提供了基本的能源，混合能源中约含有 75% 的汽油和 25% 的乙醇。

没有哪种能源形式比风能更可再生了。用于碾磨谷物的风车起源于伊朗和阿富汗。一个多世纪以前，扇尾风车变得常见起来，在北美大平原上更是如此，它被用来抽取含水层里的水。丹麦工程师建造了现代风力涡轮机，在他们的努力下，由风力发电担当电力的基础于 1979 年变得切实可行。技术进步紧随其后，在政府补贴的帮助下，截至 2010 年，风能供应了丹麦 20% 的电力。在西班牙和葡萄牙，这个数字合计约为 15%。在美国，只有不到 2% 的电力由风能提供，不过，该数字正在迅速上升，这和中国的情况一样。2008 年以来的每一年，全世界在风能领域比在水电领域有更多的新生产力得到了应用。

在每一处，风能的吸引力主要还是环境上的。大型风力发电厂到处都会引起一些小争议，因为它们会改变景观，且有时还会导致鸟类和蝙蝠的死亡，尽管如此，风能的环境影响总的来说还是可以忽略不计的。对于绿色公民和绿色政府而言，发展风能似乎预示着摆脱气候变化困境的一条出路。更确切地说，它似乎只提供了部分解决方案，因为风能发电需要有风，即便在丹麦和葡萄牙这样的国家，在需要电力的时候，也无法确保时时刻刻都有风吹。所以说，人类很难存储风能去为无风的时日所用。

绿色公民的另一个心头好——太阳能也面临着相同的制约。云层和黑夜会妨碍太阳能的稳定输送，但是，太阳能的潜力却令人难以抗拒。太阳每小时贡献给地球的能量超过人类一年使用的全部能量之和，并且，太阳在一年里赠予地球的能量比地球存储在地壳中的所有矿物燃料和铀中所蕴含的能量还要多。在能源无限这一点上，太阳能比其他任何可获得的能源类型都更能提供保证。

光伏电池技术出现于 19 世纪后期，但却一度停滞了好几十年。与风能相似，在 20 世纪 70 年代，由于高油价，太阳能对许多人都具有吸引力。在没有连通电力网的偏远地区，太阳能电池板被证明是相当实用的。主要由1985—1986年的油价暴跌所致，太阳能经历了好几年的缓慢发展，但是从2000年起，用于发展太阳能的投资再度遥遥领先。对太阳能提供补贴的欧洲国家起到了很大的作用，尤其是德国。然而，最大的在建单一太阳能工程却位于中国，该国的西部地区，比如说新疆和西藏，拥有充足的阳光，但却远离中国的煤炭产地。[45]

近年来，尽管在世界范围内风能和太阳能的消耗量呈指数增长，但在2015年，二者之和在电力消耗中所占的比例仍不足4%。二者与化石燃料有一点不同之处，在于它们难以存储。风能和太阳能或许是削减温室气体排放的最大希望，但二者若要对化石燃料形成挑战，还有很长的一段路要走——在运输环节尤为如此，石油在这方面具有非常强大的优势。

能量丰裕的间接影响

化石燃料能源的使用给这个世界的空气、水和土壤带来了深远的影响，对于人类的健康而言也是如此。除此之外，仅仅是廉价能源的这一事实（这里的廉价是用以往的标准衡量）就造成了形形色色的环境变化。廉价能源，以及使用廉价能源的机器，造就了木材砍伐和农业耕种以及其他行当的新生。大体上，廉价能源拓展了有经济回报的活动范围，由此扩大了这些高耗能活动的规模或强度。

想一想森林采伐吧。1960年以来，全世界森林采伐的剧增尤其在潮湿的热带雨林地区，造成了现代历史上的一大环境变迁。正是廉价的石油使这一切成为可能。假如伐木工仅使用斧头和手锯，假如他们只能利用畜力、通过水路运送原木，他们所能砍伐的山林将远远不及他们已经完成的那么多。伐木工使用的链锯以汽油为动力，这使工人在伐木时更有效率，其效率是那些使用斧头和横割锯的工人的百倍，乃至千倍。从 20 世纪 90 年代起，貌似“来自另一个星球的昆虫”的大型柴油动力机械把树干从根部剪断，由此，人们脚不沾地便可在森林里砍伐木材。[46]

石油对农业的改造甚至更具根本意义。20 世纪 80 年代，北美大草原上，一个人只要拥有一辆大型拖拉机，再加上满满一缸的燃料，一天便可耕种 110 英亩（50 公顷）土地；70 年前，与此相当的工作量则需要 55 个人和 110 匹马方可完成。有了这种机械化，北美洲和欧洲的农田里便不再需要马匹和工人。在 1920 年，美国投入了近 1/4 的播种面积，用于种植供马食用的燕麦；到了 1990 年，这种耕地的面积几乎为零。在亚洲部分地区，拖拉机也改变了农业的面貌，如今那里有 500 多万台拖拉机（非洲或许拥有 20 万台）。[47]

机械化只是廉价能源带给农业的最为明显的改变。氮肥的大量使用也依赖廉价能源。全球天然气产量中约有 5% 用于生产肥料。有许多杀虫剂是以石油为化工原料的。灌溉也是如此，尤其当需要从蓄水层中泵出水时，更得依靠廉价能源。所有这些现代农业的实践都具有深远的生态影响，而它们全都离不开廉价能源。

在其他一些领域，廉价能源也改变着人类和自然之间互动的规模、强度及其对环境的影响，这些领域包括采矿、渔业、城市规划和旅游业。没有廉价能源的帮助，人们便不可能只为了找寻几克的黄金，便用机器碾过无数的澳大利亚山景。拖网渔船也不可能用数英里宽的渔网刮平海底。像多伦多和悉尼这样的城市也不可能如现在这般，蔓延过郊区的田园山水，贪婪地吞噬森林和农田。也便不会有数百万的北美人固定飞往诸如科苏梅尔之类的地方，或数百万的欧洲人固定飞往塞舌尔，抑或数百万的日本人飞往塞班岛或关岛——所有这些地方在过去40年里都因为大众旅游而得到了改变，这些改变既有环境上的，也有经济和社会上的。在这些例子和许多其他的例子中，相关的廉价能源通常来自化石燃料，但是假如能从任何来源廉价地得到能源，山脉、鱼类、森林、农田和海滨仍会出现大致相同的结局。能源对环境的间接影响是由能源的大规模利用、能源储量的丰富和能源成本的低廉造成的，而不是由能量来源的任何特殊属性造成的。[48]

尽管不可能指望厘清所有这些形塑了人类世的力量与进程，但是从几乎任何一种视角来看，能源似乎都位于这个新时代的核心。1945年以来的能源用量如此之巨，令先前的用量都不免相形见绌。化石燃料、原子能和水电的独特性质令其通过污染、辐射、水库和诸如此类的方式给生物圈留下了难以磨灭的印记。廉价能源将新的影响力赋予了人类，人们可以利用它建功立业、快速远行、发家致富，以及不知不觉地改变了环境。几乎每一个能够利用廉价能源的人都这么做了。

人口爆炸

1945年以来的人口史不同于以往任何一个时期的人口史。20世纪40年代后期以来的人口数量增长令当代的观察者叹为观止。大多数关注人口问题的人都会谴责人口增长——有时候但也不总是基于环境的立场。或许，斯坦福大学的一位生物学家保罗·埃利希（Paul Ehrlich）给出了人口焦虑的经典表述，他的一本出版于1968

年的名为《人口爆炸》的书使“人口爆炸”（population bomb）一词得以传播开来。尽管埃利希的许多预测都是错误的，但他有关人类当时正处于有史以来最大的一次人口爆炸之中的论断，却是正确无疑的。

第二次世界大战导致约 6000 万人英年早逝。在战争期间，全世界的人口远远超过 20 亿，每年降生的婴儿约有 6000 万 ~ 7000 万。在中国、日本、苏联、波兰、德国、南斯拉夫和其他一些国家，战时死亡率和抑制生育率确实在人口学上留下了清晰的印记。但是从全球来看，一波出生率的涨潮却淹没了所有这些死亡人数。

在人口学上，这场战争仍然具有一些延迟的影响。它的结束触发了世界部分地区的婴儿潮。更重要的是，人们在战争期间学会或改善了医疗和公共卫生的相关技术与操作规程，促使生存率出现了激增，尤其是婴幼儿的生存率激增。战争的急迫性使得大规模的公共卫生干预合法化，并且教会了行政人员和卫生专业人员，即使在艰难困苦的条件下，如何以适度的成本为民众提供疫苗、抗生素和卫生设施。因此，1945 年以来的人口学开启了它 20 万年历史中最为与众不同的时代。从 1945 年到 2015 年，在这个相当于人一生的时间段里，全球人口从 23 亿左右增长到 72 亿，约为原来的三倍。这是一段奇异的插曲，人口保持每年超过 1% 的增长率，当然，当今世界上几乎每一个人都视之为正常。但这根本不正常。

人口若要达到最初的 10 亿是最难的。我们的种群得为此付出数千年的努力，其间包括一两场有可能导致人类灭绝的战争在内，才积累到多达 10 亿的人口。10 亿人口的节点出现在 1800 年或者 1820 年左右。到 1930 年为止，人口数量增至原来的两倍，达到 20 亿。

只须再用 30 年的时间，到 1960 年时，就增至第 3 个 10 亿。从那时起，人口增长便渐趋高潮。第 4 个 10 亿出现在 1975 年，1987 年又增加了另一个 10 亿，随后在 1999 年又增加了一个 10 亿。截至 2011 年或 2012 年，全世界人口已达 70 亿，并且在两代人的时间里，每 12 至 15 年就增加 10 亿人口。从 1945 年到 2015 年，发生在相当于人的一生的这段时期内的人口增长约占我们种群历史上人口增长的 2/3 那么多。这是破天荒的头一回。

有一种方式可以帮助我们审视如此惊人的爆炸式的人口增长，考量每年人口数量的绝对增长值，即人口的年增加值或者用出生人数减去死亡人数之后所得到的净值。从 1920 年到 1945 年，全球年平均增加人口为 2000 万多一点儿。到 1950 年为止，年增加值就已达到 5000 万。在此之后，到 20 世纪 70 年代初的时候，年增加值已飙升至 7500 万左右。在短暂地稳定了一段时间之后，到了 20 世纪 80 年代末，该数据升至很可能是历史最高点，每年 8900 万左右——相当于每 12 个月新增了一个德国或是越南（以该国 2010 年的人口计）的人口。表 3 总结了 1950—2015 年的此项记录。

审视这种人口急剧增长的更进一步的方法是关注人口增长率。在人类历史的大多数时期，人口增长率是极低的。据一项细致的估算，在 1650 年以前的 17 个世纪里面，人口增长率约合每年 0.5‰。在 19 世纪，人口增长率达到每年 5‰左右，到了 20 世纪的上半叶，增长率约为 6‰。[49] 第二次世界大战后，全球人口出现了一次激增（在表 4 中有概括说明）。全球人口增长在 1970 年左右达到了顶峰，每年约 2% 的增幅。接着，增长率再次下降，在 1990 年之后下降得非常快，由此，到 2015 年为止，增长率降至每年 1.15%。谁也说不准未来的情况是怎样，但是联合国人口统计学家预测，到 2050 年，

表 3　全球每年增加的人口数，1950—2015 年（以百万计）

时　期	每年增加的人口数
1950—1955	47
1955—1960	53
1960—1965	61
1965—1970	72
1970—1975	76
1975—1980	76
1980—1985	83
1985—1990	91
1990—1995	84
1995—2000	77
2000—2005	77
2005—2010	80
2010—2015	82

数据来源：联合国人口司。

人口增长率将减缓至 0.34%，这将比 1800 年的人口增长率还要低。无论如何，在 1950—1990 年的时代，全球每年的人口增长率超过 1.75%，出现了生殖与生存数量的爆炸，这在我们这个物种的历史上是空前绝后的。如果我们确实以某种方法在数个世纪中继续保持这种增长，地球将很快被隐藏在一个巨大的人肉球当中，这个肉球以接近光速的径向速度（radical velocity）向外扩张——这是一种不太可能会出现的前景。[50]

表 4 1950—2015 年全球人口增长率

时 期	人口增长率（%）
1950—1955	1.79
1955—1960	1.83
1960—1965	1.91
1965—1970	2.07
1970—1975	1.96
1975—1980	1.78
1980—1985	1.78
1985—1990	1.80
1990—1995	1.52
1995—2000	1.30
2000—2005	1.22
2005—2010	1.20
2010—2015	1.15

数据来源：联合国人口司。

因此，我们正处在人口史上最为反常的一幕中的下降阶段。生育率迅速下降的主要原因（还有其他一些原因）本质上是环境——城市化。城市居民比起他们在乡村的亲属而言，几乎总是倾向于少生孩子。当这个世界的城市化以令人目眩的速度在进行之时，我们的生育率却在减退。

尽管如此，我们最近在生物学上取得的成功是有目共睹的。截至 2015 年，我们人类的数量比地球上其他任何一种大型哺乳动物都要多得多。确实，我们的总生物量（约 1 亿吨）超过了除去牛以外的任何其他的哺乳类动物竞争对手的总生物量，牛这种生物约有 13 亿头，重约 1.56 亿吨。如今，人类（从 1800 年到 2000 年间，体型平均增加了一半）[51] 或许占陆栖动物的总生物量的 5%，相当于家畜的总生物量的一半。尽管如此，蚂蚁却轻而易举地超过了我们。

我们人口史上这匪夷所思的一幕因何发生的呢？在最基本的层面，它的发生是由死亡率的迅速下降所致。全球人口死亡率从 1800 年的每年 30‰~35‰，降至了 1945 年的每年 20‰左右；在 20 世纪 80 年代初，它进而骤降至每年 10‰；现在的死亡率约每年 8.1‰。出生率虽也有所降低，但它是以较为稳健的形式下降的。全世界的毛出生率（crude birth rate）* 从 1950 年的 37‰滑落至 2015 年的 20‰，这固然也属于显著下降，但却不如死亡率下降得那般急剧。

在不那么根本的层面，延年益寿的技术暂时超过了计划生育的技术。在 18 世纪的世界部分地区的历史进程中，尤其是中国和西欧，更好的耕作技术、政府对于粮食短缺的响应能力的提高，加上抗病能力的逐渐增强，都有助于降低死亡率。在 19 世纪，不仅这些进程依然在持续，还增加了城市环卫的变革，彼时主要是洁净饮用水的供给。到了 20 世纪初，预防接种和抗生素也加入这一进程。国家（和殖民当局）创设了公共卫生机构，在力所能及的地方致力于改进预防接种和环境卫生的管理体制。医学研究者也识别出了一些疾病的传播媒介——例如虱子、蜱和蚊子之类——有些时候，他们也开始寻找将传播媒介与人隔离开来的方法。成功的蚊虫控制显著地缩小了像是黄热病和疟疾之类的疾病的肆虐范围。

* 毛出生率通常指一年当中每 1000 人的出生数量，一般用千分率表示。——译者注

此外，20 世纪 20 和 30 年代的食品科学家弄清了特定的维生素和矿物质在抑制由于营养不良所致的疾病时的作用，而且农学家也掌握了帮助农场主实现每英亩土地的农作物增产一至两倍的具体方法。[52]

1945 年以后，所有这些发展结合起来，在世界部分地区实现了死亡率的迅速降低——从此以后，人类预期寿命急速上升，这主要由于数以亿计的儿童得以存活，若是在先前的时代，他们原本可能难逃早夭的命运。20 世纪的下半叶，即便是穷人，他们的生命也比一个世纪以前的祖先大大延长了（平均而言，大约延长了 20 年）。富人和穷人在预期寿命上的差距缩短到几乎为零。[53]

死亡率的回落是人类这个物种的显著成就，也是现代社会最伟大的变化之一。20 世纪末出现了两个例外，恰好可以证明这条法则。第一，在俄罗斯、乌克兰和它们的一些较小的邻国，预期寿命（在苏联时代，从 1946 年到 1965 年间得到迅速延长）在 1975 年后有所下降，至少对男性而言是如此。这种对此前趋势的背离，通常由酗酒引起。第二，1990 年以后，在艾滋病肆虐最为严重的非洲部分地区，也类似地发生了预期寿命的倒退。对于寿命延长和人口加速增长的总体模式而言，这两个例外只具有细微的影响。这一模式引发了相当多的忧虑，部分出自环境方面的理由。

控制人口的尝试

即使在很久以前，有人也曾对人口过剩表示过担忧。公元前 3 世纪，中国圣贤韩非子曾为此困扰："今人有五子不为多，子又有五子，大父未死而有二十五孙。是以人民众而货财寡，事力劳而供养薄，故民争，虽倍赏累罚而不免于乱。”*[54] 在公元 200 年前后，拉丁作家德尔图良（Tertullian，北非人，早期基督教护教士）写道：“如今，地球比起先前的时代更为文雅和成熟……哪里有住所，哪里便有人群……大量的人口很好地证明了：我们是世界的负累，几乎没有充足的资源供我们使用……自然已不足以供养我们。”[55] 若干个世纪以来，这样的呼声反复出现，而且在 18 世纪末，洪亮吉和托马斯・马尔萨斯（Thomas Malthus）各自发表文章和出版著作，对于人口过剩的概念给出了言之成理的理论支持。[56]

这些古人的焦虑也有了现代的版本，它们在 20 世纪 40 年代开始得到广泛的传播，促成了抑制人口增长的持续努力。在人类历史上的大多数时期，当统治者关注其领地内的人口的时候，他们的目标在于为了军事力量的好处，最大限度地增加臣民的数量。19 世纪 70 年代以后，随着社会达尔文主义的兴起，一些思想家提出了优生学的学说，基本论点是其他（和“劣等”）民族应该少生育。但是在第二次世界大战以后，却又异口同声地出现了对人口过剩后果的警告：迫在眉睫的大饥荒，剧烈的社会动荡，有时还有环境退化——他们的观点在各个权力走廊中引起了兴趣。

其中，最引人注目的那些呼吁来自欧洲和美国，这些敦促主要针对世界其他地区，是要对这些地区的人口进行限制，尤其是要对亚洲人口进行限制。无疑，相关的动机是复杂的，但是，无论如何，在一些亚洲国家，当殖民统治让位于人民掌权时，同样的目标也是合乎情理的。

---

* 这段引文原出《韩非子・五蠹》，故而译文采用了原文。作者在引用的时候可能突出了一些内涵，同时也隐去了另外一些内涵。在此把现代汉语的译文一并附上，供读者自行辨析：“如今无人认为五个儿子是很大的一个数字，而这五个儿子每人依次又会有五个儿子，因此，在祖父去世之前，他便拥有二十五个孙子。由是，人口数量增加了，商品变得不足了，人们不得不在拮据的生活中苦苦挣扎。”——译者注

以印度为例，印度在1947年独立建国，到1952年时，该国开始采取措施限制人口增长。在20世纪70年代，印度甚至在经济的五年计划中加入了限制出生率的目标，并且试图迫使已经有三个孩子的人绝育。最后这项举措遭到了强烈的抵制，它引发了暴力事件，并且促成了1977年英迪拉·甘地政府的倒台。印度生育率下降（见表5）的出现并没有其支持者所希望的那样快。[57]

表5　印度和中国的毛出生率（每年每1000人中的出生人数）

年　份	印　度	中　国
1950—1955	43	44
1970—1975	37	29
1990—1995	31	19
2010—2015	21	13

数据来源：联合国人口司（http://esa.un.org/unpp/p2kodata.asp）。

在中国，较为严厉的措施带来了较大的成果。经历了革命和解放战争的洗礼，诞生于1949年的中华人民共和国走了一条曲折的计划生育之路。数千年来，中国的君主们都对高生育率青睐有加，随后，像孙中山和蒋介石那样的中国民族主义者都同样主张提高人口出生率。在革命时代，中国大多数马克思主义者认为，共产主义社会无须实行计划生育，因为人民公社将会解放迄今为止被资本主义束缚的生产力，生产出丰富的食物。不久以后，中国领导人判断，第三次世界大战即将到来，并且推断中国将需要尽可能多的人口。有人认为未来中国人口的大量增长将危及经济，并且在1958—1960年的“大跃进”期间发生的饥荒令他们的看法有了更重的分量。但是“文化大革命”（1966—1976）这场猛烈的政治运动，令中国陷入了管理与经济的混乱之中，阻碍了很多有效政策的实行。1970年，中国开始通过分发免费的计划生育用品鼓励计划生育。20 世纪 70 年代，接受控制论（尤其是火箭制导系统）训练的工程师，在罗马俱乐部悲观的生态预测的影响之下，确定了大幅度降低生育率的科学合理性。他们的观念逐渐流行起来，先是设计了一系列软硬兼施的政策鼓励小家庭，随后在 1979 年提出了“独生子女政策”。不遵守政策的夫妇被施以严厉的处罚（失去工作、失去住房、失去受教育的机会）。城里的夫妻大体上遵守了这项政策；农村居民有时并未遵从并最终得到了较大的回旋余地。这项政策给予少数民族以例外。长期以来，在中国，当一对夫妻准备要孩子的时候，大家庭和族长都可对此施加影响。这一传统使得国家管理生育的观念较之印度人而言，更容易为中国人所接受。依靠这些方法，加上近代史上

中国宣传“独生子女政策”的广告牌，成都，1985 年。1979 年，中国领导人出于对人口过剩的担忧实行了这项政策，中国的政策是世界历史上为了限制人口增长所作的最大规模的努力。这项政策受到了许多人的批评，但是若非实行了这项政策，这个世界将会多出数亿的人类居民。（Light Rocket/ 盖蒂图片社）

随处可见的社会工程中最强有力的尝试，中国的人口年均增长率从20世纪60年代末的2.6%左右降低至2015年的0.4%。人口政策的成功为中国经济奇迹的出现起到了推动作用。[58]

在20世纪七八十年代的其他东亚和东南亚社会，尤其是韩国、新加坡和马来西亚，它们采取的限制人口的政策虽不太严厉，但也经历了人口增长率的显著下降。这可能有助于这些社会在人均基础上变得更为富裕，否则是不可能这么富裕的，这是一件对其环境史有某种影响的事。它们顺应了潮流：20世纪70年代以后，不管政府有没有出台相应的政策，生育率的降低几乎出现在所有地方。生育率的降低在东亚出现得最快，其中，降低最为迅速的就是中国，国家的政策无疑对此起到了很大的作用。

到了20世纪80年代，全球大多数国家多少都采取了一定的人口政策。在欧洲，它通常包括不奏效的提高生育率的措施。在世界其余大多数地区，它包括一些通过降低生育率去排除人口炸弹的措施，有时是徒劳无功的，有时又是强有力的。若非实行了这些政策，世界将很可能多出数亿人口，其中可能大多为中国人。

人口与环境

人口增长，尤其是1945—2015年的人口飞速增长破坏了环境，乍一看这是合乎道理的。它在现代环境保护主义的大多数支流那里，已属不言自明之理。其逻辑是直截了当的：更多的人口意味着更多的人类活动，而人类活动会对生物圈形成干扰。作为第一近似值（first approximation）来看，这是正确的。但它却并不适用于所有时刻和所有地点。它在何时何地、何种程度为真，都是极其多变的。

其主要原因在于，“环境”的概念很宽泛，因而对于土壤侵蚀成立的结论，对于大气污染却未必成立。例如，人口增加可能对 1950 年以来的西非森林砍伐发挥了重要影响，但是它却与苏联的核武器所在地发生的核污染毫无关系。

人口增长通过与食品生产相关联的程序对环境施加最强有力的影响。1945—2010 年间的人口的三倍增长要求食品生产规模的相应扩大。但是即便如此，原因仍然绝不是直截了当的。土壤就是一个很好的例子。毋庸置疑，人口增长推动食品需求的上涨，也推动了耕地需求的上涨。例如，在中国，越来越多的人口和食品需求助长了国家支持的向北方草原的扩张，从而把草原牧场变为粮田。边疆扩张在中国历史上有着悠久的传统，但它很少以 1950 年之后那几十年间的速度推进。[59] 情况往往如此，一年生的草被一年生的作物取代，中国人涌向草原导致土壤侵蚀、荒漠化和顺风而下的沙尘暴的发生率的增加。人口压力也有助于把非洲农民推向西部和中部非洲萨赫勒地区（撒哈拉沙漠的南部边缘）的半干旱的土地，这项策略在 20 世纪 60 年代取得的效果足够好，因为当时该地区雨水充沛，但是在 20 世纪 70 年代，当降水不足的时候，它便成了灾难。

人口压力也在这样的进程中发挥了作用，它驱使着人们为了寻找新的农田而砍伐和焚烧热带森林。在危地马拉、科特迪瓦、巴布亚新几内亚和位于它们中间的许多地方，边疆农业慢慢挤进了古老的森林。通常而言，这会对土壤造成深远的影响。无论在何处，只要农民清理出坡地，便会招致土壤侵蚀的爆发，并非像在这个世界的草原上那样经由风的作用使然，而是经由流水的作用使然。不仅如此，在许多环境中，富含氧化铁的土壤在烈日的直射下很快就会变成砖红壤，形成像砖一样坚硬的表面。热带森林砍伐及其对土壤的影响问题并非一直主要是由人口压力所致。实际上，在拉丁美洲和东南亚，对于农场和木材的追寻起到了更大的作用。但是，在每一处，尤其是在非洲，人口都是综合影响的一部分。

在有些地方，问题以大不相同的方式出现，因为人口增长实际上有助于稳定地貌。农民利用坡地开垦出新的农田，他们将土壤置于受侵蚀的高风险之中。但是，在那些有着充足劳动力的地方，农民能够通过在山坡上修建梯田，保护他们的土壤。例如，在肯尼亚高地的马查科斯山区（Machakos Hills district），人口数量的猛增为阿坎巴人提供了用于修建和维护梯田的劳动力，并因此减少了对农田和土地的侵蚀。（肯尼亚的水土保持服务对此也有所助益。）古代和现代的农业梯田遍布全世界，尤其是在安第斯山脉、地中海沿岸山地、喜马拉雅山脉和东亚、东南亚地区。在这些环境中，高人口密度能够保持梯田和土壤在适当的位置。在那些人口稀少的地方，像是 1960 年以后的欧洲南部山区，就会经常爆发土壤侵蚀的问题。[60]

人口、水和鱼

人口增长也是淡水用量猛增的主要幕后推手。如表 6 中所示，从 1950 年到 2000 年，人口增至过去的三倍，用水量也是如此。大多数增加的水，可能多达 90%，被用于灌溉。尽管有相当一部分用来浇灌棉花和其他纤维作物，大多数的灌溉用水还是用于滋养粮食作物。全世界的灌溉面积也增至原来的三倍（1945—2010），其中以印度、中国和巴基斯坦为首。但是在包括美国在内的某些地方，1980 年以来的用水量呈平稳态势（由于效率的提高），同时人口和经济也保持了继续增长。尽管如此，似乎仍可得出这样一个合理的结论：用水量增至三倍的主要原因是人口增至三倍，因为用于粮食生产的灌溉用水所占的份额是最大的。[61]

表 6 全球淡水使用量，1900—2000 年

年 份	使用量（km^3）
1900	580
1950	1366
1980	3214
2000	3900

数据来源：Peter H. Gleick, "Water Use," *Annual Review of Environment and Resources* 28, no. 1 (2003): 275-314; World Bank, http://data.worldbank.org/indicator/ER.H2O.FWTL.K3/countries?display=graph。

在海洋中，也发生了相似的故事。1950—1960 年，全球海洋鱼类的捕捞量翻了一番，随后到 1970 年的时候又翻了一番。捕捞量的增长在 20 世纪 70 年代有所停滞，到了 20 世纪 80 年代又增加了 1/4，并从那时起保持相对稳定——因为到那时为止，世界主要渔场均以最大程度或超过最大程度进行捕捞。最著名的例子莫过于，从科德角到纽芬兰的北大西洋海域在历史上盛产鳕鱼，然而那里的鳕鱼捕捞业却最终崩溃，并且再也无法恢复。[62] 不过，最迅速的海洋捕捞的扩张却发生在亚洲海域，部分原因在于那里的海域最靠近食品需求增长最快的区域。例如，在 1950 年的时候，印度尼西亚的捕鱼量尚不足 50 万吨，到了 2004 年的时候，它的捕鱼量已超过 400 万吨。几乎各地的渔夫都怀揣着尽可能多和尽可能快地捕鱼的动机，唯恐他人捷足先登捕到了鱼。将鱼留待他日的渔业管理制度被证明是特别难以生效和执行的。[63]

再一次，与森林和土壤的变化相似，人口只是渔业故事的一部分。从 1950 年到 2008 年，全球海洋鱼类捕捞量增加了 4 倍，而人口增长了 2 倍。经过粗略估计，可以说 60% 的海洋鱼类捕捞量的增长源自人口的增长。[64] 但是，这种算法仍然是粗略的，并且无论如何，都未将那样的一些情况囊括其中，即捕鱼业的惊人扩张是由于新技术的出现带来成本降低所致。人类已经在北大西洋西部捕捞了几个世纪的不起眼的鲱鱼，在 1945 年以后变成了愈演愈烈的工业化渔业捕捞的目标，在探鱼飞机的协助下，渔船很容易便可追踪鱼群。如果说有什么不同的话，人口增长与鲱鱼种群的迅速耗竭并没有多大关系。[65]

人口与大气

有些环境变化与食品生产并无直接关联。在这些案例中，人口压力起到的作用较难得以具体说明。例如，试想一下二氧化碳的累积吧，它是大气中最重要的温室气体。在过去的 200 年间，碳排放来自两大源头，化石燃料的使用（约占 75%）和森林的焚烧（约占 25%）。人口增长无疑提高了化石燃料的需求量并助长了对世界森林的侵蚀。因此，在某种程度上，人口增长导致碳排放量的增加。但问题在于，数量几何？

如同我们在随后更详细地看到，大气中的二氧化碳浓度在工业革命之后有所上升。到 1945 年为止，大气中二氧化碳的浓度达到约 310ppm*，在 2014 年超过了 400ppm。在那期间，碳排放量（不

---

* ppm 即 parts per million，表示百万分率，在本书中表示单位体积大气中的污染物的浓度。——译者注

是浓度）增加了 8 倍左右。所以，可以做出近似的估算，考虑到同一时期的人口增加了 2 倍之多，或许可以推测出人口增长造成了约 37.5% 的二氧化碳累积量。

但是，那也只能作为近似的估计才得以成立。在阿富汗，人口呈高速增长，但它的碳排放量却微乎其微，还不到整个英国的 2%。人口增长所导致的碳排放主要取决于它发生在何地。不仅英国新增的一个人比阿富汗新增的一个人导致更多的碳排放量，而且喀布尔（更有可能使用较多的化石燃料）的一名阿富汗人和偏远山村的一名阿富汗人所造成的碳排放量也存在着差异。并且，人口增长出现的时间也很重要。在那些富裕的国家，从 1980 年起，能源效率计划、远离富碳煤的燃料转换、限制工业化和其他发展意味着新增的每一个人的影响比 20 世纪 50 年代新增的每一个人的影响要更小一些。对于 1975—1996 年间而言，倾向于数学分析的学者发现人口增长是碳排放背后的主要动力，但是，有趣的是，在非常贫穷和非常富裕的国家几乎都不是这样。悲哀的真相是，最终并没有一种可靠的方法来计算人口增长对碳排放量的影响。[66]

有时人口无足轻重

尽管碳排放的重要案例令人难以捉摸，但却容易找到环境变化的某些例子，根据它们可以肯定地说，人口增长几乎无足轻重。1945 年以来，捕鲸业已致使多种鲸鱼——例如，蓝鲸、灰鲸、座头鲸——濒于灭绝，但这与人口因素之间的关联微乎其微。捕鲸大国——挪威、冰岛、日本和苏联——的人口增长率都很低，并且这些国家的捕鲸者是出于对一种长期存在的文化偏好的响应，出于这种文化，当这些国家面临人口增长的时候，人们情愿去获取鲸肉，也不愿寻找更多的粮食。

平流层的臭氧层侵蚀几乎全然出现于1945年以后，它在实质上和人口增长也没有什么关系。有一些化学物质释放会破坏平流层中的臭氧，以氯氟烃（CFCs）为主，它主要被用于制造绝缘材料、制冷剂、气溶胶喷射剂和溶剂。在人口快速增长的地区，很少出现氯氟烃排放。在农业中使用的仅有的破坏臭氧的物质是一种被称为甲基溴的杀虫剂，它主要用在像加利福尼亚那样的一些地方，目标在于像草莓和扁桃树之类的高端作物，人们对这些作物的要求完全关乎口味的提升和运输能力的改进，与人口增长几乎没有关系。

最后再举一个例子，从1945年起足够频繁的环境灾难和人口增长之间并无可识别的关系。1976年，在塞韦索（Seveso）附近发生了一起重大的工业事故，剧毒物质二噁英在米兰以北的乡村地区广为散布，事故发生区域的人口增长率极低。博帕尔（Bhopal）是一座拥有百万人口的城市，位于印度中部。1984年，在史上最严重的工业事故中，从联合碳化物公司（Union Carbide）的一座化学工厂中向博帕尔喷出了40吨致命的异氰酸甲酯，这次事故造成了数千人死亡，还有很多人因此患病。它也和人口增长无关。[67] 切尔诺贝利灾难发生于1986年。核反应堆的存在是为了供电，这次事故的发生是由于设计缺陷和人为失误所致。20世纪80年代乌克兰的人口增长因素可以忽略不计。

移民和环境

同人口增长一样，移民对环境的影响也是时移世易的。村民蜂拥至城市可谓1945年以来的最大规模的移民，它带来了无数的环境后果。从一座城市移民到另一座城市的后果要小得多，除非新城市在先前人口稀少的地方拔地而起。然而，从一个乡村地区移民到另一个乡村地区，则常常会造成深远的环境变化。

1945 年以后的几十年是移民的时代。有数千万人从一国移居至另一国。[68] 甚至更多的人在自己的国家内部进行迁移，尽管通常是移到崭新的环境中去。数百万的美国人从“铁锈地带”移居至“阳光地带”，尤其是向着佛罗里达、得克萨斯和加利福尼亚进发。圣安东尼奥市（San Antonio）在 1940 年还只有 25 万人口，到 2010 年则拥有近 150 万人口，跻身为美国第七大城市。[69] 像菲尼克斯和拉斯维加斯这样的城市则从无名小卒发展成为重要的大都市，它们蔓延至周边的沙漠并且吸走了周边许多英里范围内的可用水。在一年中的大部分时间里，居民在家中和工作场所使用空调，电力密集型生活应运而生，这助长了额外的化石燃料消耗，促使建造更多用于发电的大坝，尤其是在已经被透支的科罗拉多河之上建造大坝。

在巴西和印度尼西亚，移民改变了雨林，这种改变至少同美国和中国的移民对干旱土地的改变差不多。其中，国家政策再一次起到了决定性的作用。包括巴西和印度尼西亚在内的许多国家，经常鼓励并补贴人口的迁移。不仅如此，国家强制或鼓励移民参加特定的活动，而它们恰巧就造成了严重的环境后果。

亚马孙河流域的面积相当于得克萨斯州的 9 倍，是印度的近两倍，几个世纪以来，外来者将其视为一个有待开发的且无序扩张的财富和资源的宝库。橡胶繁荣（约 1880—1913）证明了能够开发出多少财富，这诱惑着世人。亨利 · 福特孜孜以求地要将亚马孙河流域的自然转化为金钱，但是，即便像他这样精明且足智多谋的商人也无法完成此任。福特曾经试图建造一个橡胶种植园的帝国，称为福特兰迪亚，他的尝试始于 20 世纪 20 年代中期，却因他的想法的不切实际与当地条件的不适宜，尤其是遭到橡胶树真菌的妨碍，终告失败。当福特的孙子于 1945 年变卖已经荒废的福特兰迪亚之时，亚马孙河流域仅留下约 3 万名居民。[70]

在 20 世纪 50 年代和 60 年代初，巴西政府针对巴西境内的亚马孙河流域实施了另外一项建设方案，约占亚马孙河流域的 2/3。在干旱的巴西东北部，政府——在 1964—1985 年期间的军人政权——打算减轻这里的贫困（并且缩小土地改革的周期性压力）。它还希望向该国的边境地区移民，把忠诚的巴西人迁移到那里，在设想中，这片世界面积最大的潮湿的热带森林蕴藏着自然的财富，它希望能调动这些自然财富。不久，成千上万英里的公路刺穿了森林，数百万的移民涌入这个区域。他们砍伐并焚烧一片片的森林，主要是为了在新清理出的土地上养牛。亚马孙河流域的部分地区愈发成了养牛者的土地，那里不再有树木。该地区大多数土壤都营养贫乏，因此，牧场主通常会发现，在若干年的放牧之后，他们需要再次出发，继续砍伐和焚烧更多的森林，才能确保他们的牛群仍然有草可吃。从 20 世纪 90 年代起，种植大豆的农场主越来越重要，他们也发现了相同的情形。到 2010 年为止，1970 年森林区域中约 15%~20% 的面积已经被清理为草地或田地，不过，清空森林的比率却在迅速下降。在巴西政治和全球环境政治中，亚马孙河流域的森林砍伐问题已然成了一个反复出现的问题。[71]

1949 年，印度尼西亚成为一个并不稳定的独立国家。大多数人口和所有的领导层都住在肥沃的火山岛——爪哇岛上。其余大多数岛屿的土壤较为贫瘠，人口也比较稀少，岛上的居民通常是少数民族，他们并不喜欢接受爪哇人的统治。印度尼西亚以前的殖民统治者荷兰人曾经实行了小规模的移民计划。1949 年，独立之后的印度

亚马孙盆地中的一块雨林，为了变成农田而被清场伐木，巴西，2009 年。1965—2012 年，亚马孙河流域的森林面积缩减了约 15%~20%。（© Ton Koene/ 视觉无限公司 / 考比斯）

尼西亚统治者在荷兰人的计划的基础上采取了所谓的移居方案。军政府（如同他们在巴西的同行一般）希望约 5000 万名政治上可靠的爪哇人可以去其他岛屿重新定居，尤其是婆罗洲和苏门答腊岛。实行这项计划的目的在于缓解爪哇岛上的人口压力和减轻贫困，获得外岛的自然资源，以及让当地人陷入爪哇人的汪洋大海之中，后者向来是忠于政府的。

到 1990 年为止，当移居方案停止之际，约有不到 500 万名爪哇移民接受了外岛免费土地的诱惑。他们发现以自己的水稻种植技巧，在苏门答腊岛和婆罗洲贫瘠的土地上，是种不出足以振奋人心的稻谷的。直到 1984 年，政府还颁布法令，规定他们只应该种植水稻。他们和亚马孙河流域的牧场主一样，不得不频繁迁移到新的土地上，在迁移的同时焚烧森林，以便获取烧成灰烬的林木中贮藏的营养物质。

爪哇人常常以为，消除一个令他们感觉迥然不同的生活环境是令人欣慰的，但是，他们原本就来自一座森林被彻底砍光了的岛。他们的努力加快了印度尼西亚的森林砍伐速度，从 1970 年到 2000 年，印度尼西亚的森林砍伐是全世界森林破坏中最为严重的。[72]

这些大规模的移民和与此相似的其他一些因素结合在一起，让环境发生了相当大量级的改变。在范围上，这些改变主要是局部或地区性的，尽管任何地方的森林砍伐都明显地增加了整个大气中的二氧化碳负载。尽管影响范围有限，移民引发的环境变化，较之温室气体的积累或气候变化而言，通常是非常彻底的且具有更多的后果——至少目前看来是这样。

移民，通过将人口重新安置在其他地方，使他们在那里能够过上远超以前的能量密集型的生活，也促进了全球温室的升温。数千万人离开中美洲或加勒比海地区前往美国和加拿大，或是离开北非前往西欧，再或是离开南亚去往波斯湾。他们成功地在新家园里生活，就新的生活方式被采用的程度而言——开车、利用化石燃料为他们的住所供暖或制冷——他们的迁移增加了全球能源消耗量，并因此促进了温室气体的累积与这个星球的暖化。

从 1945 年到 2015 年的这一时间段，是世界人口史上渐趋高潮的阶段。这一时间段——相当于人的一生——是史无前例的。如果说人口增长与环境变化有着重大关系，那么，它必然是在这几十年间发挥了这样的作用。

它确有重大关系。只是，它并非一贯如此，并非各地皆然，也并不一定会以清晰明确的方式呈现出来。对于某些形式的环境变化而言，就像西非的森林砍伐那样，人口增长在其中发挥了主导作用。对于其他形式的环境变化而言，例如捕鲸，人口增长在其中的作用并不突出。在人类事务中，人口增长属于正常现象，它从来不是任何事情发生的唯一原因，但它却总是同其他因素一起，共同发挥作用。

移民亦如此。在 1945 年后的几十年里，人口长途迁移的比率呈上升趋势。这也带来了环境上的后果，尤其是当人们从一种环境迁移到另一种迥异和陌生的环境之中时。他们惯常的行为方式，不论是种植水稻还是养牛，常常在新家园里带来无法预料的和戏剧性的环境后果。

环保主义者忧心忡忡地指出人口增长是环境变化的主要原因，如今已有 50 余年了。那种主张通常是合理的，但是它却远远达不到普遍真理的程度。通过将“环境”的概念剖析至特定的生物群落和进程，能够对这种大而化之的命题再有所推进。假以 50 多年之时日，如果人口学家是对的，且人口增长已经放缓至零或者接近于零，我们将对它之于环境变化的意义持更加坚定的观念，这既是对于一般情况而言，也是具体针对 1945—2015 年间这个生机勃勃的时代而言。让我们期待没有巨大的生态灾难干预其中，否则它将使得这个分析变得复杂。

第二章

气候与生物多样性

地球的气候极其复杂，涉及与太阳、大气、海洋、岩石圈（地壳）、土壤圈（土壤）和陆生生物界（主要为森林）之间的微妙而未能被充分理解的关系。但是，在20世纪，尤其从20世纪50年代后期开始，关于地球气候的知识迅猛发展。地球的气候危机四伏已久，前景不妙，到20世纪晚期，科学家对此已基本达成共识。当然，正是这种观点认为人类自工业革命开始以来的活动改变了气候并且开始导致地球升温。这个问题主要集中于人类对地球碳循环的干扰上，当然，它被贴上了各式各样的标签，像是“增强了温室效应”“全球变暖”，或“人为气候变化”。通过燃烧化石燃料和排放二氧化碳及其他气体，人类正在提高大气中强效吸热气体的浓度。科学家担心，如果对这些趋势放任不管，可能会给世界气候带来潜在的灾难性后果。有关该主题的研究数量越来越多，质量也越来越高，并且新的技术确保了地球气候监控水平得以提高，因此，这些预测变得愈发令人惊骇。然而，科学家所认为的需要做什么才能避免灾难是一回事，全球气候变化政治的现实又是另外一回事，这二者之间横亘着巨大的鸿沟。截至2015年，越来越多的有力证据表明，地球的气候及其许多生态系统的运行，已然由于二氧化碳水平的升高而开始做出相应的改变。

气候和工业革命

这个星球上的气候既不会冰冷刺骨也不会炽热炎炎，是因为地球有大气层提供保证。用高度简练的话来说，就是几乎 1/3 的太阳辐射被立即反射回太空。到达地球的 2/3 多一点儿的太阳入射辐射被地表、海洋或大气吸收，并被转化为红外能（热量），还要向四面八方进行再辐射。有好几种温室气体（GHGs），它们吸收了大部分的红外（或长波）能量。自然产生的温室气体包括水蒸气、甲烷、二氧化碳和一氧化二氮。还有几种不属于自然产生，但是由人类创造的温室气体。其中最重要的氯氟烃（CFCs），是最先于 20 世纪 20 年代在实验室中被发明出来的。每一种气体捕捉不同波长的能量，而且每一种气体都具有不同的特性，例如它们在大气中的吸收能力和持续时间都有所不同。此外，每一种气体在大气中是以不同浓度存在的，并且每种气体的浓度随着地质年代的不同而差异很大。在工业革命兴起之初，自然产生的浓度是：甲烷，约 0.7ppm；二氧化碳，280ppm；一氧化二氮，288ppb*。从那时起，每一种温室气体的浓度均有所上升。[1]

大气气体浓度并非气候的唯一决定因素。其他因素影响着到达地表的太阳辐射总量以及被吸收和被反射的总量。在地球内部和地球表面发生的变化对于气候也具有一种影响。这些反过来能够与温

---

* ppb，parts per billion, 表示十亿分率。书中用它来表示大气中污染物质浓度。是比 ppm 更小的量级，ppb=1/1000ppm。——译者注

室气体的浓度发生复杂的相互作用。太阳本身的输出量可能会有变化，这影响了到达地球的太阳辐射总量。影响气候的其他因素还有地球绕轴自转和绕日公转轨道的轻微摆动。这些摆动被称为米兰科维奇循环（Milankovic's cycles），亿万年来一直存在并且协助塑造了地球冰期的出现时机。到达地表的太阳辐射总量也受到气溶胶的影响，气溶胶是阻挡入射辐射的大气颗粒物。火山喷发可以影响全球气温。火山喷发的灰烬和烟尘可以到达平流层并且环绕地球，使气溶胶的总量有所增加。如果规模足够大，就算是暂时的（几年），一次火山喷发足以使全球气温下降，直到雨水将大气中的颗粒物涤荡一清为止。世界历史上有案可查的几次规模最大的火山喷发就是以这种方式产生了重大的短期温度效应，像是 1783 年（冰岛）拉基火山喷发、1815 年坦博拉火山喷发和 1883 年喀拉喀托火山喷发（后两次都发生在印度尼西亚）之后的情况一样。

尽管比起从前，全新世的气候（约略始于 1.2 万年以前）更加稳定，但它还是具有明显的波动。全新世早期的气温比起之前冰期的整个低谷期的气温差不多要温暖 5° C。在全新世里，最高点出现在 8000~5000 年前，当时的最高（最北端）纬度地区的气温高出全新世平均温度 3° C 之多。在较为晚近的历史时期，也发生了自然的温度变化。从公元 1100 年到公元 1300 年，欧洲经历了一段温暖的天气，这被称为中世纪的气候异常期，随后而来的则是小冰期，它大约从 1350 年一直持续到 1850 年，气温比当前的平均气温几乎低了 1° C。

有关人为造成的气候变化的忧虑，主要集中于工业时代的人类对自然的碳循环所施加的干扰上面。世界上储存的碳在岩石圈、土壤圈、生物圈、大气和海洋之间循环。然而，自从工业革命以来，人类的活动已经改变了碳在这些圈层中的分布。人类用比自然发生的速度更快的速度将碳从地球移走并置于大气圈中，这一事实本质上引发了气候变化问题。人类也造成了其他含碳温室气体浓度的增高。甲烷（CH_4），也被称为天然气，燃烧时变成二氧化碳和水。然而，甲烷的主要问题源于它被直接释放到大气中。以每个分子来计算，甲烷的吸热本领比二氧化碳要强得多。[2]

人类有两种基本方式来增加大气层中的碳。第一种，森林砍伐让碳得以释放，经由燃烧或腐烂的木材以及来自刚刚暴露的富含碳元素的土壤。森林砍伐是一个古老的现象，但是，全球层面的森林砍伐的最大一次加速却是从 1945 年才开始的。反之，成长的森林吸收大气中的碳。因此，通过森林砍伐向大气中添加的碳的总量一直是净数值，实际上是森林砍伐减去植树造林的结果。目前，森林砍伐的净值与其他土地利用的变化，向大气中增加了约 15% 的人为造成的碳排放量（截至 2015 年）。[3]

第二种，也是更加重要的，化石燃料的燃烧释放出碳。人类已经把（以煤、石油和天然气的形式）储存在岩石圈中的碳转移到了大气圈，并且由此使其进入了海洋。那么，考虑一下经由化石燃料的燃烧释放到大气圈中的碳的总量。在工业革命开始以前的 1750 年，人类每年以这种方式可能向大气中释放了 300 万吨的碳。在一个世纪后的 1850 年，这一数字约为 5000 万吨。又经过了一个世纪，到第二次世界大战结束之时，它已经增加了 20 倍多，达到约 12 亿吨。接着，在 1945 年以后，人类开始了燃烧化石燃料的狂欢。在“二战”结束后的 15 年里，人类每年向大气圈散播 25 亿吨的碳。这个数字在 1970 年增加至超过 40 亿吨，在 1990 年增加至超过 60 亿吨，在 2015 年增加至 95 亿吨左右——约为 1750 年的 3200 倍和 1945 年总量的 8 倍。截至 20 与 21 世纪之交，化石燃料已经成为大气中约 85% 的人为碳排放量的来源。[4]

增加的人为碳排放量提高了大气二氧化碳浓度。现在的二氧化碳浓度约为 400ppm，相对而言，工业化以前的基线则只有 280ppm。这是过去几十万年且有可能是过去 2000 万年里二氧化碳所能达到的最高浓度。1958 年，当首个可靠的、直接的和连续的大气中二氧化碳含量的测量方法开始被采用的时候，浓度水平达到 315ppm。自那时起，测出的浓度逐年增长。在漫长的大气历史中，二氧化碳浓度在其他任何时候都不可能在 50 年内增加 25% 这么多。

最近的排放趋势尤其值得注意。21 世纪头十年的二氧化碳排放量的增长率是 20 世纪 90 年代的两倍多（全球年增长率是 3.3%：1.3%）。对此，全球经济持续的不平衡增长只能提供部分的解释。全球经济的碳强度（每单位经济活动的二氧化碳排放量）问题则更加令人感到困扰。全球经济从 20 世纪 70 年代左右开始脱碳，但是到了 2000 年以后，这一进程却有所逆转。经济增长变得更多而不是更少地依赖重碳燃料，尤其是中国的燃煤。[5]

截至 20 世纪的最后几十年，似乎世界上的气候的确由于大气中增加的二氧化碳、甲烷和其他温室气体而出现了转变。气温数据显示，平均地表大气温度变暖，比 20 世纪的平均值高了约 0.8° C。20 世纪末的变化率最大。大体上，其中 3/4 的升温发生在 20 世纪 70 年代中期以后，其余的升温发生在 1940 年以前。从 20 世纪 70 年代起的每一个连续的 10 年都比所有先前有记录的 10 年更加温暖；2010 年，美国国家航空航天局宣布，2000 年以来的 10 年是有记录以来最为温暖的 10 年。根据气候模型的预测，两极地区变暖最为明显，而热带地区变暖最不明显，同预测相符，北半球的高纬度地区的气温升高是最为显著的。[6]

大气中增加的二氧化碳对全球海洋也具有重要的影响。就大气而言，测量结果显示，海水在 20 世纪的下半叶变得更加温暖。海洋上层 300 米的水温在 1950 年以后变暖了近 0.2° C，同时，海洋上层 3000 米的水温只变暖了不到 0.04° C。听起来或许变化不大，但是假如考虑到水的密度和海洋的巨大体积，这些小小的增加象征着大量的热能。从 1950 年起，海洋上层 3000 米的海水吸收的总热量超过了陆地吸收的总热量的 14 倍。

逐渐升高的海洋温度开始产生实质影响，对于海平面和海上浮冰而言，尤为如此。在 20 世纪里，海平面有小幅度上升——约 15 厘米，大体上其中一半来自水的受热膨胀，另外一半则来自像是格陵兰之类的地方融化的冰盖。北极海冰也开始融化。在 20 世纪下半叶，春夏季节的北冰洋的海冰覆盖可能减少了 10%~15%。至于大气的温度，在接近 20 世纪末和 21 世纪初的时候，变化率最大。南极周围海冰融化的趋势不太明显。在 2009 年的时候，发生了一起令人不安的事件，庞大的威尔金斯冰架在那一年发生部分崩塌，但是，尽管大陆周围的某些区域正在不断地去冰，其他地区似乎正在不断地获冰。从 1970 年起，南极海冰的总量甚至可能有所增长。[7]

对全世界海洋而言，逐渐升高的温度并非唯一后果。土壤、森林、海洋和岩石都充当了这个世界上的“水槽”，大气中一部分的二氧化碳被它们所吸收。“水槽”的确切作用仍有待争论，但是大体上，在燃烧化石燃料排放出的二氧化碳中，约有半数最终汇入了各种各样的“水槽”之中。海洋约接收了其中的一半。若无海洋提供此项服务，大气中二氧化碳的浓度将会远远高于目前的水平。不幸的是，此项服务并非没有后果。到 21 世纪初，有充分的证据证明，这些累积的、附加的二氧化碳溶解在海洋中，已经开始改变其化学性质了。越来越高的二氧化碳浓度令海洋酸化，使得其中的一些有机体更加难以生成骨骼和外壳。这些生物陷于危险的境地，其中有一些还是鲸和鱼类的重要食物来源。更加糟糕的是，有些证据证明，海洋和诸如森林之类的其他“水槽”，可能正经历着一个日益困难的时期，此时的它们越来越难以吸收大气中的二氧化碳了。这是有可能的，某些“水槽”可以转变成二氧化碳的净生产者，而不再是吸收者，如果热带森林由于更高的气温而变干，就会出现这种情况。[8]

气候变化的潜在风险数不胜数，但几乎没有哪种风险比改变世界上的水源更加危险的了。越来越高的大气温度可能会对世界生态系统造成很多的改变：改变区域降水模式，导致更加频繁和极端的天气事件；升高海平面并侵蚀海岸线；危害世界生物多样性；加剧传染病的传播；导致更多与热相关的人类的死亡；以及许多别的影响。截至 21 世纪之初，大多数科学家相信不断升高的气温已经开始产生这样的影响。冰川消融即是一例。在 20 世纪中，有越来越多的证据证明世界上的冰川正在消退，其速率在世纪末比世纪初要快得多。例如，从 1975 年至 2000 年间，欧洲阿尔卑斯山的冰川以每年 1% 的速率融化，在 2000 年以后，它们则以 2%~3% 的速率融化。这是一种全球趋势。对全球各地的 30 条“参照”冰川的科学追踪显示，1996 年之后融化的冰川是 1976—1985 年间的 4 倍之多。[9]

有关冰川消退的忧虑或许看似深奥难懂。从心理和地理上，冰川都远在天边。世界上绝大多数的冰都被封存于极地，位于覆盖格陵兰和南极洲的冰川内部。几乎人人都听说过这些极地冰川消融导致海平面升高的风险，但是这一特殊问题似乎是对于遥远未来的担忧。至于说世界上位于极地之外的冰川，如果它们融化了，有什么关系呢？举个例子，对于大多数美国人而言，他们的那座即将名不副实的冰川国家公园（位于蒙大拿州）的冰川几乎消失了，这对他们有多重要呢？也许并不是很重要，当然一些出于审美而发的哀叹除外。然而，在世界多数地区，春夏的冰川融化确实关乎生死。喜马拉雅山脉和附近的中亚山脉为此提供了重要例证，那里拥有除极地之外最大数量的冰。这些山脉是亚洲最重要河流的发源地，包括印度河、长江、湄公河、恒河、黄河、雅鲁藏布江和伊洛瓦底江，它们共同养育了超过 20 亿人。喜马拉雅山脉特别是在高海拔地区的气温升高，意味着在过去几十年里冰川融化的加剧。令人担心的是，冰川面积和积雪层的减少会改变河流的水量和季节性时序，下游的社区依靠这些河流发展灌溉农业，提供饮用水，以及发挥许多其他用途，河流的变化将给他们造成巨大的负面影响。这一供养了 20 亿人的生态系统很可能经历重大变化，这是千真万确的。[10]

人们已经赖以为生的冰川正在融化，这让一些观察者满怀对于未来的不祥预感，而无数对气候变化漠不关心的人可能也已感受到它的间接影响。大气变暖的一个间接影响是空气容纳水蒸气的能力有所提高。自相矛盾的是，这同时提高了干旱和暴雨的发生概率。在世界上干旱的地区，温暖的空气能够容纳更多的水分，所以降雨量减少了。而在那些对于下大雨习以为常的地方，空气变暖将带来更多的降雨，因为云中将可以挤出来更多的水分。因此，像美国西南部一样的地区已变得更易出现干旱的现象，而连绵的雨季已为喜马拉雅山麓带去更大的洪水。[11] 与此同时，更高的海洋表面温度很可能生成更多的热带气旋。不管是 2005 年的卡特里娜飓风，还是 2010 年的巴基斯坦特大洪水，即使无法将任何特

由于尼泊尔境内喜马拉雅山脉的南安纳布尔纳冰川的消退，遗留下来一处干涸的峡谷，2012 年。从 19 世纪末期开始，世界各地的许多冰川由于平均气温的升高而消退。1980 年以来，喜马拉雅山脉的冰川迅速后退，这可能即将造成南亚、东南亚和东亚的水源短缺。（© 阿什利·库珀 / 考比思）

殊的天气事件归咎于气候变化，但是随着时间的推移，这些事件变得更可能是由于温度升高所致。据说（很可能是错误的）托洛茨基说过这样的话：“也许你对战争不感兴趣，但战争会对你感兴趣。”气候变化和世界上的弱势人群之间的互动关系也是如此，无论身处新奥尔良地势低洼的选区，还是身处印度河沿岸地带，人们可能对气候变化并不感兴趣，但气候变化却会对他们感兴趣。

气候科学的历史

在相当晚近的时候，人们才对气候形成了先进的科学认知，而考虑到地球气候的复杂性，这便不足为奇了。科学认知需要高度的跨学科合作，其中包括地球物理学家、海洋学家、气象学家、生物学家、物理学家、地质学家、数学家和来自其他众多学科的专家。作为一种全球现象，气候变化已经促成了国际范围内的科学合作。由此，气候科学的历史具有学科合作的特征。关于气候是如何变化的，还有很多内容有待了解，尽管如此，过去的半个世纪还是见证了巨大的科学进展。科学界对气候变化问题的关注有所增强，这在很大程度上是由对逐渐升高的二氧化碳浓度的忧虑引起的。技术工具帮助科学家将他们的关注转化为信息和认知，就像人造卫星那样，只有在冷战开始之后才成为可能。这些工具对于收集和评估数据具有根本性的意义，而数据则被用于绘制地球气候历史的地图、为其运行方式建模以及——在严格的限制之下——预测其未来趋势。

为何地球会拥有一个令人宜居的大气层呢？人类于 19 世纪首次尝试对这个问题做出解释。法国自然哲学家让-巴蒂斯特·约瑟夫·傅立叶（Jean-Baptiste Joseph Fourier）曾于 19 世纪 20 年代撰文指出，大气层吸收了一部分入射的太阳辐射，因此提高了自身的温度，若非如此，气温将远远低于现在的温度。他用覆盖在温室表面的玻璃来比喻大气之于温度的影响，比喻虽有瑕疵，但却经久不衰。地球气候又是如何运行的呢？在 19 世纪的发展过程中，欧洲其他地方的科学家们努力解决这一基本问题。他们在很大程度上得到了博学的瑞士人路易斯·阿加西斯（Louis Agassiz）的激励，他在 1840 年写道，地球曾经历过冰期。因此，接下来的许多科学工作都集中于理解气候如何能够随着时间的推移发生如此剧烈的变化。在这些好奇的科学家中间，有一位英国物理学家约翰·廷德尔（John Tyndall），他在 19 世纪 50 年代发现，二氧化碳有吸收红外线的能力。瑞典科学家斯凡特·阿伦尼乌斯（Svante Arrhenius）的工作甚至更加重要，他于1896年发表了一篇具有开创性的论文，概述了二氧化碳和气候之间的基本关系。阿伦尼乌斯计算出，如果二氧化碳气体的含量增加或减少，将可能引起的全球温度的变化。他估算出，如果在二氧化碳浓度翻倍的情况下，温度将升高5.7° C，但他却排除了人类可以向大气中排放如此之多的碳的可能性。[12]

阿伦尼乌斯的论文引发了相当多的争议，但是由于对各种各样的地球系统的基本科学缺乏认知，加上数据的贫乏，以及采用了拒不考虑人类拥有改变地球气候的能力的观念视角，这篇论文的影响力还是受到了限制。例如，阿伦尼乌斯只可能估算出大气中二氧化碳的浓度，因为那时无人能够对它做出可靠的测量。尽管如此，20世纪的最初几十年仍然因为其他与气候研究相关的领域的科学成就，而熠熠生辉。有一种理论认为，地球的摆动和太阳轨道导致了冰期的出现。两次世界大战之间，塞尔维亚数学家米卢廷·米兰科维奇（Milutin Milanković）进一步完善了该理论。由于他的艰苦计算，关于这种周期的认知最终以他的名字命名。* 几乎与此同时，在苏联，地球化学家弗拉基米尔·维尔纳茨基（Vladimir Vernadsky）正致力于研究自然碳循环。他提出这样的观点：生物圈中的生物体是导致大气化学成分中添加了许多氮、氧和二氧化碳的原因所在。因此，植物和其他生物体对于地球的气候史具有根本性的意义。[13]

对于地球系统的基本认知形成于19世纪和20世纪初，但是气候科学的一大突破却发生在1945年之后。由于冷战加快了对自然科

---

* 称为米兰科维奇循环（Milankovich cycle）。——译者注

学公共资助的增长，美国科学家成为重要人物便不足为奇了。在 20 世纪 50 年代，位于圣迭戈附近的斯克里普斯海洋学研究所的一群科学家将少量的国防资金汇集在一起，对大气和海洋中的二氧化碳进行了集中研究。其中有两位科学家，分别是查尔斯·基林（Charles Keeling）和罗杰·雷维尔（Roger Revelle），创建了第一座可靠的大气二氧化碳监测站。他们将新开发出的、复杂精密的设备安置在夏威夷的莫纳罗亚火山顶上，之所以选择这个地点，是因为这里位于偏远地区，空气循环没有受到当地发电厂或工厂排放物的污染。莫纳罗亚监测站为科学家们提供了最初并且可靠的有关大气二氧化碳浓度的测量数据。在几年里，这个监测站证实了二氧化碳浓度确实在上升。从 1958 年起，莫纳罗亚时间序列连续不断地给出数据；在此过程中，监测站提供的锯齿状上升的曲线则代表了人为的气候变化，该曲线已经成为象征人为气候变化的最广为人知的图像之一。[14] 这一锯齿状的图案反映出北半球二氧化碳的季节性变化：在夏季月份里，当叶子长出来的时候，较多的碳储藏在树和灌木中，此时大气中碳的含量较少；在冬季，大气中二氧化碳的含量则会略高一些。

莫纳罗亚的首创是在国际地球物理年（IGY）的背景之下出现的。在这个全球合作研究计划当中，美国和苏联的技术与科学能力最为突出。但是，国际地球物理年也表明了科学家的愿望，他们想要使用最近可资利用的强大的新工具去开发地球物理监测评估系统。从 20 世纪 50 年代至 70 年代，科学家可以利用第一颗人造卫星去研究地球，还可以利用第一批大型计算机去开发和运行粗略的地球气候模型。冷战驱动下的极地探险造就了第一个冰芯钻取计划。科学家得以对隐藏在几十万年以前的极地冰芯中的气泡加以分析，从而发现有关过去气候的信息。20 世纪 50 年代后期，美国人纯粹出于

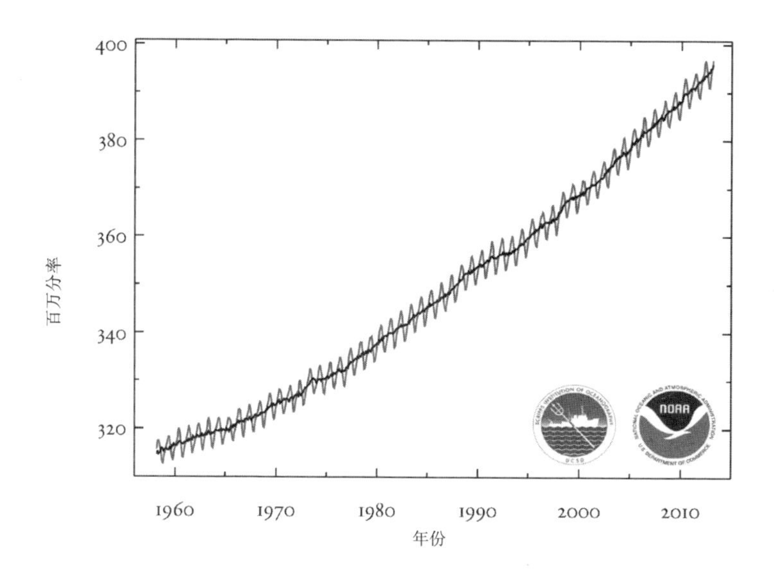

夏威夷莫纳罗亚监测站的大气二氧化碳含量

军事目的，在格陵兰的世纪营（Camp Century）钻取了第一颗冰芯；无论如何，它给科学家提供了有用的数据。苏联人在南极的东方站也有其计划。从 20 世纪 70 年代起，他们最终钻取到了 40 万年以前的冰芯，由此，科学家获得的气泡跨越了多个冰期。[15]

冷战相关的研究，与在其他国际背景之下开展的越来越多的科学工作同时并举。研究问题的规模、处理问题所需的资源和分享专门知识的渴望，不仅意味着越来越多的科学合作，也意味着来自国际机构的越来越大的支持，诸如世界气象组织和稍晚一些的联合国环境规划署。到 20 世纪 60 年代为止，已有许多杰出的科学家开始论证人为气候变化出现的可能性。由于研究工作充分推进，该问题被列入联合国主办的 1972 年斯德哥尔摩环境会议的议程。在整个

20 世纪 70 年代，在持续改进的技术和方法、更好的数据和更复杂的研究网络的激励之下，科学成果层出不穷。美国科学家仍然是该领域的执牛耳者，部分原因要归功于像美国国家科学院之类的机构所提供的支持。20 世纪 70 年代即将结束之际，1979 年，在日内瓦举行了专门致力于探讨气候变化的首次国际会议，这次会议由世界气象组织和联合国环境规划署组织筹划。[16] 此时，尽管气候学这一领域依然属于受过精确科学训练的专家们，但在 20 世纪 70 年代结束后不久，它还是步入了混乱的政治舞台。

气候科学与气候政治的交汇

直到 20 世纪 80 年代，有关人为气候变化的讨论仍主要局限在科学界内部。在 20 世纪 70 年代，虽然曾经产生过一些政治意识和媒体报道，但此项议题在当时太过新颖，也太过抽象，因而没有得到很好的倾听。不仅如此，关于气候暖化的科学共识相对而言也比较微弱。但是，20 世纪 80 年代的这 10 年却形成了一个分水岭，因为关于人为气候暖化的科学共识有所加强，该议题也首次成为一个政治议题。

这种变化部分来源于对大气环境问题的认知提高。20 世纪 70 年代末以来，酸雨在欧洲和北美东部成为重要的地区性政治议题。在 20 世纪 80 年代，对臭氧层变薄的政治关注突然出现，相比酸雨而言，臭氧层变薄却是一个全球层面的议题。1986 年，对于南极地区上空臭氧层“空洞”的发现引起了公众的兴趣，并且这对推动 1987 年的《蒙特利尔议定书》(Montreal Protocol) 的谈判大有助益。这项协议要求签约国减少氯氟烃的排放，科学家由此开始参与到全球气候政治中来。1988 年，关于臭氧空洞的公众意识仍然是新鲜的，当时北美破纪录的高温和干旱有助于激发出公众和政府在全球层面上对气候变化政治加以制度化的兴趣。世界气象组织和联合国环境规划署在那一年帮助创设了政府间气候变化专门委员会，这个科学机构负责就人为气候变暖问题达成共识。自那时起，政府间气候变化专门委员会已分别在 1990 年、1995 年、2001 年和 2007 年发布了 4 份大型评估报告，并在 2014 年发布了一份最新报告。它的所有报告都是在对气候变化的相关科学证据做了全面回顾的基础之上做出的。在这些报告中，对于气候变化和人类活动的关联的看法越来越肯定，而且也愈发坚定地提出迫切需要做出全球政治响应的警告。2014 年的报告曾直言不讳地指出："人类对气候系统有着明确的影响，而且最近的人为温室气体排放量是有史以来最高的。最近的气候变化对人类和自然系统具有广泛的影响。"这些报告也遭到了一些质疑，尤其是有一群人数虽少，但却直抒己见、有权有势的气候怀疑论者，他们针对政府间气候变化专门委员会的方法、证据、动机或合法性发起攻击，由此，政府间气候变化专门委员会的领导层不得不对每份报告做出辩护。[17]

政府间气候变化专门委员会的工作与旨在减少人为二氧化碳排放的全球政治谈判是同步进行的。这一进程正式始于 1988 年，在那一年，联合国大会将气候变化称为"人类共同关注的问题"。外交官们雷厉风行地敲定了气候变化框架公约，并且在 1992 年的里约热内卢地球峰会上签署了公约。尽管具体条款尚不具备约束力，该公约还是将旨在创建一个更具实质性的协议的常规外交谈判付诸实施。在接下来的几年里召开了多次会议，它们为 1997 年的《京都议定书》(Kyoto Protocol)的谈判打好了基础。《京都议定书》是一份具有约束力的协议，要求世界上的富裕国家(与协议中确立的基准年

1990 年相比）小幅度地削减温室气体排放量。

但是，麻烦即刻就来了，因为世界上最大的几个温室气体排放国之间存在着分歧，使得《京都议定书》陷入岌岌可危的境地。这些分歧给随后的外交蒙上了一层阴影，使其在 20 年间毫无进展。（从 1995 年到 2015 年的 20 年里，全球能源领域的二氧化碳排放的总吨数几乎相当于 1995 年以前人类整个历史时期排放的总吨数。）[18] 作为最大的两个污染国，美国和中国拒绝履行与排放有关的约束力协议。总之，中、美在气候外交中都摆出了利己的姿态，甘愿因为一件事情不够完美就反对它。

以美国为例，因为国内的政治阻力尤为棘手，即便是最心甘情愿的总统政府也难于承诺达成深度减排的目标。有相当一部分的美国公众并不接受气候变化科学的共识，并且利益相关行业既鼓励怀疑论，也游说国会阻止排放协议的通过。2006 年，美国的总排放量为中国所赶超，即使这样，美国的人均排放量仍高居世界前列。尽管如此，美国的外交立场强调最大的发展中国家，尤其是中国、印度和巴西——它们的人均排放量都大大低于美国——需要参与任意一种强制温室气体减排的框架。

另一方面，中国则宣称工业化国家应当首先做出承诺，理由是它们在数个世纪以来累积的排放量是最高的，而且已经从大量使用化石燃料中获得了经济利益，而中国并没有这么做。中国还表示，人均排放量应作为衡量责任的关键指标，并且要将其作为美国应当首先行动限制排放量的一个原因。《京都议定书》使中国可以免于碳排放的任何约束，中国的外交官是拥护它的。

其他的大型发展中国家采取了与中国相似的立场。例如，印度宣称世界上最富裕的国家负有减排的道德义务，它在 2009 年赶超俄罗斯，成为第三大二氧化碳排放国。新德里的外交官与北京的外交官一样，主张相对贫穷的国家有权为了本国经济发展的利益继续维持大量的排放。同其他发展中国家一道，印度大力游说，推动减排技术和减排知识从富裕国家向贫穷国家转让，并且游说富裕国家拿出少量（0.7%）的国内生产总值（GDP）来帮助贫穷国家限制其排放。

不出所料，国内压力也塑造了俄罗斯在气候政治上所持的外交立场。2004 年，俄罗斯议会兴高采烈地批准了《京都议定书》。20 世纪 90 年代的俄罗斯经济崩溃曾经导致它的排放水平远远低于《京都议定书》的要求，而且俄罗斯已准备好从任意的排放交易机制中获利。然而，在此之后，随着俄罗斯经济的恢复，以及随着该国石油和天然气行业的飞速发展，俄罗斯的领导人失去了对于国际气候协议的热情。尽管有 2010 年创纪录的热浪来袭，许多俄罗斯人，尤其是弗拉基米尔·普京仍然坚持认为，越来越温暖的未来会带给他们更多的益处而非害处。无论如何，几乎没有俄罗斯政治家认为限制石油和天然气财政收益的政策有其可取之处。

在国内的政治和经济状况发生变化之际，其他国家也转变了各自的立场。例如，在 2007 年的一次选举中，澳大利亚人选出了一个迫切想要减少温室气体排放的政府。新总理经常称气候变化为他那一代人所面临的巨大的道德挑战，并且在几年之内，气候政策在澳大利亚都是一个急迫的政治问题。然而，继任的总理就不具备同样的热情了。澳大利亚于 2012 年制定了一项针对某些排放者的碳排放税，但它却在 2014 年便遭到了废除。另一方面，加拿大在 2002 年批准了《京都议定书》，却并未达到其目标。2006 年，加拿大人选出的总理对限制排放持敌视态度，并且在 2012 年退出了协议。大多数加拿大人对那种立场感到不安，在 2015 年，他们通过另一次选举带来了一种新的气候政策，它致力于碳定价和设定排放目标。

欧盟国家和一些小的岛国则对《京都议定书》和后续的限制排放提议最为热心。基里巴斯、马尔代夫和其他几个低洼的环礁国家预计将会被上升的海平面淹没，这使得它们急切地支持减排。大多数欧盟国家也赞成减排协议。它们的人均排放量大大低于美国、加拿大或澳大利亚那些国家，而且它们在 20 世纪后期已经实现了向原子能（20 世纪 60 年代至 1986 年）和俄罗斯天然气（20 世纪 70 年代以后）的燃料转换。因此，它们在大多数与减排计划相关的提议中都可以处于有利地位。但是，它们的同意也敌不过美国、中国、印度和其他一些国家的不情不愿，因而对于温室气体的有意义的控制无法实现接纳。

直到 2013 年，该问题本身变得日益紧迫，但取得外交突破的前景黯淡。气候政治不断地遇到相同的障碍。首先，对于那些专注于执政的政治家而言，处理气候变化问题真的没有什么吸引力：只有在他们退出政坛以后，人们才会觉察出无所作为所需的代价，然而，任何需要牺牲经济的减排都会立即让他们失去民众的支持——就像澳大利亚的政治家所发现的那样。因此，气候变化属于这样一类政治问题：它们对于当选的官员而言，似乎是一种对于拖延的奖励。其次，气候稳定过去是（并且现在也是）一种公共品，这意味着所有的政党都能从中受益，却不管是谁为了达到这个目的而做出了牺牲，因此，谈判方都试图“搭便车”，希望诱使其他人做出牺牲，而所有人从中受益。

可是，美国和中国在 2014 年共同承诺，将在未来的 10~15 年之内，降低碳排放量，中国将限制碳排放量的增加，此举震惊了世界。

次年，在德国总理安格拉·默克尔的敦促下，七国集团国家郑重宣告将在21世纪末以前逐渐淘汰所有的化石燃料。这些誓言能否被遵守，还有它们会否激起世界其他国家的仿效，都还不清楚。此前的模式已经持续20年之久，在那种模式下，国内政治的权宜之计胜过气候政治的其他理由，如今这些充满希望的成果将会让之前的模式告一终结。在2015年的一份教皇通谕中，气候变化被说成是一项巨大而紧迫的道德挑战。在这份教皇通谕中，教宗方济各坚定地赋予气候稳定的一方以罗马教廷的道德重量，试图以此来提高实现政治突破的胜算。

乐观主义者找到了可以盼望的理由，认为可再生能源会让减排的目标得以实现。截至2015年，作为一种发电方式的太阳能已经在价格上可与化石燃料竞争。其他的可再生能源，就像在第一章里指出的那些，也展示出了潜力。据国际货币基金组织估计，全球每年对于化石燃料提供的政府补贴总计5.3万亿美元，相当于世界经济规模的6%~7%，而且占1980年以来全球碳排放总量的1/3以上。乐观主义者相信，逐步取消这些补贴将大大减少对化石燃料的依赖，从而减少碳排放。[19] 纵然政府可能不会允许大幅度削减对化石燃料的补贴，通过太阳能产生的千瓦电力的价格有所降低的长期趋势预示了化石燃料在发电业的惨淡前景。如果天然气不在此列，至少煤和石油是如此。至少该行业未来很大一部分（在2015年看来）似乎属于可再生能源。

其余的人对减排则不那么乐观，他们认为避免不受欢迎的气候变化的最大指望在于地球工程（geo-engineering）计划。这些计划涉及的面很广，小到诸如废弃盐矿地面下的固碳，大到诸如在太空中安装镜子阵列，以将入射阳光反射出地球之外。科学家和工程师给出的最受欢迎的建议莫过于在海洋中播撒铁屑，以刺激那些可以吸收碳的浮游生物的生长，还有就是在平流层中喷洒硫酸盐气溶胶以将阳光反射回太空。国际气候政治、新的能源技术或地球工程能否提供一种摆脱气候困境的方法，或许是 21 世纪最大的难题。

最近的环境史和政治将对遥远的未来产生影响。直至无人能再忆起京都、默克尔总理或与此相关的中国和美国的时候，工业时代的碳排放仍将继续对气候产生长久的影响。从 1945 年至 2015 年，约有 3000 亿吨的碳释放到大气中，在未来几十万年里，其中有一定比例的碳（或许有多达 1/4）将继续飘浮在空中。

生物多样性

科学上的、哲学上的和偶尔来自公众的对于特定的濒危物种的关注，可以上溯到几个世纪以前，但人们直到最近才开始对人类能够系统地减少地球上现存的物种而感到担忧。这只是在“二战”后才开始有所变化的，当时，为数不多的一些科学家开始认真考虑人类对世界生物群落的繁衍的影响。在 20 世纪 50 和 60 年代，这些忧虑首先得到了零散的阐述，又经历了大约 20 多年的观察和争论，它们才日渐成熟，并最终举足轻重起来。在科学界，生物多样性（biological diversity）这一术语及其简称（biodiversity）是在 20 世纪 70 和 80 年代以来才逐渐广为人知的。但是，从科学和大众的角度对二者的使用却是在 20 世纪 80 年代期间，尤其是在 1986 年那场有关这一主题的会议之后出现了激增。

那次会议在华盛顿特区召开，著名生物学家 E. O. 威尔逊（E. O. Wilson）是会议的组织者。会议论文结集出版，并取了一个恰当的题目——《生物多样性》（*Biodiversity*），这本书敲响了警钟。威尔逊

1979—2012 年北极圈海冰覆盖的范围

写道，这本书“传达了刻不容缓的警告，10 亿年来，环境促进了生命形式的多样性，而我们却在迅速改变并破坏着环境”。全球新闻机构注意到这个讯息，并广而告之，它们从公众和科学界对于全球环境状况的越来越多的担心中获得力量，这些状况从热带森林砍伐到臭氧层空洞，不一而足。在相当短的时间里，有关全球物种灭绝的忧虑已经成为环境政治的一个关键特征，生物多样性这个术语也已成为世界流行词汇的一部分。[20]

生物多样性拥有很大的吸引力，但是在科学实践中，它被证明是一种难用和迟钝的工具。准确地说，这是什么意思？衡量什么，以及如何衡量？举例而言，生物多样性意味着遗传多样性、物种多样性，还是“种群”（意指同一物种之间因地理上的不同而有所区别的动物或植物种群）多样性呢？即使商定了一种衡量方法，那又如何？许多科学家声称，关注那些衡量和维持生态系统的运行与健康的生物景观，而非着迷于物种的多少或遗传物质的数量，将会好得多。这些问题仍在激烈的辩论之中，但是科学家承认，物种多样性是一种简单的、容易被理解的衡量方法，它拥有强烈的公众反响。按照这种说法，即使存在着缺陷，物种灭绝仍然是衡量全球生物衰减的最切实可行的一种方法。[21]

尝试对世界上的物种进行识别和编目的努力始于几十年前，但是无论生物学家为此付出的努力多么热切而持久，他们也只能估算现存物种的总数。这些估算彼此出入很大，从几百万到一个亿或更多不等。生物学家已经倾向于靠近这个范围的下限，但他们也坦率地承认，他们给出的数据只是粗略估算。部分差别与哪些内容被囊括进来有关——例如，是否包括诸如细菌之类的微生物在内，但是，这个问题起因于一个简单的事实，即大多数物种仍不为科学所知。

业已经过科学家识别和“描述”的物种还不到200万，且其中只有很少一部分已经得到了详尽的评估。在已获得描述的物种里，无脊椎动物又处于支配地位（约为所有物种的75%），接下来是植物（18%）和脊椎动物（不到4%）。[22]

关于大多数生命形式位于何处，在这个问题上则有更多的共识。南美洲、非洲和东南亚的热带丛林涵盖了世界上大多数的物种。人们认为，仅占地球10%的表面上就拥有地球物种种类的1/2~2/3。阔叶雨林拥有的物种最多。到目前为止，在那儿发现了最多的已经得到描述的哺乳动物、鸟类和两栖动物。热带雨林还拥有最为丰富的植物种类，尽管在其他区域和生物群系中也有广泛的植物生物多样性，就像在地中海盆地和南非的开普省那样。例如，在厄瓜多尔，大小相当于一座体育场的一片低地雨林就拥有1000多种植物。人们认为，仅厄瓜多尔（一个面积约略等于英国的小国家）一国所拥有的植物种类比整个欧洲加起来还多40%。在植物生物多样性规模的较低一端，是世界上的沙漠（尽管有极少数的沙漠反其道而行之，拥有相对丰富的植物生物多样性）和位于非常高（北）纬度的地区。[23]

陆生物种只是世界生物多样性的一个组成部分。其余物种存在于世界上的大洋和大海以及淡水水域中，尽管在后者中的较少一些。一些科学家曾估计，世界上可能有15%的物种生活在海洋里，但无可否认，这只是推测出的结果。尽管淡水系统只占世界总面积和水域的一小部分，但它们也拥有相对大量的物种，根据某些估算的结果，在全部已被描述的物种中有多达7%的物种生存在淡水系统中。估算物种数量和丰富程度的困难会因水下环境的性质而加剧：大洋和大海是广阔无垠的，从而海洋环境可能是异常难于触及和研究的。结果造成在整个20世纪，关于海洋生物多样性和丰富程度的知识远远落后于陆生物种的相关知识。这一情况只是从最近才开始有所转变。[24]

海洋和湖泊似乎显示出与陆地生态系统的某些相似之处。举例而言，水生生物并非均匀地分布在全球水域当中。某些水生生态系统和热带雨林一样，拥有令人难以置信的丰富的物种。大陆架、珊瑚礁系统以及海洋中那些受到营养丰富的洋流影响的海域（像是纽芬兰大浅滩）就拥有着极为丰富的物种和 / 或生物多样性。（例如，仅在新喀里多尼亚附近热带海域的一处地点，进行了一次统计软体动物种类的尝试，就发现了 2738 种不同的物种。）此外，大部分的海洋则是相对贫瘠的，与世界上的陆地沙漠相似。而且，与陆生物种的情形一样的是，有大量的水生生物并不具备高度的移动性。某些特定的物种，尤其是大型中上层鱼类（某些种类的鲸、海豚、鲨鱼和其他深海鱼类）确实会进行长途迁徙，但这却并不适用于许许多多其他种类的水生生物。许多物种只能在特定的栖息地生存，并因而只能在少数地点为人所发现。因此，和陆地系统一样地，特有分布（endemism）是淡水和海水生态系统的一个重要特征。例如，鲇科鱼（grouper）是一种广泛存活于热带水域和亚热带水域的鱼类，但是对于个别种类的鲇科鱼而言，人们只有在特定地点才会发现它们。[25]

人们开始尝试估算全球物种数量，这一行为背后的主要动机源自对物种衰减的忧虑。特别是在过去的 30 年间，科学越来越聚焦于人类是否开启了"第六次灭绝"的进程，意味着这一次物种的大量消亡在规模上堪比这颗行星历史上前五次已知发生的此类事件，其中距今最近的一次发生在 6500 万年前。科学上对大规模物种灭绝的忧虑和对热带森林砍伐及其影响的高度关注恰好同时出现，二者都发生在 20 世纪 70 和 80 年代期间。生物学家开始推测，人类活动正迫使大量物种走向灭绝，这种速度远比正常速率或“本底”速率（“background” rate）要快得多。无独有偶，生物学家 E.O. 威尔逊再次成为将这一观念纳入主流的前沿学者，在 1986 年，他计算出人类活动在世界上的雨林中所造成的物种灭绝的速度是正常速度的 1000~10 000 倍之多。从那以后，许多其他的生物学家也得出了对真实灭绝率的不同估算，未知的物种数量和对于人类影响的不确切的评估又一次共同造成了这些差异。不过，他们普遍承认，当前速率超出了本底速率许多倍。此外，他们还普遍认可，人类越来越多地干涉地球生态系统是导致 20 世纪下半叶迅猛增长的灭绝率的原因所在。截至 2000 年，一些科学家推算出，或许已经有多达 25 万个物种在 20 世纪里走向了灭绝，并且他们担心会有多达 10 倍，甚至 20 倍于此的物种将于 21 世纪消失不见。因为大多数物种在未能得到科学家描述之前就已不复存在，所以大多数在 20 世纪灭绝的物种属于生物学上的未知物种。[26]

列出世界上濒危物种的主意早在 20 世纪 20 年代就已付诸实施，但是欧洲的资源保护主义者直到 1949 年才给出了第一份暂定名录，有 14 种哺乳动物和 13 种鸟类名列其中。同一年，这些资源保护主义者创建了世界自然保护联盟（IUCN），其中有联合国教科文组织的首位总干事朱利安・赫胥黎（Julian Huxley），他是作家奥尔德斯・赫胥黎（Aldous Huxley）的哥哥。该组织的总部设在瑞士，以保护“全世界的生物群落”为己任。在 20 世纪 50 年代期间，世界自然资源保护联盟（IUCN，1956 年，该组织名称中的“Protection”一词为“Conservation”一词所取代）开始制定濒危物种的名录，并且在 20 世纪 60 年代，名录开始得以出版。它如今以《濒危物种红色名录》（*Red List of Threatened Species*）为世人所知，这些由成千上万名科学家编订而成的名录是最受人推崇的全球性的评估结果。尽管他们为制定红色名录付出了巨大的努力，但也只能涉及全部物种里很少一部分。2012 年发布的名录包含了近 64 000 个物种，其中约有 2 万种（32%）被归类为濒危物种。这份名录对陆生物种的关注有着巨大的倾向性，对鸟类、哺乳动物、两栖动物以及某些种类的植物要比对水生物种更为了解。[27]

陆地生物多样性的变迁

在 20 世纪的最后几十年里，就像如此之多的发生环境变化的领域一样，人口增长、经济发展和技术能力结合在一起，加剧了生物多样性的减少。在陆地上，主要原因在于栖息地的破坏。在 20 世纪期间，地球上用作农田和牧场的土地增加了不止一倍，而且其中约半数发生在 1950 年以后。这种增加是以世界森林和草地面积的减少为直接代价的。这是对陆生物种的最大威胁，因为多样化的景观蕴含着巨大的植物和动物多样性，可是它们却被高度单一化的景观取代了，后者是人类出于自身目的加以管控而形成的。这些经过人类改造的景观能够并且的确继续供养某些本土生物的生长，但大量其他物种却不能在这样的景观中茁壮成长。以另外的土地利用方式取代原生的栖息地，从而系统地减少了野生动物的栖息空间。譬如，栖息在农田和牧场里的鸟类只是世界上栖息在现存的未经改造的草地和森林中的鸟类总数的一小部分。通过将原始景观转换为农田或牧场的形式，在很久以前，土地就已在生物学上得到了简化，而仅在 1945 年以后才变得更加简化了。几乎在各地，农田都愈发受到机械化、密集的单一种植和化学虫害控制的影响。在土地利用方式的变迁之后，生物多样性的又一个最大的威胁来自为生存或贸易而进行的狩猎、收获和偷猎所导致的开发利用。此外，入侵物种也变成威胁生物多样性的一大问题。入侵物种捕食或排挤本地物种，为它们自己和其他外来入侵者创造“新的”生态位栖息地，通常情况下还会改变或扰乱生态系统动力学。最终在20世纪末的时候，一些科学家将物种开始遭受气候变化的不良后果的实情公之于众。[28]

1945年以后，全球森林砍伐是土地利用变化中最重要的一种类型，在热带地区尤甚，因为世界上的大部分物种都生活在那里。在20世纪80年代，热带雨林的砍伐促使科学家将生物多样性列入国际议程。然而，战后的几十年间失去的热带森林的确切数量仍然是未知的。就热带森林砍伐而言，分析者得到了不同的数字，正如他们在做物种估算时一样，因为他们使用的方法论和数据集是千差万别的。尽管森林砍伐仍然是一个饱受争议和充满分歧的主题，对此却达成了一个共识，即森林砍伐问题已经迅速地发展起来。例如，有一种估计认为热带雨林损失的总量在5.55亿公顷，比半个中国的面积要略微大一些。

与此相反，在相同时期内，温带森林（主要在北半球）则基本保持平衡，从砍伐中损失的只比从再生长中得到的稍微多一些。这一差异象征着相对运势的突然转变。在18世纪和19世纪，北半球森林砍伐的速度曾经大大超过热带地区。这一不平衡甚至在20世纪初期仍然存在，彼时的北美森林成为世界最大的木材和林产品的供应者。然而到那时为止，从温带森林到热带森林的转变已在进行当中。木材短缺的阴霾已经引起美国和其他地区的改革，大片森林得到了保护，积极造林措施也得以实施。欧洲的帝国也利用了迅速降低的运输成本，在它们位于热带的非洲和东南亚等地的殖民地增加伐木工作以供出口，从而减轻了对其本土森林的压力。[29]

到第二次世界大战期间，全球森林砍伐从温带向热带森林的转变已基本完成。在战后时期，经济扩张进而增加了对森林的压力，热带地区的森林首当其冲。赤道地区新独立的政权乐于为北美洲、欧洲和日本提供木材；它们急需外汇，把森林转变为用于出口的木材则是简单快速地获取外汇的一条捷径。热带地区人口的迅速增长也是造成森林砍伐的重要推动力，这导致了人口更大规模地向热带森林迁移。政府常常鼓励这样的迁移，它们宁愿让无地的工人领有新的田地和牧场，也不愿实行政治上有争议的土地改革。最终，战后发生的技术变革让人们可以更加便捷地砍伐热带森林。卡车、道路和链锯的普及，使得即便是身材最小巧的操作者也能更加高效地工作。到 20 世纪 70 年代末和 80 年代初的时候，大多数关于热带的科学担忧都以亚马孙热带雨林的砍伐为中心。尽管东南亚的森林也以惊人的速度遭到砍伐，亚马孙热带雨林的砍伐还是成为全球关注的焦点，这是它巨大的规模，在人们心目中保持着的原始状态，及其所具有的象征意义使然。[30]

岛屿生态系统遭受的严重影响与热带雨林相仿，只是影响的方式有所不同。岛屿是孤立的生态系统的家园，其中包含了许多特有种类的植物、哺乳动物、鸟类和两栖动物。当人类猎杀它们、改变它们的栖息地或者引进入侵物种的时候，岛上的物种是无处可逃的。因此，岛屿国家总是位居世界自然资源保护联盟的濒危物种红色名录之榜首，因为它们拥有的濒危物种的比例最高（但是，它们拥有的濒危物种的绝对数量并非最多）。譬如说，马达加斯加拥有成千上万种特有的植物和动物。1896 年之后，法国吞并了这座岛，这里的森林遭到了有条不紊的砍伐。森林砍伐和栖息地的改变一直持续到它在 1960 年取得独立，个中原因大多可归结为该国人口的高增长率以及随之而来的压力，这使得人们为了农业耕作而砍伐更多的林地。结果，到了 20 世纪末的时候，这座岛上超过 80% 的原生植被已经被去除了，这将其特有物种置于严酷的压力之下。孤立也使得岛屿特别容易受到入侵物种的影响。岛屿曾经是世界上大多数已知灭绝的鸟类的家园，从大海雀到渡渡鸟皆在此列。在关岛，棕树蛇在 1950 年左右偶然被引入，它们发现密克罗尼西亚岛很合自己的胃口，并在那里大量繁殖。在接下来的几十年间，这些蛇吃掉了该岛大部分特有的鸟类和一些种类的哺乳动物。人们试图在关岛彻底消灭棕树蛇，但尝试以失败告终，而且生物学家仍在担忧这种蛇会在不经意间输出到其他脆弱的太平洋岛屿。那些位于太平洋上的遥远的小岛最易遭到通常意义上的以及尤其是通过入侵物种造成的生物多样性损失的影响。[31]

水生生物多样性的改变

1945 年以后的几十年见证了淡水生态系统和海洋生态系统的巨大变迁。第二次世界大战后，人类加快了驯服这颗星球上的河流的活动，活动达到了这种地步，即无论哪里的大江大河，几乎没有保持原样的。工程师建造了成千上万的水坝、水库、堤坝和堤防。尼罗河上的阿斯旺大坝建成于 20 世纪 60 年代，它象征着这个世界对于巨型水坝的痴迷。工程师们疏浚河床与河底，并且改变了整条河的流向，改变了水流模式和温度水平。来自城市和工业的污染物令化学品平添了许多不同的种类和毒性。农田径流增加了溪流与河流中的有机营养物的负载。这造成了下游水体的富营养化和无氧的“死亡区域”的产生，墨西哥湾、波罗的海和黄海的部分区域皆是如此。越来越多来自采矿、农业和森林砍伐的淤泥也重塑了溪流、江河、海湾与河口区域的生境。最终，世界上的沼泽和湿地急剧收缩，而它们曾是大量独特的鱼类、鸟类、两栖动物、哺乳动物、植物和昆虫的家园。尽管大体上看，速度各有不同，但这样的现象几乎随处都在发生。沼泽和湿地被改作他用，填平它们可以为农业或城市提供土地。特别是在干旱地区，那里用于灌溉的淡水资源是宝贵的，导流从而造成了沼泽和湿地的水源枯竭。对某些河流——就像南非的奥兰治河和美国的科罗拉多河——实施导流工程，会使水流减少，直至出现季节性干旱，这将危及河口附近湿地的存续，而在这里生活着丰富的物种。[32]

就像在岛屿上那样，淡水生态系统中的入侵物种在 1945 年以后显示出越来越大的破坏性。尽管物种入侵并不是什么新鲜事，从那以后偶然或故意地引入这样的物种还是司空见惯起来。在 20 世纪 50 年代期间的某个时间，尼罗河鲈鱼从非洲其他区域被引入了维多利亚湖，这个生动的例子证明了外来物种和地方物种遭遇之时会发生什么。到 20 世纪 70 年代的时候，尼罗河鲈鱼这种大型捕食者在维多利亚湖中大量繁殖。它们以湖里本地种的鱼类为食，其中就包括许多漂亮小巧的丽鱼科鱼（cichlid），这将整个湖泊的生态系统置于危险境地。尽管生物学家就鲈鱼在改造维多利亚湖中起到的确切作用展开了辩论，他们却在这一点上达成了共识，都承认这种鱼是导致这座非洲最大湖泊的生物多样性减少的罪魁祸首。[33]

在入侵物种所造成的诸多影响之中，或许对全世界的河口区域形成的威胁是最大的。河口区域是淡水生态系统和盐水生态系统的过渡地带，河口还是天然的港湾，为全球经济提供了许多港口。在

20 世纪期间，河口区域遭到几种力量的联合破坏。对上游的河流系统施加的改造改变了沉积作用和温度水平，以及其他方面。农田径流改变了养分平衡。城市和工业中心制造出更多的污染物。对湿地的改造减少了河口区域的动物栖息地的数量。由于河口的环境遭到了如此多的破坏，经常借由轮船的污水仓来到这里的外来物种便轻而易举地占据了这些栖息地。圣弗朗西斯科湾就是一个很好的例子。到 20 世纪末的时候，圣弗朗西斯科湾已受制于 100 多年的城市发展、农田径流以及对河流和湿地的重新治理。而且，奥克兰和圣弗朗西斯科的港口同属于美国西海岸最重要的港口之列，这意味着每年有成千上万艘远洋船舶穿梭于那里的海湾，其中每一艘船上都有可能搭载了入侵物种。结果，如今的圣弗朗西斯科湾成了 200 多种入侵物种的家园，其中有一些入侵物种还在新的生态位中占据了统治地位。[34]

正如对这个世界上的淡水与河口环境造成的影响一样，人类对海洋生态多样性的影响在 1945 年以后也愈演愈烈。人类开始介入深海生态，在此之前，人类鲜少或并未以任何形式干扰深海生态。迄今为止，商业捕鱼是最重要的一种活动。人类在海洋中捕鱼已有数千年之久，战后时代则见证了海洋捕鱼在规模、地域和影响上前所未有的增加。同财富和世界人口的不断增长一起，全球的鱼类需求在迅速增加。战后的技术允许渔民在远超过以往的深海水域以远超过以往的数量进行捕捞，鱼类的供应量从而大大增加。有许多种捕捞技术最初是为了军事目的才得以开发的。举例而言，声呐在第二次世界大战期间得到改善，用以追踪和搜寻潜水艇，但它在战后也被用于搜寻鱼群的位置。经过了随后几十年的时间，冷战时期的声呐系统经过改良，最终可以帮助渔民绘制海底地图，令其有能力将渔网放置于最有利的地点。渔船一旦同船用电脑、全球定位系统和单丝渔网等其他战后时期的技术结合起来，就变成了杀伤力极大的机器。

此外，人们借助于远洋船舶不仅可以捕捞更多数量的深海鱼类，还能在船上对这些鱼类进行加工和冷冻，国家则为建造这样的远洋船舶提供补贴。这些“工厂”渔船可以在海上待很长时间，以使猎物疲于奔命。到 20 世纪八九十年代为止，配备这些技术的大型船队定期往返于各大洋，在印度洋、太平洋和大西洋的深海捕鱼，还冒险进入极地水域。[35]

在战后时代开始之际，几乎人人都相信海洋渔业拥有近乎无限的自我补充的生产力。在美国推动之下，全世界的渔业管理人员于 20 世纪四五十年代采用了一种模型，它被称为最大持续产量（MSY），反映出的就是这种相信海洋富饶的信念。最大持续产量模型详细阐述了这种观点，即鱼类是具有复原能力的生物，至少在一定程度（最大产量）上，它们能够轻而易举地实现数量的补充而不会减少。于是有观点认为，商业捕鱼通过捕捞老鱼和大鱼，可为小鱼腾出更多可以获取食物的空间，这样，它们就会更快地长到成熟，且更快地繁殖。由此，支持最大持续产量的人士强调产量的重要性，这在本质上使得一个物种不到显示出衰退的迹象之时便不会得到保护政策的考虑。最大持续产量路径假定科学家能够估算鱼类种群，分配适当的指标，并因此可持续地管理渔业。此种信心忽略了这样的事实，即我们对海洋生态系统知之甚少，它们又总在变化之中，而且鱼类数量是无法计数的。[36]

1945 年以后越来越多的捕捞活动大幅增加了全球捕捞量，但它对于海洋也造成了重要的影响。新方法提高了深海捕鱼的效率，使得蓝鳍金枪鱼等顶级捕食者的数量大为减少。深海捕捞抓到了大量不需要的和不走运的物种，它们被委婉地称为“副渔获物”，其中包括海鸟、海豚、海龟和鲨鱼。拖网到达越来越深的海底区域，搜寻并清除所有的一切。这些海底环境中包括被硬拖到海洋表面的丰富的海洋生物，其中那些不能在市场销售的部分会被丢出船外。到20世纪80和90年代，世界上主要的渔场都显示出承受压力的迹象，其中多数陷于衰败，少数已趋崩溃。不过，通过利用前所未有的更加复杂精细的技术在前所未及的更深的海域去追捕更加稀少的鱼群，通过投资水产养殖业等方式，渔业尚可满足需求。到2000年为止，水产养殖业提供了被全世界的人们食用的鱼类、甲壳纲动物和软体动物总量的27%。[37]

捕鲸业几乎也是如此。在19世纪末20世纪初，善于创新的捕鲸者（其中有许多是挪威人）开始利用一系列新技术，其中包括炮射鱼叉、蒸汽驱动的猎鲸船和大型工厂化捕鲸船，这种捕鲸船可以迅速将鲸鱼的躯体拉上船进行加工。在这些技术共同保障之下，捕鲸者得以把工作范围拓展至更为遥远的水域，并能够将此前因为速度太快而无法追猎的物种作为目标。除诸如抹香鲸和露脊鲸之类在19世纪被恣意猎杀的鲸鱼之外，挪威、苏联和日本的捕鲸者（还有其他国家的捕鲸者）还将蓝鲸、长须鲸和小须鲸也列入他们的捕猎对象。20世纪期间，捕鲸者在出售鲸油、鲸肉、鲸须和其他产品所获利润的驱动之下，在世界各地捕获了100多万头鲸。在1946年的时候，当时主要的捕鲸国开了一次会，促成了国际捕鲸委员会的创设，若非如此，该行业将处于完全失控的状态。国际捕鲸委员会表面上致力于评估和管理全世界的鲸存量，事实却证明它最大的兴趣在于协调捕鲸业的行为，此举不啻为让一群狐狸看守鸡舍。捕鲸经济恶化以后，许多国家被迫退出该行业（例如，到 1969 年为止，在南极洲附近最有利可图的海域，只有日本和苏联还在继续捕鲸），这种情况才开始有所转变。同样重要的是，1970 年之后，来自环保主义者和更广泛公众的压力迫使国际捕鲸委员会采用了比以往更为严格的配额政策。最终，国际捕鲸委员会接受了彻底的捕猎暂停（1982 年通过，1986 年实行）。但是，这个问题却从未完全消失。在极少数的国家，由于其居民对鲸肉有着强烈的嗜好，从而发起运动，争取国际捕鲸委员会部分解除暂停捕猎的禁令。国际捕鲸委员会 1946 年协定的第 8 款条文允许以“科学”研究的目的进行捕猎。据此，日本、冰岛和挪威继续少量地捕猎某些种类的鲸。从 1987 年到 2014 年，日本每年在南极海域约捕获 300 头小须鲸，且仍然无视

2008 年，一只绿海龟和几种鲽鱼沿着澳大利亚昆士兰沿岸的大堡礁游弋。珊瑚礁是海洋生物多样性的家园。在 20 世纪后期，世界上的珊瑚礁已经开始遭到海洋酸化的破坏。（杰夫·亨特 / 盖蒂图片社）

国际捕鲸委员会所做出的仅出于科学目的方可进行“致命抽样”的承诺。捕鲸的实际结果及其现代管控，让所有可供市场销售的鲸保持接近灭绝边缘的状态，（迄今为止）又不使这种状态发生明显的变化。[38]热心的捕鲸学员赫尔曼·梅尔维尔在《白鲸》（*Moby-Dick*，1851）一书中，认为鲸的数量多到足以承受人类的捕猎。目前为止，他仍是正确的，但仅仅是勉强正确。

人类的行为除了对深海中的生命构成挑战，还威胁到了像珊瑚礁一样的浅水环境。作为这个星球上最具生物多样性的栖息地之一，珊瑚礁是在漫长的岁月里，由被称为珊瑚虫的微小生物的骨骼日积月累地建造起来的。在1900年的时候，礁石相对而言并未受到什么影响，但在接下来的一个世纪里，它们却面临了巨大的压力。潜藏在礁石周围的许多鱼类因其色彩鲜艳，在收藏家中颇受欢迎。人们出于获得食物和观赏鱼贸易的目的，使珊瑚礁承受了更加密集的渔业捕捞。在许多捕捞现场，加快的侵蚀使河流携带的沉积物进入附近的珊瑚礁，令珊瑚虫窒息。在加勒比海和红海，观光胜地的污染破坏了更多的礁石，就连那些欣赏它们的潜泳游客也进行着破坏。海洋的逐渐酸化（向大气排放额外的碳的结果）也证明对珊瑚礁造成了严重的影响。在20世纪80年代初期，研究礁石的科学家开始观察到普遍的破坏模式，这促成了首批珊瑚礁保护会议的召开。到20世纪90年代为止，相关的忧虑包括：导致珊瑚虫死亡的疾病和捕食者，还有尤其是海水温度升高所致的珊瑚“白化”（表示礁石承受的压力）。1998年爆发的那次全球白化尤其令人不安，估计它摧毁了世界上16%的珊瑚礁，它们主要位于印度洋和太平洋。2005年的一场严重的珊瑚白化造成加勒比海的许多珊瑚礁死亡。到了2010年的时候，世界各地约有70%的珊瑚礁显示出遭受不良影响的迹象。尽管有时候，珊瑚礁也会显示出非凡的适应力，但沉甸甸的证据依然表明气候变化和其他力量破坏了珊瑚礁栖息地，由此削弱了海洋的生物多样性。[39]

生物多样性保护

考虑到全世界的物种在 20 世纪期间和 21 世纪之初承受的压力，人们可能会倾向于采取一种悲观的叙事。但是，这一阶段也见证了旨在保护物种和栖息地的频繁活动。从 20 世纪 50 年代起，野生动物主题的电视节目在北美洲和欧洲广受欢迎。新的保护组织出现，就像 1961 年从世界自然资源保护联盟中派生出来的世界野生动物基金会一样。又一个十年里，大众环保运动在世界某些地区成功地将物种保护置于公众议程当中。1973 年，美国通过了具有里程碑意义的《濒危物种法》(ESA)。《濒危物种法》虽有争议，却成功地把某些物种重新引入它们从前的某些栖息地，就像对狼所做的那样。无独有偶，印度于 1973 年发起了虎计划项目(Project Tiger program)，旨在保护该国现存的野生老虎；不同于《濒危物种法》，虎计划关注的主要工作是留出大片土地（保护区）作为受到保护的老虎栖息地。20 世纪 70 年代期间，绿色和平等组织率先在全球开展了禁止捕鲸行动，从而在 1986 年出现了全球捕鲸行动的暂停。

外交活动配合了国家层面的努力。主要的国际协定和倡议重点关注生物多样性保护，这始于联合国教科文组织在 1968 年主办的生物圈会议。在 1992 年举办的里约地球峰会上，对包括 1971 年关于湿地的《拉姆萨尔公约》(Ramsar Convention)、1973 年的《濒危野生动植物物种国际贸易公约》(CITES)、1979 年关于保护迁徙物种的《波恩公约》(Bonn Convention)在内的其他协议展开了谈判。自20世纪70年代起，对于生物多样性的关心越来越多地获得政治关注，既有国内层面的，也有国际层面的。[40]

自然保护区和国家公园是最普遍的保护工具。自然保护区和国家公园作为19世纪的一项遗产，在20和21世纪的世界各地被创建出来。举例而言，非洲的野生动物保护区始建于1900年左右的英国殖民地，是为了保护受到白人贵族狩猎者青睐的物种。尽管这些户外运动爱好者正确地推测出狩猎已经减少或灭绝了某些物种，却仍然倾向于指责非洲狩猎者和刚刚暴富的白人平民狩猎者滥杀野生动物。渐渐地，遵循着美国人的思路，将疏于保护的保护区变为国家公园的观念得以在这里固定下来。在20世纪20年代至40年代期间，这里创建了几个这样的公园，包括南非的克鲁格(Kruger)和坦噶尼喀的(今坦桑尼亚的)塞伦盖蒂(Serengeti)。独立后的非洲的新政府为这些公园提供了支持，并且事实上还创建了几个新的国家公园，将它们视为民族自豪感和国家认同的来源，以及旅游收入的来源。2002年，加蓬创建了13个国家公园，它们覆盖了国家领土面积的10%，其中大部分土地是茂密的雨林。加蓬本希望能以此仿效哥斯达黎加成为生态旅游的目的地，但是迄今为止，仍难以取得成功。[41]

在临近20世纪末的时候，保护区的观念也被应用于海洋。海洋保护区的概念形成于1912年，但直到生物学家在20世纪70年代开始进行小规模实验的时候，它才逐渐被人忆起。这些实验表明，在几乎所有禁止捕鱼的海洋保护区，退化的生态系统或许可以得到再生。因为没有迹象表明商业捕鱼得到的监管足以保护海洋生物多样性，所以生物学家到了20世纪八九十年代的时候开始推动大型保护区建设。截至 21 世纪初，这样的保护区已有许多。此外，有些政府还创建了一些巨型保护区，它们包括澳大利亚大堡礁的大块区域，太平洋的马里亚纳群岛和夏威夷群岛，以及印度洋的查戈斯群岛周边的巨大区域。[42]

科学鼓舞了创建海洋鱼类保护区的行动，还促进了关于保护鲸的辩论。新的研究成果表明，全世界的海洋或许在近代商业捕鲸行为出现以前要富饶得多。因为它妨碍了捕鲸管理，所以这不仅仅是学术活动。例如，国际捕鲸委员会在 2010 年爆发了一场争论，涉及解除 1986 年捕鲸禁令的计划。国际捕鲸委员会的模型表明，鲸的数量已经出现了足够的反弹，可以恢复捕猎。长期从事捕鲸的一些国家——日本、冰岛和挪威支持该模型。批评者则指出，基于遗传学的证据表明，历史上鲸的数量或许远远高于国际捕鲸委员会的模型所显示的数量，这意味着鲸的数量还远远不够，因而并不足以恢复捕猎。[43]

在极短的时期内，生物多样性保护已成为一项全球标准，以对生物多样性减少的越来越多的相关证据做出回应。尽管有实实在在的保护成就，1945 年以来的人类活动还是大大强化了全世界生物体面临威胁的数量和严重程度。人类让世界越来越整齐。我们已经挑选了一小部分我们喜欢的植物和动物，让它们生长在受到人工管理的和得到简化的景观当中；我们还在不知不觉之中，挑选了其他一小部分物种，让它们很好地适应这些地形（老鼠、鹿、松鼠、鸽子等诸如此类的动物）。借由如此作为，我们便大大降低了其他植物、鸟类、哺乳动物、昆虫和两栖动物的数量或者将它们灭绝，而就在不久之前，它们还在这些土地之中或之上生活着。就这一点而言，伦理问题同以往是大体一致的：我们是否满足于一个包含了数十亿计的人类、牛、鸡和猪，但却只有几千只——抑或是一只也没有——老虎、犀牛、北极熊的世界？[44]

相比 20 世纪，21 世纪意味着生物多样性的更大压力。至少对于一些人而言的日益富足，再加上 30 亿 ~ 50 亿增加的人口，将会威胁到世界上的森林、湿地、海洋、河流和草原。但很有可能的是，气候变化会让 21 世纪与众不同。科学家担心，即使最轻微的温度上升也将对所有种类的生态系统产生严重的消极影响。有些科学家已经估算出，2° C 的温度上升可能会将这个世界上 1/5~1/3 的物种送入灭绝的境地。应该注意的是，这样的研究通常是乐观地假定物种将拥有完美的“疏散能力”，意即它们拥有撤退到邻近的较为凉爽的环境中去的能力。但是，完美的疏散通常不再可能出现。现在有如此之多的人类控制下的景观——农场、道路、围栏、城市、大坝、水库等——以至于许多试图逃离暖化气候的物种将不再有能力做出任何迁徙的选择。21 世纪的生物多样性保护者拥有适合于他们的工作。[45]

第三章

城市与经济

我们生活在一座城市星球之上。2008 年，联合国的人口统计学家宣布，有超过 50% 的人正生活在城市当中。这象征着人类历史的深刻变革。此前从未有过这样的情况：世界上大多数人口居住在城市地区。当今世界上，拥有 100 万以上人口的城市有 500 个，拥有 500 万以上人口的城市有 74 个，拥有 2000 万以上人口的城市有 12 个。如果将附属地区人口计入总数的话，东京这个世界上最大的城市，拥有的人口超过了 3700 万。[1] 我们至今尚未知晓，如此之多的城市和如此之多的人口居住在城市里，在整体上会带来何种影响。已知的是，城市总是依赖其自然环境，也在塑造其自然环境。

集中在城市里的人口达到了远高于直接环境所能承载的程度。因为城市无法独立于周围环境而存在，它们需要接近位于自身边界之外的自然资源和废水池。自然资源的输入由物质和能量构成。物质的范围从食物、清洁水源、矿石和基本的建筑材料（石材、木材），到大量的制成品。能源包含在运进城市的原材料之中，包含在可能流经城市的、借助磨坊或涡轮捕获的水流之中，或是在通过电线从城市边界以外输送过来的电力之中。在工业革命开始之前，进入城市的原材料中蕴含的能量表现形式为木材和煤炭，以及人类和动物所需的食物。在工业革命以后，城市需要更多的能量，最初是为了工厂，稍后是为了技术革新，从那时起，技术革新就变得和都市生活密不可分了（电灯、电车和地铁、汽车等等）。化石燃料提供了大量的此类能源。19世纪期间，煤炭在迅速工业化的欧洲和北美的城市使用的能源类型中占据主要地位。只是在很久之后，石油对城市而言才成为越来越重要的能源，这一趋势在20世纪上半叶出现于部分城市，继而在“二战”后扩展到全球。在20世纪，核电站和水力发电厂也开始为城市提供电力。

城市的物质消费和能源消耗产生废弃物。工厂把矿石加工成理想的金属（例如，铁和钢），它们也产出矿渣、矿泥和废水。在城市发展的整个历史上，城市居民（人类和动物）从输入城市的食品中受益，但也产生了排泄物，由此造成了严重的城市卫生问题。城市出于生产的目的利用能源，这种利用则产生了污染物质和有毒物质。所有这些废弃物总得有个归宿。于是，有些废弃物被存放在城市的边界内，在这种情况下，城市居民尽管觉得讨厌，还是不得不忍耐。在一些出现了水污染物和大气毒物的情况下，居民则要被迫忍受潜在的致命后果。

但是，对于大部分城市废弃物而言，城市需要在它们的边界之外找到污水池。许多城市坐落在河边，它们把河流当成了排污场所。在沿海城市中，海洋通常得到同样的待遇（例如，在20世纪30年代以前，纽约的大部分垃圾都被倾倒入大海）。废弃物也能进入城市周边的土壤中。最终，燃料的燃烧产生了废物，我们称之为大气污染。家庭炉灶和壁炉中燃烧诸如木材、煤炭、煤油和粪土之类的燃料会导致室内空气污染的出现，在一些较为贫穷的城市，这仍是一个主要问题。本地的空气污染物包括冶炼过程中产生的有毒气体，煤炭产生的烟尘和煤烟（一个贯穿于 19 和 20 世纪大部分时间里的大问题），以及汽车尾气排放导致的地面臭氧。在风的作用下，城市大气污染物也可能成为区域问题。酸雨和远方土壤中沉积的有毒物质，是区域范围污染的两大例证。截至 20 世纪下半叶，向空气中排放了大量氯氟烃和温室气体的城市，也成了全球大气污染的重要来源。[2]

城市及其周边环境之间的关系并不简单。城市是动态的实体，以一位环境史学家的话来说，它是“不断变化的系统”，其成长和收缩取决于诸多因素。城市的人类居民和动物居民同它们的经济和政治基础一样，都是在不断变化的。这扩展了城市对边界以外的资源和污水池的需求，而资源和污水池也能随着条件的变化收缩和扩张。在这样一种不断变化的环境中，为了保护和维持对于重要资源的获取，城市已经奋斗了数千年之久。例如，中世纪的纽伦堡对附近的森林实施市政控制，并且为了保证城市的燃料供给，会有组织地把竞争对手赶出去。[3]

城市改造了自然。它们妨碍了自然水循环。人行道阻碍水渗入大地，导致更多的水进入河道与下水道。人们汲取井水，耗尽了含水层。人们开凿运河，改变了河水的流速与流量。最重要的是，城市中的大量污染物被倾倒入附近的水道。因此，城市附近的溪流、河流和沿海水域出现了多种类型的退化，像生物多样性的减少和富营养化等。较之于对水质的影响而言，城市对空气质量的影响要相对简单一些：它们污染了空气，还让大气轻微地变暖。城市也改变了土地用途和土壤性质。为了供养城市的发展，人们用农田取代了森林和草原，而前者是一种简单化的、管控下的和更单一化的生态系统。为了满足城市对金属和化石燃料的需求，人们开掘矿山，这经常破坏周边环境，对其造成污染并留下尾矿。城市发展也创造了“边际”（edge），对野生生物的生境和数量具有明显的影响。[4]

比起文中指出的这一系列的直接影响，城市与自然的关系更加地细致入微。当然，自从5000多年前兴起至今，城市已经成为创新性、创造力和财富的中心。若能精心设计，它们的人均资源用量可以比乡村地区更少。更高的城市人口密度能够转化为更高效的商品生产分配和社会服务。密集的人口要求使用较少的燃料保持温暖（或保持凉爽）。不仅如此，城市有助于降低生育率。尽管一直以来，生儿育女都是个复杂的决定，它涉及许多因素，而且因时因地会有很大的差异，但是，生活在城市中的女性倾向于比她们的乡下亲戚生育更少的孩子。城市夫妇有更好的避孕条件，而且城市女性的经济条件、教育水平和社会机会都比乡村女性要好。总的说来，生活在城市环境中的孩子可以不用为家庭提供那么多有用的劳动，而且抚养（和教育）他们也需要更多更长久的经济支出。因此，城市人口会选择少生孩子。[5]

城市的兴起

在工业革命兴起以前，城市是不同寻常的存在。世界上几乎只有很少的居民住在城市里面。1800年以前，只有极少数的城市曾经拥有接近100万的居民。古罗马在帝国鼎盛时期的一或两个世纪中，或许曾接近过这个数字。自那以后，同样的情形或许也在极少数的城市出现过：例如，公元9世纪的巴格达、16世纪以来的北京和17世纪以来的伊斯坦布尔。若果然如此，也只有极少的城市才能够在很长时间里维持这些人口。即便迟至18世纪，也只有一小部分城市的人口超过了 50 万。至于说那些在近代以前能够达到大规模的为数不多的城市，则不外乎帝国中心和商业中心两类，前者的发展轨迹随着政治命运起伏，后者的发展轨迹则取决于海外贸易网络。[6]

为何在近代以前几乎没有大城市或城市出现，至于这一点，是有一些根本原因的。城市仰赖剩余农产品维持其存在和发展。在大部分的人类历史时期，农业生产率的低下使得大多数人必须从事粮食的种植和收获，由此，人们大多以种田为生。有限的运输技术加剧了这一约束，使得长途运输粮食之类的货物代价高昂。沿通航河流或海岸线坐落的城市拥有显著的优势，因为大船、小船和驳船是最便捷、廉价的交通工具。对于大宗货物而言，尤其如此。以木材为例，若要让其顺流而下漂流到城市，所需花费并不多，但若要让其通过陆路运输或逆流而上，就算移动很短的距离，也需要付出非常高的代价。城市为了维持自身发展所需的剩余农产品的产地的范围，远远超出它们所在的区域。而且，它们需要来自更大地理范围的燃料，通常是木材和煤炭。它们就像任何生态系统中的大型食肉动物一样：从一个大的空间里获取食物，因此数量上也只能是寥寥无几。[7]

城市也是不卫生的地方。通常，城市遭受不卫生的条件和拥挤之苦。结果常常是城市里的死亡率高于乡村地区。早逝是平常的，特别是婴儿和蹒跚学步的幼童会死于儿童疾病，一般人群则会死于流行病，它们以可怕的频率蹂躏城市。几个世纪以来，除了检疫隔离之外，城市对此束手无策。流行病来袭之时，和外界联系紧密的商业城市通常会首当其冲，且遭到最为沉重的打击。在 19 世纪初期，霍乱从印度次大陆传播到整个欧洲和北非的港口城市。腺鼠疫对港口和城市的打击通常也比对乡村的打击更为严重。值得注意的是，并非所有的城市都同样具有这种致命的特性。譬如说，17 和 18 世纪的日本城市可能比起欧洲或中国的城市，大体上更加卫生一些。它们的供排水系统更加先进，并且日本的文化习俗更加注重卫生。结果是，日本城市较少发生传染病。[8]

不过，城市的发展在 1800 年以后突破了许多限制。在 19 世纪，世界上最富裕的国家迅速发生了城市化。第一批大城市就出现于该时期。伦敦为天下先，从 19 世纪初的不到 100 万人口，增长至 19 世纪末的超过 500 万人口。纽约的发展更是令人刮目相看，1800 年的这座小城在一个世纪以后就成为世界第二大城市；到 1930 年的时候，它成为世界上有史以来第一个大都市区，拥有 1000 万居民。其增速深深震撼了 H. G. 韦尔斯（H. G. Wells），他于是期待纽约到 2000 年的时候会成为 4000 万人的家园。[9] 伦敦的发展主要归功于它作为世界上头号帝国的政治中心地位。英国是快速发展的全球经济的中心，因此可以从世界各地得到商品，伦敦从中受益良多。[10] 当欧洲人在建造帝国的时候，他们也在殖民地创造出新的城市。例如，英国人在 19 世纪上半叶建立了新加坡和香港这样的东亚贸易城市，以及大多数澳大利亚的主要殖民城市。与在殖民地的许多方面一样，当地人在城市选址中并未起到什么作用。内罗毕之所以位于现在的位置，是因为英国人认为该选址适宜于建造从乌干达到蒙巴萨之间的铁路线上的加油站。[11]

然而，不是帝国主义，而是工业革命，推动了 19 世纪里大部分的城市化进程。17 和 18 世纪期间的英国农业现代化有助于提高粮食产量。这意味着更多的人能够吃得上饭，但是它也导致了乡村地区剩余劳动力的出现。没有土地的人和失业者逃往城市，城市里的工业革命到 1820 年时正处于鼎盛时期。像曼彻斯特这样的地方几乎在一夜之间就变成了大城市，有两个因素联合推动了这一进程，分别是城乡人口迁移和由廉价的英国煤带动的工厂生产。稍晚一些时候，相似的进程也在欧洲大陆上出现，尤其是在那些探明煤炭资源丰富的地方。然而，在其他地方，政治推动了工业化。尽管日本已经成为世界上城市化程度最高的国家之一，1868 年的明治维新还是开启了一个由国家推动重工业化的时期。在随后的几十年中，有大量人口被吸引到城市里。在 1868 年，约有 10% 的日本人生活在城市里面；到了 1940 年的时候，这个比率就接近翻了两番。在 1940 年的日本，人口超过 10 万的城市有 45 个，其中有 4 个城市（东京、京都、名古屋和大阪）的人口超过 100 万。[12]

工业革命也为交通运输带来了显著的变化。海洋运输促进了城市间的全球贸易，轮船则使跨洋运输变得更快速且更廉价。在 19 世纪下半叶，轮船还使大规模的越洋迁移成为可能，这大大推动了美国、加拿大、阿根廷、巴西、南非和澳大利亚的城市发展。铁路或许更为重要，它和轮船一样，从 19 世纪伊始的新奇事物变为了 19 世纪末主要的交通工具。通过显著降低陆路运输成本，铁路让城市得以扩展其地理范围，远远超出了马匹、脚步和马车所施加的限制。例如，1850 年以后芝加哥的空前发展，多亏了这样一个事实，即它成为铁路网的枢纽，这个铁路网向它的北部和西部远远地延伸出去。（在 1902 年，韦尔斯也认为芝加哥和纽约一样，将在某一天拥有超过 4000 万居民。）[13] 有了铁路，这座城市就可以发展长途贸易，产自北美洲广阔腹地的粮食、牲畜和木材在这里进行交易。芝加哥充分利用了这一地理上的影响范围，使其转化为巨大的权力，从而控制着周边数百英里的区域。因此，芝加哥在把这一地区的森林和草地组织、改造成美国中西部高产高效的、改造彻底的和生态简化的景观方面，发挥了重要作用。[14]

工业化还给城市造成了其他严重后果。它增加了城市财富，但也在短期内加重了污染、垃圾、疾病、肮脏和拥挤的问题。增长的规模和速度本身就导致了巨大的问题。从乡村地区初来乍到的产业工人阶级，在很多时候因为无从选择，只得聚居于潮湿昏暗的房屋里。伴随着工业化出现的不合标准的住房几乎比比皆是，纽约声名狼藉的分租房和柏林同样臭名昭著的出租屋（*Mietskasernen*，字面意思是“出租营房”）只是其中最恶劣的例子。住房问题被置于严重污染和恶劣的卫生条件的背景之上。工人阶级的住房位于工厂的阴影之下，工厂向空中喷出煤烟，并向小溪与河流中倾倒有毒煤泥。制革厂、屠宰场和肉类加工厂在城市的核心区域运转，将形形色色的化学污染物和有机污染物加入城市供水系统之中。废物处置变成了一个更为可怕的问题。几乎没有哪座城市有收集和处置固体废物的市政业务，致使街道上散落着无数的废弃物，其中包括马粪和死去的动物。收集和处置人类废弃物的基本系统很快便不足以匹配与工业化相伴生的城市化规模。[15]

公共机构努力去处理这些由城市的快速发展引起的问题。从 19 世纪中期起，环境卫生在欧洲和北美成为一个重要的公共目标。像是英国的埃德温·查德威克（Edwin Chadwick）一样的改革家们，力争在洁净和疾病之间建立一种经验主义关系，他们的努力推动了这一进程。在查德威克的影响下，伦敦和其他的英国城市在 19 世纪 50 年代建造和改进了排污系统。法国的规划师也做了同样的工作。冯·奥斯曼男爵（Baron von Haussmann）在 19 世纪 50—60 年代对巴黎实施的著名改造就包括彻底重建和升级了这座城市的供水与排污系统。19 世纪 80 年代细菌学的发现证实了病菌学说，并促使公共卫生措施的推行。细菌学推翻了人们对疾病起源和传播的普遍理解，并为环境卫生工作尤其是尝试清洁净化水源的努力提供了科学上的合法性。1880 年以后，美国的城市在公共供水和排污系统上进行了大量的投资。[16] 在规划师们找寻改进工业城市的方法的同时，现代的城市规划学科也在 19 世纪末 20 世纪初诞生了。在城市规划及其相关学科的早期历史上，美国的弗雷德里克·劳·奥姆斯特德、英国的埃比尼泽·霍华德、苏格兰的帕特里克·格迪斯、奥地利的卡米洛·西特和德国的莱因哈德·鲍迈斯特都是其中的一些标志性人物。

在 20 世纪的前几十年里，汽车开始重塑北美的城市空间，同时，在各大洲，大城市的数量都开始激增。美国和加拿大建立起了繁荣的汽车工业。1901 年，在得克萨斯州发现了大量的石油，此后，石油便成为越来越重要的能源。同时，福特公司的 T 型车（1908 年问世）大大降低了私人汽车的价格。在两次世界大战之间的几十年里，大规模机动化以及相应出现的汽车郊区开始在美国兴起。与此同时，世界其他地方的城市化也在加速进行。在非洲、拉丁美洲和亚洲，开始出现更大的城市，在其中起到推动力量的进程与欧洲和北美业已经历过的那些并无不同。例如，在第一次世界大战期间和结束以后，开罗开始在埃及领先发展。主要由于乡村地区的经济萧条，有越来越多的人移居开罗，在同一时间，得到改善的环境卫生降低了城市死亡率。到 1937 年的时候，该城市拥有 130 万人口，是半世纪前的规模的三倍以上。布宜诺斯艾利斯部分由于来自欧洲的人口迁移，其人口迅速从 1870 年的不到 20 万人增加至 1910 年的 150 万人和 1950 年的 300 万人。墨西哥城约在相同时间经历了相似的增长。在革命时期（1910—1920 年），人口从乡村地区向墨西哥大多数城市迁移的进程加快了速度，政治冲突、乡村经济的变迁和工业化都在其中起到了推动作用。到 1940 年时，大墨西哥城地区的规模是 1910 年时的两倍多。[17]

1945 年以来的城市

第二次世界大战以来的时期见证了城市化的高潮。城市居民在世界人口中的比例大幅上升，从 1950 年的 29%（7.3 亿人）到 2015 年的一半略多一些（约 37 亿人）。这是人类世的标志之一：大多数人类如今居住在自己创造的环境当中。我们这个物种实际上已经成为一种城市动物。在世界各个地方，城市都比乡村地区发展得更快。1950 年，只有两个城市的人口超过 1000 万；到了 20 世纪末，这样的大城市已经达到 20 个。[18] 由此，到处都在发生城市化，但是速度、性质和后果却因地而异。

最为壮观的城市化进程在战后时期的发展中国家上演。1950—2003 年，发展中国家城市居民在人口中的比例增加了一倍还多，从 18% 增长到 42%。这代表了接近 20 亿人口的绝对增长（从 3.1 亿到 22 亿）。1950—1975 年，世界上贫穷国家的城市人口以年均 3.9% 的速率增长。这一速率接近发达国家的两倍，是发展中国家乡村地区的两倍多。就 1975—2000 年期间而言，这种差异更加明显。即使贫穷城市的年均增长率降低至 3.6%，它仍然约为富裕城市年均增长率（0.9%）的 4 倍，是贫穷的乡村地区的年均增长率（1.1%）的 3 倍多。[19]

1945 年以来，在发展中世界，来自乡村地区的移民加剧了城市扩张。农业现代化驱使着小农离开土地。除了去城里，他们别无出路。就业的可能性是一个吸引力，尽管通常机会很少，而且有时只有在非正式部门才能找到就业机会。另一个吸引力是可以得到诸如学校和医院这样的社会服务，不管在发展中世界的城市，这些社会服务是多么地有限。存在于城市中的家庭纽带和其他社交网络为许多农村移民铺平了道路。[20]

经济、政治和军事的发展也对城市化进程产生了影响。某些区域迅速发展的经济吸引了城市人口。例如，石油储量丰富的波斯湾地区的村庄几乎在一夜之间迅速发展为城市，尤其是 1973—1974 年的油价飞涨给这一地区带来了巨大的收入之后。像迪拜和阿布扎比这样的橱窗城市出现了，它们以无尽的财富和人口迁入为特征，迁入的人口来自附近的农村地区和国外，尤其是南亚。国家政策影响到城市化进程，就像在中国一样，1949 年以前和以后皆是如此。该国的政策时而将人口吸引到城市，正如 20 世纪 50 年代的例子一样，那时中国的雄心壮志集中在工业化上；在其他时间，又有意地放慢城市化的速度。战争（既有国际的，也有国内的）、独立斗争和游击叛乱也发挥了作用。在某些地方，这些因素使得农村地区变得更加危险，从而促使人口向城市迁移。例如，在 1947 年印度独立之后，卡拉奇就接受了几十万逃离宗派暴力的穆斯林难民。[21]

正如 19 世纪的工业革命一样，这些进程导致城市以这样一种规模快速增长，这种规模已经使得地方政府不堪重负。仅举一例，孟加拉国的达卡，从 1950 年时人口仅 40 万的一座小城发展成了 2007 年时人口超过 1300 万的城市。来到达卡和其他此类城市的贫困移民发现房源不足，而且就算确实存在房源通常也是他们负担不起的。因此，许多人被迫非法占据他们所能发现的每一块边际土地——废弃的土地、公路或铁轨两边、沼泽近旁或城市垃圾堆附近，或者在陡峭的山坡上。整个贫穷世界的发展中城市里充斥着寮屋聚落，通常，在那儿居住着所有城市居民的 1/3 或更多。住在这种居住点的人口的绝对数量惊人，例如，在 1990 年左右，墨西哥城有超过 900 万人，圣保罗有超过 300 万人。在孟买，超过半数的人口居住在这种居住点，而且在街道上随处住着 30 万 ~100 万人。许多城市表现出极度的空间分割，因为相对较少的富人试图将自己与许多穷人隔离开来。在 20 世纪 60 和 70 年代非法占用土地的人大量居留以后，卡拉奇的富人开始以新生的决心隔离他们自己。[22]

在这些居住条件之下，健康和环境问题有所加剧。这些问题也与 19 世纪欧洲和北美的情况类似。对于发展中城市的大量人口而言，不合标准的住房再加上公共基础设施不足，意味着恶劣的生活条件。许多寮屋聚落很少或根本无法得到清洁的饮用水、适当的卫生设施和垃圾处理服务。公共基础设施有系统地支持更加富裕的居民。例如，在 20 世纪 80 年代的阿克拉，为穷人家庭提供的服务要远远劣于为比较富裕的家庭提供的服务。大多数穷人家庭不得不与许多其他家庭共用厕所，富人则无须忍受这一状况。可以预见到的是，这种类型的安排将对健康产生何种危害。尽管到 20 世纪末为止，世界上贫困城市整体的疾病负担缓慢地从传染病转变到慢性病，传染病却仍然保持了它对最贫穷居民的控制，并且是导致死亡的主要原因。传染病和寄生虫病继续对贫困儿童造成尤为严重的打击。每一个寮屋聚落都遭受到这样的严峻环境的影响，但每一个却都有自己的特点。[23]

久而久之，许多居住点的情况有所改善。粗制滥造的房屋逐渐发展成为永久的社区。居民把用硬纸板或塑料做成的脆弱的建筑物改造成了用金属、木材和混凝土制成的更为牢固的建筑物。随着时间的推移，当地政府和国家政府将公共服务——包括电力、下水道、自来水、铺面道路和学校——扩展到许多居住点。在那些政治会涉及选举的地方，政客们很快就想通了这一点，给寮屋聚落提供这些基础服务可以为他们赢得很多选票。先是担任总理随后成为土耳其总统的雷杰普·塔伊普·埃尔多安在担任伊斯坦布尔市长期间（1994—1998），通过向城市社区输送水电和修建排污系统，赢得了政治声誉。在这些改进的基础上，旧的居住点比新的居住点的问题要少一些。[24]

在发展中世界迅速增长的城市中，所有社区，无论新旧，都受到了空气污染的危害。因为煤炭仍然是一种廉价燃料，快速发展的国家转而依靠煤炭为工业和发电提供能源。在 20 世纪最后几十年里，亚洲的大城市尤其因为燃煤造成的严重空气污染而众所周知。北京和上海受到非常高的煤烟和二氧化硫浓度的危害，大部分原因在于煤炭的燃烧。西安和武汉的情况更为糟糕。并不得天独厚的地形加剧了其他城市的空气污染问题。墨西哥城出现了世界上某些最严重的空气污染，部分原因在于它被大山环绕并且位于高海拔地区。相似的地理因素困扰着波哥大。燃煤污染困扰着成千上万座城市，其中首推德里。[25]

发展中世界的城市遭受的环境危害既来自极度贫穷，也来自财富集中。正如在雅加达一样，这些常常是同时并存的。曾经的荷属东印度的沉睡之都雅加达（当时被称为巴达维亚），在 1949 年印度尼西亚独立后成为一座新兴都市。它近期历史的特征从增长的两个方面中加以体现。一方面，因为雅加达是印度尼西亚的首都，该国的领导阶层将其视为一架经济引擎和大型展示项目的实施场所。政府大举投资雅加达的基础设施，并鼓励快速的工业和商业发展。随着时间的推移，雅加达开始拥有最现代和全球化的城市所拥有的全部外部标志——众多行业、庞大的公路系统和闪闪发光的市中心，办公大楼和豪华酒店林立其间。另一方面，雅加达的发展吸引了数百万来自乡下的新移民和穷苦移民。其中许多人被迫住在村落（*kampungs*，棚户区或“村庄”）里。这些因素共同塑造了 1949 年以后雅加达的环境史。这座城市的贫民遭受到棚户区比比皆是的不卫生条件的危害。尽管政府在改善棚户区的条件上有了一些进步（特别是在 20 世纪 70 年代雅加达市长阿里·萨迪金执政期间），其政策的效果却背道而驰，正如它为了给商业发展和房地产投机腾出地方而清除某些村落的时候——把棚户区的居民赶入了如今更为拥挤的残存的村落当中。与此同时，新兴工业向这座城市的水道中排放污染物，而水泥厂则让部分地区蒙上了一层细细的粉尘。越来越多的财富，加上政府在公路上的大量投资，造成越来越多的机动车辆使用，这已成为雅加达浓重的空气污染的主要原因。所有这些因素导致雅加达居民出现了大量的健康问题。[26]

和在雅加达一样，1945 年以后，在世界上较为富裕的地区的城市里，日益繁荣推动了城市环境问题的出现。按绝对值计算，城市发展仍在继续。从 1950 年到 2003 年，在富裕世界，城市居民的数量从 4.3 亿增加至 9 亿。[27] 但是，在环境方面，人口增长可能并没有消费社会的转型那么重要。

19 世纪期间，工业化国家的改革家们已经在空气污染控制方面做出了零星的努力，但是出于某些原因，他们的努力直到“二战”后才取得成效。20 世纪 50 年代，人们对于煤烟越来越不耐烦，并且更加关注污染造成的健康危害。这使得在大西洋两岸，要求改革的公众压力有所加强。一些夺去人们生命的备受瞩目的空气污染灾难也有助于塑造公众舆论，其中一起发生在 1948 年的宾夕法尼亚州的多诺拉，更为恶劣的一起则发生于 1952 年的伦敦。约在同一时期，一些煤炭城市发起了首次重大的监管革新。就在战争之前和战争期间，圣路易斯和匹兹堡开始利用强制使用无烟燃料或降烟装置的市政条例对煤烟实施管制。这些革新有立竿见影的效果，反过来激励了其他地区的第一次革新活动。例如，联邦德国的官员们饶有兴味地予以关注，正如许多联邦德国的新闻记者一样。在 20 世纪 50 年代，该国开始更加严肃地实施污染治理，正如在高度工业化的鲁尔所进行的那样。[28]

在富裕的城市，从煤炭到石油的燃料转换改变了空气污染的性质。在战后时期，富裕世界的城市的空气污染物从二氧化硫和悬浮颗粒物（烟和煤烟）变成了氮氧化物、地面臭氧和一氧化碳。这些转变通常发生在 20 世纪六七十年代期间及以后。非工业化和产业从城市中心向边缘迁移，与燃料转换结合起来，促使空气污染发生了这些变化。截至 20 世纪 70 年代，国家空气污染立法也在世界上最富裕的国家成为常态，强化了始于几十年前的地方层面的监管革新。[29]

随着来自煤烟的污染开始减少，来自汽车尾气排放的污染反倒增加了，导致了富裕城市空气质量问题比例的提高。“二战”期间，光化学烟雾首先在洛杉矶被发现。10 年之内，该城的烟雾就已闻名遐迩，洛杉矶也已变成了这个问题的同义词。

随着汽车变得更为常见，烟雾也在各处如影随形。在伦敦、纽约和东京，甚至当其他空气污染问题开始减少的时候，汽车造成的空气污染却增加了。尤其是在 20 世纪 70 年代初的监管干预措施之后，汽车尾气排放在许多地方都干净了很多，因而，许多城市的空气污染水平都有所下降。可是，道路上行驶的交通工具的绝对数量

1963 年 5 月，雅加达。20 世纪下半叶农村向城市的移民浪潮导致了世界上棚户区的迅速增多。雅加达在 1945 年约有 60 万人，到这张照片拍摄的时候约有 300 万人。今天，大雅加达地区是 2500 万 ~3000 万人的家园。（时代与生活图片 / 盖蒂图片社）

日益增多，这也意味着光化学烟雾仍然是一个重大的空气污染问题。到了 20 世纪的最后几十年，汽车引起的污染也已成为发展中世界的城市的一个严重问题，就像雅加达、北京和圣保罗那样。甚至在像亚的斯亚贝巴那样的世界上最贫穷的一些城市，人们也遭受着汽车尾气之苦。[30]

汽车尾气排放导致的污染在战后时期增加，有两个主要原因。机动化——意味着拥有汽车的人口的比例——是其中的首要因素。19 世纪以前，人们在城市里步行或骑马。在 19 世纪初期的欧洲，公车（马车）开始出现，继而在 19 世纪末，电车出现了。第一批汽车约在同一时期出现，但是由于它们价格昂贵且不实用，因此只是富人的奢侈品。尽管在两次世界大战之间，有些国家开始投资修建汽车高速公路（诸如意大利高速公路和德国高速公路），在除了美国和加拿大之外的所有地方，汽车保有量仍然很低。在“二战”以后，美国的财富、日益郊区化和大规模的公路投资更加促进了机动化。北美人拥有的汽车量远远多过其他任何地方的人，从人均数量和绝对数量上看都是如此，而且美国的汽车制造商在全球市场中居于支配地位。对于世界其他地方的消费者而言，美国汽车文化变成了一种迷恋的对象；对于工程师而言，美国的交通规划成为可供仿效的目标。在 20 世纪 50—70 年代的西欧、日本和澳大利亚，汽车变成了大众消费项目，从时间上晚于美国和加拿大。截至 1990 年，美国人仍然引领着世界汽车保有量，但是其他富裕国家也并未落后很多。[31]

郊区化是“二战”后富裕城市中汽车污染增加的第二个原因。尽管郊区在 1945 年以前就已长期存在，它们在战后大量增加的主要原因还是在于大规模机动化。这里依然根据国家背景不同，存在着显著的差异。美国在规模和文化重要性上确立了先例。拥有一个院子和一到两辆车的大型独栋住房变成了郊区的标志性象征和全球象征。在 1950 年，约有 2/3 的美国城市人口住在大城市的中心区，还有 1/3 住在郊区。40 年后，这些数字发生了转换。在同一时间段，美国的城市在实际规模上增加了一倍多。可以预见，考虑到可用土地的总量，北美洲、加拿大和澳大利亚的城市也以更快的速度向外发展，并且比其他地方的城市密度更低。欧洲郊区的密度超过北美洲和澳大利亚郊区的密度三倍。日本的城市也很分散，但是它们的密度仍然比其他富裕国家的城市的密度高得多。日本多山的地形意味着城市须得集中于狭窄的沿海地带。即使有这个约束，日本的私家车大军仍在急剧增长；1960—1990 年，仅东京一地就跃增了 250 万辆。[32]

郊区化和汽车保有量共同产生了重要的后果。第一个也是最可预测的后果是，有越来越多的人开车。郊区化的程度高、郊区平均密度低，加上较之其他工业化国家而言相对低廉的汽油价格等其他因素，使得驾车出行在北美洲最为常见。在 1990 年，美国人平均驾驶私家车出行的里程数是欧洲人的两倍多，并且明显比澳大利亚人驾车出行的距离更远。相反地，美国人步行、骑行和搭乘公共交通工具的机会要远远少于其他国家的人，尤其是与欧洲城市居民相比。

这还不是全部。在整个 20 世纪，美国（和加拿大）的汽车始终比其他地方的汽车更大。较大的尺寸和重量使其不太省油。美国的司机因此比其他任何地方的司机消耗更多的燃料，所产生的二氧化碳也要多得多。[33]

在世界上的富裕城市，日益增长的财富造成了很多其他后果。

尽管在人口稀少的富裕国家（加拿大、澳大利亚和美国），迅速向外发展只消耗了一小部分的可用土地，它仍然将数百万公顷的农村土地改造成了都市风景。在那些业已拥挤不堪的地方，这样的发展给一个国家的乡村遗产带去了更加沉重的后果。就像在 1945 年以后的英国那样，这些地方倾向于实行更加严格的土地利用管制，并且允许规划者在如何分配土地上享有更大的发言权。随着人们获得了战后时期发展起来的物质享受，城市的财富也促使人们提高了对能源和水源的需求量。在美国人巨大的家庭用水需求中，只有很小一部分是用于饮用和烹饪的。城市里所有其他用水几乎都被用于浇灌草坪、洗车、家用电器、洗浴和冲马桶。每天，仅自动洗碗机一项就能增加多达 38 加仑（144 升）的家庭用水量。最终，战后世界的消费经济也产生了大量的垃圾。在这一点上，美国又一次在人均和绝对数量上独占鳌头。随着新材料（尤其是塑料）在消费经济中变得越来越重要，财富是垃圾总量增加的主要因素。因此，城市制造了源源不绝的垃圾，这迫使地方政府在无止境地寻找处置方案。[34]

寻找绿色城市

从 20 世纪 70 年代起，有越来越多人日益试图重新讨论城市的基本生态布局。他们想知道，现代城市是否必须依然是贪得无厌、消耗一切的 20 世纪的大都市，还是说可以在某种程度上被改造，以减少或消除它们所导致的环境损害。工业革命开始以来，城市对全球资源的索取已经增加了许多倍。如今的城市需要从全球各个地方获得大量的资源：巴西的大豆、美国的玉米、沙特阿拉伯的石油、孟加拉国的棉花、澳大利亚的煤炭、马来西亚的硬木、南非的黄金。

城市也使得废物流全球化，成为大多数人为碳排放的来源。[35]

20世纪90年代初，在不列颠哥伦比亚大学工作的生态学家威廉·里斯（William Rees）和他的瑞士学生马西斯·瓦克纳格尔（Mathis Wackernagel）明确提出了“生态足迹”的概念，从而为城市的全球影响赋予了概念化的和定量的表达。在有关这个概念的一篇早期（1992年）的和开创性的论文中，里斯提出，每一座城市都会“在持续的基础上，为每个居民征用数公顷的有生产力的生态系统”。里斯估计，他所在的城市温哥华的每个居民需要有1.9公顷有生产力的农业用地来提供食物。里斯计算出，这座城市消耗足够多的资源（包括食物、燃料和林产品）释放出足够多的废弃物，“占据”了约略相当于南卡罗来纳州或苏格兰面积大小的一块区域。他因此论证出，根据大多数的标准来看都属于地球上最绿色城市之一的温哥华，却有着巨大的生态足迹。[36]

尽管人们在理论根据和实践基础上还对生态足迹概念存在质疑，但是它传达了一种关于正变得越来越常见的城市的基本理念和焦虑情绪。像里斯和瓦克纳格尔这样的生态学家和规划者已经开始追问，在一个城市越来越占据支配地位的世界上，自然的总量是否能够满足人们的需求。人们对于气候变化、臭氧层空洞和其他全球环境问题日益增加的关心，激发了大多数这样的焦虑。约在这个时候，国际环境会议大量涌现，尤其是1992年6月的里约热内卢地球峰会。类似的忧虑促使一些城市规划者呼吁重新将他们的职业聚焦在环境主题上，还促使一些建筑师制订绿色建筑的标准。[37]

20世纪70年代以来，已有相当数量的城市，尤其是位于中欧和北欧的城市，在进行广泛的绿色政策（green policies）的实验。这些城市建起了高效的废热发电厂（它们从发电过程中回收废弃的热能），并对替代性能源予以鼓励。它们在邻近现存城市的指定区域汇聚起新的城市发展。它们试图提高而不是降低新建住宅区的密度。它们为回收利用、社区花园、绿色屋顶和生态系统恢复拟订了计划。[38]

其中的许多创新在欧洲成为惯例，正如在（位于德国西南部的）弗赖堡那样，弗赖堡从 20 世纪 90 年代开始将太阳能生产作为城市长期经济发展的核心加以强调。市政府在公共建筑上安装了太阳能电池板，低价为太阳能公司提供用地，在公立学校的课程中把太阳能作为一个主题予以介绍，还和当地研究机构建立合作项目。该城把太阳能整合进新的住宅开发当中，其中包括备受瞩目的像市郊的沃邦区那样的绿色橱窗。如今，弗赖堡的身份反映了它在将自身建设成太阳能城市方面的巨大成功。这座城市将自己标榜为德国最绿色的城市加以推广，在那里太阳能既是不错的生意，也具有良好的环境意义。[39]

1970 年以来，许多欧洲城市也结束了战后以汽车为中心的规划趋势。出于政治或文化上的原因，这些城市决心鼓励其他交通方式，以保护它们的历史中心，并且避免以汽车为中心的发展的最坏后果，尤其是空气污染和无计划的开发。譬如，在 20 世纪 70 和 80 年代，苏黎世的领导者决定扩张和改善该市的有轨电车系统，由此大大增加了搭乘公共交通工具的乘客人数，同时也减缓了汽车使用的增速。因为有轨电车使街景变得生动有趣，这一举措还有助于市中心重获生机。其他的欧洲城市凭借不同的策略，达成了殊途同归的结果，就像荷兰、丹麦和德国的某些城市推广自行车的例子一样。在阿姆斯特丹和哥本哈根这样的城市，公众对骑自行车的拥护促使当地的市政府投资建设骑行基础设施，从而推动了世界上最节能的交通运输车辆的广泛使用。[40]

就像巴西南部城市库里蒂巴的例子所显示的那样，环境创新不仅局限于富裕的城市。[41] 当 20 世纪 70 年代初开始实施一些创新规划理念的时候，当地政府创造了这样一座城市：它因其环保方面的资历和高标准的生活水平而享誉世界。库里蒂巴的政府尝试将创新举措用于几乎每一个问题，更倾向于重点关注那些实际的、低成本的项目，而非体现大多数其他发展中城市特征的昂贵的样板项目。例如，为了应对反复出现的洪水，库里蒂巴市政府采取了一种不同寻常的方法。它没有沿着流经城市的河流修筑堤坝，而是通过修建小型水坝造出了湖泊，湖泊周边的区域随之成为大型城市公园。这个方法一举两得，既由于湖泊吸收了夏季降雨而减少了城市内涝，还大大增加了公共绿地的面积。

尽管还有许多其他项目可以让库里蒂巴引以为豪，它们同样具有创新性和重要性，足以提升这座城市的国际声誉，但是，最令它声名大振的还是公交系统。库里蒂巴在 20 世纪 60 年代决定优先考虑公交系统，这是对当时占主导地位的规划趋势的公然挑战。当包括巴西在内的全世界的城市规划者们都在围绕着汽车设计或重新设计城市的时候，库里蒂巴的规划者们摈弃了这一模式，他们相信它对开车的富人更有利，而对大部分城市居民却非如此。此外，他们还认为这一模式将会造成交通拥堵，且会破坏城市历史中心的活力。从 20 世纪 70 年代初开始，他们反其道而行之，选择对这座城市的公交网络做出改进。进入城市中心的五条主干线被设定为快速公交线路，只有公共汽车才可以行驶其上；小汽车被分流至边道上。一个用不同颜色标识的高效的支线道路系统使网络臻于完善。增加了简单却巧妙的设计改进。其中的一个创新，雅致的“管道车站”

（tube station）由玻璃和钢铁建造，它们能够缩短乘客的上下车时间。这些车站成为标志性的象征，彰显着这座城市的成功之处。库里蒂巴的规划者们还通过土地使用管理（允许公交线路沿线有更高的住房密度）和在市中心为行人和骑行者修建基础设施，对这些措施进行了补充。他们的措施很快便产生了效果。截至 20 世纪 90 年代初，库里蒂巴的居民虽然人均拥有汽车的数量超过了巴西的平均值，但公交系统在城市交通中却占很大一部分，大大超过了每天 100 万人次。这座城市的居民使用了更少的燃料，造成的空气污染也比其他情况下要少。

哈瓦那无意间采取的措施，而不是深思熟虑的计划，为发展中城市的绿色化提供了例证。[42] 与其他国家一样，社会主义国家古巴已经在机械化（拖拉机和卡车）、化学制品（人工化肥和杀虫剂）和基于出口的经济作物的专门化的基础上，建立了它的农业经济。到 20 世纪 80 年代的时候，古巴在生产和出口食糖的同时，进口了很大比例的食品。该国依赖苏联的石油和市场，在苏联解体后，这两样东西都随即消失。包括石油、农业设备、化肥和杀虫剂在内的各类货品进口突然急剧下降，意味着古巴不再能生产足够的糖以购买进口商品。考虑到美国持续的贸易禁运，无异于雪上加霜。简而言之，因为食品生产不能自给自足，该国面临着饥馑的威胁。

几乎无从选择的古巴，从 20 世纪 90 年代开始着手从事有机农业的大规模试验。农场从使用拖拉机转变为使用牛，并且从使用化肥和杀虫剂转变为使用有机肥料和有机杀虫剂。二者都造就了意想不到的积极发展。例如，牛不像拖拉机那样压实土壤，而且有机杀虫剂比化学杀虫剂的毒性要低。因为没有石油可供长途运输，古巴人不得不在靠近消费者的地方生产食品。200 万名面临饥饿的哈瓦那居民在自己的土地上想办法，在他们所能找得到的每一平方米的土地上开展田园种植。几十年后，哈瓦那人在屋顶上、露台上和后院里创造了成千上万座菜园。为了取得和栽种诸如棒球内场和废弃阁楼之类的大片土地，邻里合作社应运而生。国家在意识到这是件好事之后，为哈瓦那居民提供了工具、土地、种子和技术建议，并允许街道市场的形成。到 2000 年的时候，这些努力得到了回报。哈瓦那和古巴的其他城市生产出了维持其生存所需的大部分食品。

在农业转型的速度和规模方面，哈瓦那的试验是惊人的，而“都市农业”随之开始为人所知，在全球范围内广泛传播开来。20 世纪的最后几十年里，随着贫穷城市的扩张，都市农业的规模迅速增长。城市贫民通常买不起通过商业体系提供的食品，而转向非正式的生产和食品网络。在 20 世纪 90 年代期间，联合国估计世界上约有 8 亿人口依赖非正式的都市农业获得食物或收入，它提供了较为贫穷的城市所消耗的全部食品中的相当大的份额。在 20 世纪末，都市农业为阿克拉提供了 90% 的新鲜蔬菜，为坎帕拉提供了 70% 的禽肉，还为河内提供了约半数的肉类。[43]

弗赖堡和库里蒂巴之类的城市是取得实际进步的案例。它们再次显示出城市并非千篇一律，它们可以让大量的奇思妙想和解决问题的创造力在其中生发。然而，即使这些例子也并不是无可挑剔的。怀疑论者发出这样的质疑：是否所有的城市都能达到生态良性发展。城市化进程并未停歇。直至进入 21 世纪，大多数城市将继续呈现绝对增长的态势。此外，世界上越来越多的财富意味着城市会继续需要各种各样大量的奢侈品，而它们却不可能在自己的边界之内创造出来。例如，在印度和中国等国日益繁荣的推动下，世界汽车供应量预计会增长数倍。在很多城市（不只是在这里提到的最环保的例子中），改进的技术和设计的方法已经使环境状况变得更好，但是问题却在于，这些措施是否将足以改变城市已经遵循了数个世纪的发展轨迹。长期以来，作为人口、消费和工业生产的中心，城市之于环境变化的影响与它们的规模远远不成比例。作为创造力和创新性的中心，城市最近也在抑制人类对环境的影响方面起到了不成比例的作用。[44]

生态与全球经济

从生态后果的角度来说，20 世纪下半叶最重要的特征是全球经济的表现。“二战”以后，全球经济从两次大战之间的严重问题中复苏，从而开始了一段前所未有的长期增长。在 1950 年以后的半个世纪中，全球经济增长了 6 倍，年均经济增长率达到 3.9%，远远超过了工业时代（1820—1950 年）每年 1.6% 的历史平均水平和近代早期、后哥伦布时代的世界（1500—1820 年）每年 0.3% 的历史平均水平。1950—1973 年间，增长达到了最高点，根据不同国籍的观察者的说法，这段时期被称为“黄金时代”、“经济奇迹”、“辉煌的三十年”或“长期的繁荣”。出于包括上涨的油价和更高的通货膨胀在内的某些原因，世界经济在 1973 年后发展减缓，但并未停止。战后时代的经济发展成就了全球贸易、通信和旅行的复兴，以及越来越多的国际移民和技术进步。这个时代的一个特征是，大部分以前的殖民地世界和社会主义世界在不同的时间点上被整合或重新整合到发达的资本主义经济中。在半个世纪中，大多数亚洲国家变得更加富裕，其繁荣水平和偶尔的政治影响力开始与历史上的经济领袖（主要是西欧、美国、澳大利亚、加拿大和日本）相匹敌。

在 1989—1991 年间中欧和东欧的剧变中，苏联集团国家也开始了这一重新整合的进程，并取得了不同程度的成功。然而，这一时期也具有这样的特征，在世界上最富裕的部分和那些仍然贫穷的地区之间，差距在不断增大。[45]

若干因素结合起来，共同支撑了战后时代高速的经济增长。在政治层面上，冷战的开始迅速将世界上大部分地区重组为两大阵营。每个阵营都被一个超级大国控制，尽管使用非常不同的方法，超级大国都拥有巨大的动力去激励经济的复苏和增长。到 20 世纪 40 年代末，冷战和全球重组已全面展开。美国的领导成为两个体系中较大那个的基础，这个体系将被证明是更具活力的一个体系，即资本主义秩序。“二战”期间，（以美国和英国为首的）西方盟国已经为这一体系奠定了基础。因为惧怕大萧条再次到来，盟国创设了一系列的机构，用于激励金融、贸易和政治领域的协作，并打击自给自足的解决方案。这些机构包括联合国和那些源自 1944 年召开的布雷顿森林会议的机构——世界货币基金组织和国际复兴开发银行，后者就是后来的世界银行。它们设立的宗旨在于为重建被战争蹂躏的国民经济提供资助。几年之内的谈判也达成了《关税与贸易总协定》，旨在降低关税、配额和其他贸易限制。

美国的政治和经济地位使这一切成为可能。因为拥有完整的经济基础且城市未受战争破坏而完好如初，美国得以从战争中崛起，这与日本、中国、苏联和欧洲形成了鲜明的对比。它所遭受的人员损失，只是所有潜在对手所遭受的人员损失的一小部分。与第一次世界大战后的情形一样，它作为债权国而不是债务国，从第二次世界大战中崛起。或许最重要的是，在经济意义上，美国的工业实力是无与伦比的。美国经济在过去几十年里已经超越了英国，且从那时起，已经扩大其优势。美国丰富的资源和众多的人口有助于形成这种领先地位，其工业显示出的活力和创新精神也是如此。例如，从 20 世纪初开始，美国的公司完善了流水线技术，而这些公司提供的相对高的工资，使得世界上第一个大众消费社会得以出现，这甚至在 1941 年美国参战之前就已发生。在战争刚刚结束不久的世界，当时美国一国的财力就占了全球财力的 1/3 还多，财政实力让它可以负担一项大规模的全球重建计划，稳定全球经济和遏制共产主义是其双重目标。美国庞大的财政资源意味着它可以集中数十亿美元用于援助欧洲（通过马歇尔计划）和日本的重建，以此来稳定两者并且助力它们在 20 世纪 50 年代实现经济的快速腾飞，同时在全球建立政治和军事的同盟。其中最重要的是，美元的强势稳定了全球金融体系，至少在 20 世纪 70 年代初之前是这样。[46]

1945 年以后，社会主义世界的故事有些许不同。在“二战”期间，苏联是所有主要参战国里遭受损失最大的一个，人员损失超过了 2000 万。因为一个多世纪以来，俄国 / 苏联一直在遭受西方的入侵，所以当战争结束之时，斯大林并无心从东欧撤回红军。苏联，同西方盟国一样，由此开始塑造其势力范围。其中之一是，苏联试图在东欧打造一个经济集团，因此创建了经济互助委员会，该组织成立于 1949 年。经济互助委员会试图协调成员国之间的经济发展，但它并不像西方最终建立起相对自由的贸易体制，这个组织几乎不增进经济一体化。相反，它有助于促进苏联与其东欧客户之间的双边贸易。[47]

在两次世界大战之间的时期，苏联国家主导下的应急计划集中设计了大型化的发展——匆忙甚至狂热地建造庞大的冶金综合企业、水坝、矿山、新的工业城市、大型集体化农场等等——使这个国家能够迅速地将其自身从低水平的工业化转变成相对高水平的工业化，才足以在战争到来的时候击败纳粹德国。因此，假如我们用生产主义的观念狭隘地去定义成功，并且忽视国家主导的似乎有必要以如此大规模和在如此集中的时间段里进行的工业化对人类和自然界施加的破坏的话，这一发展模式可谓是一次成功。

“二战”以后，苏联继续遵循同样的模式。他们重建了战时遭到蹂躏的工业基地所在的区域，这是因为他们凭借自身能力从曾经的敌人那里（以重型机械和装备的形式，匆匆地把它们从被占领的德国搬走并运回国内）取得了赔偿。此外，他们还继续把注意力集中于提升国家的重工业产出，集中在大型国有企业，而不是像西方国家那样发展更加灵活、消费者驱动型的经济体。这部分由于意识形态上的偏好，盲目迷恋重工业产出（诸如钢铁生产）；部分由于冷战，它需要大规模并持续地投资于军备。但是，部分的原因还在于苏联模式的成功和威望，它造就了工业化的、挫败了纳粹的战争机器。苏联集团的经济增长几乎与西方在黄金时代的增速一样快，尽管前者的总体基础比起后者要小得多。从每年人均国内生产总值增速来看，东方为 3.5%，而西方（包括日本在内）为 3.7%。1928—1970 年，苏联是一头经济猛虎，尽管还有战争、恐怖、“大清洗”和国家计划。由于似乎没有什么理由去改变他们的体系，在这几十年里，苏联的领导人继续通过自上而下、官僚政治和高度集中的计划突出重工业的发展。[48]

全球各地的经济增长也有赖于一个关键的物质因素——能源。在 20 世纪，能源消费和经济扩张步调一致，意味着经济增长要求扩大能源输入。在全球经济繁荣期间，像“一战”以前和“二战”以后那样，全球能源消费也出现了高速增长。在经济发展较为缓慢或经济紧缩的时期，正如两次世界大战之间的几十年间那样，能源消费的增速同样也大大减缓。在 1945 年以后的几十年里，全球经济的巨大规模要求能源输入大大超出之前所有的历史时期。[49]

在能源的生产与消费上存在着巨大的区域差异。主要的能源生产国首先得益于地理财富。在 19 世纪，英国巨大的煤炭储量帮助它成为世界上最大的化石燃料产地。然而，从 19 世纪 90 年代起，美国巨大的煤炭、石油和天然气储量使它超越英国，其地位至今无可撼动。“二战”以后，苏联也赶超英国，并且仅次于美国，位居第二，直到苏联在 1991 年不复存在，这一情势才有所改变。在 20 世纪末，中国、加拿大和沙特阿拉伯加入进来，同美国和苏联解体后的俄罗斯一起，成为最大的能源生产国。

能源消耗又是另外一回事情，它与地质学几乎没有关系。一般而言，较多的财富需要有较多的能源来满足舒适的消费水平，而同时更多的能量被有效地利用，从而带来更多的财富。1950 年，富裕的工业化世界消耗了地球上绝大多数（93%）的商业生产的能源。随着时间的推移，这一百分比有所下降，因为在世界上的其他地区，工业生产连带着财富、人口在不断增长。截至 2005 年，这一比例降低到 60% 多一点的水平。尽管如此，在整个战后时期，能源消费的绝对水平在世界上最富裕的国家里一直都是最高的。1945 年以后的大部分时期内，加拿大和美国位于每年人均能源消费列表的顶端，最近，一些波斯湾小国加入了它们的行列。能源消耗并不总是取决于化石燃料的占有量。日本即是一例，它几乎没有煤和石油的资源，但仍接近全球能源消耗列表的顶端。在另一端，世界上穷国的能源消耗比率只占世界最富裕国家的很小一部分。[50]

加拿大和日本在能源消费之间的对比指向了另一个重要问题：

能效。在20世纪末，日本与加拿大相比，生产价值1美元的国内生产总值所需的能源当中，前者大约只需要后者的1/3。欧洲经济几乎与日本经济同样高效。另一个极端是包括中国和印度在内的迅速工业化中的国家，它们的能源效率仅有日本的1/6~1/5，加拿大和美国的1/3~1/2。这样的数字突出体现了两个特质。首先，国民经济的能源效率倾向于遵循一种历史模式。典型经济的能源消费在进入快速工业化和重工业化的阶段之后，单位国内生产总值能耗（能源密集度）迅速上升。当经济开始以更加高效的方式利用能源的时候，能源密集度通常会从这个峰值开始长期的逐渐下降的阶段。这是英国、加拿大和美国的历史经验，在19世纪50年代，英国达到了峰值，加拿大在1910年左右达到峰值，美国在1920年左右达到峰值。然而，也不是所有的经济都以这种方式运行。在20世纪的大部分时间里，日本的经济保持着稳定却相对低的能源密集度。其次，富裕世界之中的显著的能效变化显示出，以比加拿大和美国低得多的水平利用能源而变得富裕，是有可能的。为何从产业结构到区域性气候再到郊区化模式，富裕世界的国民经济存在差异，其中有很多影响因素。比较数据表明，除了能源消耗水平仅为美国和加拿大的1/4~1/3，日本的生活质量的核心指标（包括婴儿死亡率、预期寿命和食物可利用性）没有大幅超越。[51]

正如我们已经看到的，战后时期也是世界历史上人口持续增长率最高的时期。上升的人口有助于解释全球经济的增长，几乎可以确定的是：更多的人通常意味着更多的经济活动。但是除此之外，这个关系并不是直接的。在某些地方，在某些时候，人口增长发生在正经历着强劲的经济增长的国家里。但是在另一些时候，在另一些地方，人口增长率如此之高以致造成了问题，从而消除了任何人均经济收益。如果可以对这个关系进行任何概括的话，它应当是快速的工业化和现代化及其影响，包括城市化和财富积累在内，从长远看趋向于降低生育率，并由此降低人口增长率。到 1945 年的时候，这一进程已经在富裕世界持续了一个世纪或更长的时间。它在战后时期得以继续发展，导致了人口缓慢增长或人口根本不增长的社会的出现。尽管预期寿命更长了，这个情况依然出现。澳大利亚的预期寿命从 1950 年的 69.6 岁提高到 1987 年的 76 岁。瑞典的预期寿命增加了 6 年，意大利的预期寿命增加了 10 年，日本的预期寿命几乎增加了 20 年。富裕世界的经济因此不得不面临人口老龄化相关的经济并发症，包括较高的社会保障金和较少的年轻工人来赡养老年人。不断下降的人口增长率也成为那些正在经历快速经济变化的比较贫穷的社会的发展轨迹的特征。最初，大量的廉价劳动力对东亚经济体（例如，韩国和中国台湾）有很大的帮助，但是，随着时间的推移，它们的经济成功也导致了较低的人口增长率。[52] 因此，人口增长虽保障了 1945 年以后的经济扩张，正如它在之前所做的那样，但增长快到一定程度也会危及人均收益。当它在 1975 年以后速度放缓的时候，代际公平问题（主要是不可持续的养老金承诺）隐约可见，至少在富裕世界是这样，这可真是不祥之兆。

技术、经济与自然

技术改良也使战后时期经济的快速增长成为可能。自从工业革命兴起之初，频繁的技术创新就成了这个时代的特征。在公共和私人投资的驱动下，科学研究及其技术被应用于战后世界，成为全球经济的重要助推力。卫星和因特网等一些战后时期的发明是全新的，其他一些则仅仅是对早先的设计做出的改进。普通的船运集装箱就是一个很好的例子。在“二战”以前，远洋航行的货船装载的货物奇形怪状，需要大批的装卸工花上大量的时间去装卸。然而，战后的航运商开始改进集装箱，这个装置在战前已经被发明出来了，但却没有得到广泛应用。集装箱的巨大优势在于它能够预先将奇形怪状的货物打包进一个标准化的箱子里，这样，吊车司机就能够以快得多的速度将箱子进行装卸，而无须码头工人协助。这大大地提高了装运的效率，从而大大降低了成本。1965 年以后，集装箱就成了装运工业制成品货物的标准运输工具，而且很可能比所有自由贸易协定加在一起更能促进国际贸易。最终，集装箱同铁路和公路运输系统以及信息技术相结合，可以对数百万个集装箱分别进行实时追踪。截至 2000 年，世界上约有 670 万个集装箱在发挥着作用。集装箱化成功缩短了运送货物的时间，它被证明对东亚出口导向型经济体的崛起尤其重要，东亚实际上同它们的市场之间远隔重洋。[53]

战后的技术革新也创造出新型的环境困难。19 世纪的科学和技术发展已经制造出了一系列的人工合成的化学物质、化合物和有害物质。但是，通常在 20 世纪期间，特别是在战后时期，对人造物质的使用才大大增多。实验室快速大量地生产出不计其数的新型化学制品，从家用清洁剂到工业润滑油再到农用杀虫剂、除草剂和杀真菌剂。当时的人们对于这么多新物质可能具有的健康危害和环境后果并没有什么意识，因此，许多化学物质最初并未经过预防性试验或未经规制，就被投入了使用。直到 20 世纪 60 和 70 年代，随着大众环保运动的出现，情况才开始有所转变。[54]

塑料制品的生产和使用提供了一个很好的例证。以天然材料为基础的聚合物（由连接而成的简单分子链组成的分子化合物），比如纤维素，是在 19 世纪后期发明的。合成聚合物是在 1900 年后不久被创造出来的。随后，在两次世界大战之间，它们被更大规模地制造并销售。在 20 世纪 50 和 60 年代期间，实验室的迅速发展使得诸如美国的杜邦公司和英国的帝国化学工业公司这样的大型化学公司可以创造出大量经过改良的合成聚合物，使其得以迅速增殖。在 1960 年以前的几十年里，如果说存在焦虑的话，塑料制品的生产和使用似乎只造成有关环境影响的些许焦虑。那一时期的典型情况是，人们并无太多保留地接受了这种形式的科技成果。例如，1959 年发表于美国《科学通讯》的一篇文章滔滔不绝地谈论了聚合物研究。作者写道，聚合物将“为导弹和航天器以及汽车车身”提供“更轻盈、更坚固的组件，要比目前使用的更为坚固”。作者遵从了（男性的）专业知识可以克服任何困难的一般信仰，提出任何难题都能通过“相信重大进展正在被取得”的“技术人”加以解决。对塑料技术的掌握与社会进步之间的联系被认为是必然的，环境方面的考虑仍然微乎其微。在 20 世纪中期，全球塑料制品生产激增。全球产量从 1930 年时的不足 5 万吨上升到 1950 年时的 200 万吨，甚至 10 年以后的 600 万吨。新型塑料制品充斥市场。塑料替代了已有货品中使用的玻璃、木材和纸张之类的材料，或许成为大量的新型消费品中的关键物质。[55]

如此大量地生产一定意味着，塑料开始在世界生态系统之中显露出来。到 20 世纪 70 年代初期的时候，随着大众环保运动开始改变人们对于在环境中引入人工物质的观念，先前关于塑料制品的愉快故事变得阴郁起来。观察者们开始报告令人不安的塑料制品倾倒现象，特别是把它们倾倒在全世界的河流和海洋之中。1971 年，挪威探险家托尔·海尔达尔（Thor Heyerdahl）出版了一本书而引起轰动，书中包含了大西洋像是一个巨大的垃圾场的观点。这本书的主题是关于海尔达尔的纸莎草船“拉神号”和“拉神二号”*在1969年至1970年间的跨大西洋航行，航行的构思和目的类似于1947年的“康-蒂基号”**在太平洋上的探险，正是那次探险让作者远近闻名。他在跨大西洋航行中看到，海洋里已经缀满了石油和各种各样的垃圾，尤其是塑料。海尔达尔说，20世纪60年代后期的大西洋比20世纪40年代后期他曾经航行其上的太平洋要脏得多得多。“当我花了101天的时间在‘康-蒂基号’上，我的鼻子和海平面几乎持平，也未曾见过这样的东西，”他写道，“[‘拉神号’船上的]我们所有人都清楚，人类实际上正在污染最重要的水源，我们星球上不可或缺的过滤装置——海洋。”几年之后，美国国家海洋和大气管理局的科学家们承担了一项关于加勒比海和大西洋西部的大规模研究，证实了海尔达尔所言不虚。[56]

然而，在接下来的几十年里，尽管人们对保护环境免遭塑料侵害予以新的关注，塑料的使用却并未减少。塑料的应用范围和一般用途超越了环境问题，结果到了2000年的时候，世界上每年生产约1.5亿~2.5亿吨塑料（有多种估计），重量约为1950年的75~125倍之多，或许是1930年的3000~5000倍之多。[57]尽管在某些地方有一些环保法规，塑料仍然在全世界的海洋中累积，且不提它的垃圾填埋地（从全球来看，在21世纪初，塑料大约构成了全部垃圾的10%）。

在21世纪初期，科学家和海员报告了塑料传说中的一项新的和可怕的变异，它由在全世界海洋上蔓延的巨大的漂浮垃圾堆构成。在这些集合体中有这样一坨大型的“塑料粥”在夏威夷州和加利福

---

*　拉神是古埃及神话中的太阳神。——译者注

**　康-蒂基是印加人的太阳神的古名。——译者注

尼亚州之间的太平洋上缓慢旋转，其中包含了人们在过去 60 年里生产的塑料制品中的很大一部分，显然，其中大部分来自日本。（无人知晓它究竟有多大，但是截至 2010 年，有些估计认为它有得克萨斯州面积的两倍那么大。）大多数环流由微小的塑料碎片、浸湿的石化碎屑组成。但是，也有橡皮艇和皮划艇，注定了无休止的漂流航行，就像昔日“飞翔的荷兰人”* 那样。南太平洋、印度洋以及大西洋的北部和南部有属于它们自己的、较小块的漂浮塑料。尽管科学家还不知道海洋塑料会如何影响海洋生物，但是，海鸟和海洋哺乳动物被塑料缠作一团，还经常吃塑料，这已得到了充分的证明。所有最近被检查过的北海的海鸟体内都含有塑料，加拿大北极地区的海鸟有 1/3 也是这种情况。小片塑料进入了海洋的食物网，在诸如逆戟鲸和金枪鱼这样的顶级捕食者的体内聚集。幸运的是，大多数塑料是没有毒性的，只有少数有这种危险。某些鸟类已经学会使用塑料片做巢。现在还只是塑料进入历史的初期，但是化学家已经预料到，海洋垃圾堆容纳的东西将持续数百年或数千年，因此海洋的动植物群将长期受到一种新的选择压力——对于塑料的适应性。[58]

塑料的历史表明，技术驱动的经济变革对环境造成了巨大影响。但是，技术、经济和环境之间的关系却常常要比塑料的例子所显示的更为复杂。比起之前的技术，新技术可能偶尔会对环境具有较小的破坏性。另一方面，如果经济增长吞没收益，这样的技术创新可能没有净环境效益。像冰箱那样的电器的历史，可以恰当地说明这一矛盾。

现代冰箱技术可以追溯至 20 世纪初期，特别是在 20 世纪 20 年

---

* 飞翔的荷兰人是传说中一艘幽灵船的名字，它注定在海上漂泊航行，无法返回家乡。——译者注

2009 年 10 月，从北太平洋环流中清除出来的一堆垃圾。20 世纪具有独创性的化学造就了前所未有的耐用的塑料，但是许多塑料制品却最终归于世界上的海洋中，几十年来它们随波浮沉。（UIG，通过盖蒂图片社）

代，当一种廉价且显然无害的制冷剂氯氟烃在实验室中被发现之后。这一发现是令冰箱价格在美国迅速下降的关键因素，甚至在“二战”以前，有半数的美国家庭就已用上了这种家电。战后，富裕世界的大众消费主义使得这种家电的销售在数十年间猛增。在 20 世纪 70 和 80 年代，氯氟烃正使地球臭氧层变薄的事实真相大白，这一发人深省的见解导致了 1987 年《蒙特利尔议定书》的签署。在此之后，世界上最大的冰箱制造商发起了“绿化”家电的运动，把冰箱当作绿色环保的产品加以销售。在 20 世纪 90 年代，它们逐步淘汰了氯氟烃，同时，其他的制冷剂进入了市场。它们还开始设计和制造这样的家电：使用更少的材料，能源利用更加高效，含有更少的有毒化学物质，以及更加可回收利用。此外，公司还同监管机构和非营利组织合作，创建环境标准和性能基准。所有这些活动都产生了实际效果：2002 年生产的一台典型的冰箱所消耗的能源较之于 1980 年生产的一台冰箱几乎少了 80%。与此同时，全球冰箱销售在此期间有所增加。发展中世界尤其是东亚地区的家庭，购买了他们的第一批冰箱，而富裕世界的一些家庭则得到了他们的第二批或第三批产品。事实上，改良后的冰箱的环境收益成为主要制造商的市场营销战略的关键部分，并且促进了全球销售的增长。越来越多的冰箱为人们所使用，这提升了能源消耗总量。最终，即便每台冰箱的能源消耗降低五成，也都被冰箱使用量的增长抵消了。在中国，冰箱用电占电力总需求的 15%。如今，在全球层面，家用电器是电力消费的巨头。[59]

区域经济的转变

在 1945 年，世界上大多数人口还生活在消费驱动、高能耗和物质密集型的全球经济影响范围之外，但是现在，它却成了全球大部分地区的特征。接下来 70 年的故事是关于世界上越来越多的地区融入这个经济体之中的故事。只有北美洲从战争中崛起，这种状态使其能够迅速回到和平时期的消费经济。战争本身几乎摧毁了西欧和日本的经济，战前二者的消费者发展水平都低于美国和加拿大。但是，这些经济体也迅速转变为大众消费主义，它始于 20 世纪 50 年代“黄金时代”的发端。在更为晚近的时候，世界其他地区也开始融入这一经济当中。或许，最重要的是南亚、东南亚和东亚的国家，从“四小龙”中国台湾、韩国、新加坡和中国香港开始。这些小型的经济体利用低人力成本和其他优势，以出口导向战略服务于世界上更富裕的地区。它们的成功引得该区域的其他国家纷纷仿效。中国大陆是后来的参与者里面最大和最重要的一个。在 20 世纪 70 年代末，它开始了转型，从集权型、集中型、自给自足型的经济体转变为一个结合了一些关键市场经济特征的经济体，到 20 世纪 90 年代，这一选择开始产生一些引人瞩目的结果。东欧和苏联的社会主义经济将不得不等到 1989—1991 年的变革，才开始向消费社会转型。拉丁美洲和非洲也越来越融入全球贸易和投资，结果却喜忧参半，消费主义仅仅取得了有限的扩张。

经历了战后最初艰难的几年，西欧的经济开始迅速发展起来。在美国的安全保护伞之下，欧洲的精英可以致力于围绕消费者驱动型的增长重新设计其经济的相关流程，并致力于增进欧洲大陆的政治和经济一体化。它们在两个阵线都获得了成功。西方联盟的欧洲主要经济体——联邦德国、法国、意大利和英国——在 1950 年后发展迅速，这归功于多方面因素的结合，分别是政府引导和刺激经济发展的活动、高储蓄和投资率、熟练的劳动力和充分利用富裕程度极高的美国市场。经济活动也由于廉价能源的普及而得以增强，特别是其中的石油，它为欧洲经济在战后向高消费社会转型打下了基础。1973 年以后，西欧的经济体遭遇了相当大的困难，这在很大程度上要拜上涨的油价所赐。但是，在从 20 世纪 50 年代到 90 年代的几十年里，欧洲的政治家和布鲁塞尔的官员设法在欧盟内部将欧洲大陆的经济紧密结合在一起，这有助于巩固 21 世纪经济的持续增长。[60]

日本遵循了相似的发展轨迹。1945 年时凋敝的日本经济，在美国占领下很快反弹到战前的生产水平。截至 20 世纪 50 年代初，受到朝鲜战争导致的美国军事合同的刺激，日本经济顺利增长。紧接着的 20 年里，该国的发展速度超过了世界上其他任何国家，平均每年增长 8%。日本的成功很大程度上归功于其受到过良好教育的劳动力、高水平的储蓄和投资率以及政府和大企业在经济政策和技术发展上的紧密合作——例如，通过强大的通商产业省（Ministry of International Trade and Industry, MITI）。在 1973 年以后，日本的发展放缓，几乎其他各地皆如此，但是进入 20 世纪 90 年代以后，它的发展仍然高于欧洲和美国。日本生活水平的不断提高从大众消费主义中得到反映。在战后的几十年间，从几乎没有大型耐用消费品，到拥有大多数具有高消费经济特征的商品，典型的日本家庭发生了很大的变化。例如，1957 年只有 3% 的日本家庭拥有一台电冰箱。到 1980 年为止，几乎所有的日本家庭都拥有了电冰箱。1957 年，20% 的家庭拥有一台电动洗衣机，并且只有 7.8% 的家庭拥有一台电视机。1980 年，洗衣机和电视机在几乎所有的日本家庭里都已齐备。汽车拥有率也出现猛增：1970 年时为 22%，仅在 10 年之后，就增至 57%。到 1980 年的时候，日本已经加入了大众消费俱乐部。[61]

欧洲和日本的经济复兴证明了美国消费文化的吸引力。在两次世界大战之间的时期，欧洲人对其大陆的“美国化”要么心存恐惧，要么欣然接受，但是在战后时代，欧洲大陆上的美国文化和经济实力达到了前所未有的水平。欧洲享有的广泛繁荣使得更多人消费美国出口的产品和服务。甚至更为严重的是，大量的欧洲人有欲望和方法去接近高耗能的、物质密集型的美国生活方式，这具体体现在汽车、家用电器、郊区的独立式住宅和日常消费品中。这种经历也不局限于西欧。

日本人也有自己版本的美国化，在战后占领时期，他们直接接触到了美国文化。日本的工人在奇迹的几十年里挣得了更高的工资，因而他们急切地要得到所谓的地道美式的时尚、食物、娱乐和服装。

广告商发现了日本人对美国产品的这种爱好，于是便迎合消费者的需求定制其信息和产品。像意大利人和英国人一样，日本人发现了反映美国做法的新的消费方式。例如，到了20世纪50年代后期，超级市场找到了进入日本城市的方法，大约在20年后，24小时便利店和快餐店也是如此。应当指出的是，美国化是一种解释模式，它已经为历史学家争辩了几十年。如今，学者们认为历史上美国文化在海外的生产、传播和接受是高度复杂的、非线性的，而且是不断进化的。尽管如此，仍有理由指出，这是激发世界各地消费者欲望的关键因素。[62]

然而，大众消费主义与苏联的社会主义经济几乎没有什么关系，同样还有1949年以后的中华人民共和国。毛泽东担心遭到西方的包围并希望赶上和最终超越苏联，在这种思想的影响下，做出了迅速发展工业的决策。毛泽东相信，中国共产党通过卓越的组织能力和参与大规模动员的意愿，可以获得力量推动中国几乎一夜之间从一个贫穷的农业国发展为工业强国。1949年以后，中国开始了工业化，到毛泽东逝世的1976年为止，工业化进程既扩大了该国的经济，也使其人均国内生产总值（尽管初始水平很低）几乎翻了一番。[63]不过，正如我们将看到的苏联的情况那样，中国也为此在人与环境方面付出了沉重的代价。

在1960年左右，苏联的经济状况似乎比中国更好。但是，到了20世纪70年代，它开始显示出具有重大结构性问题的迹象。不断强调重工业和军事开支，构成了对消费经济的损害，它赋予了中央计划者、军方和大型国家生产者而不是个人消费者以更大的权力。苏联的经济因此得以生产出大量的产品，包括若干种类的消费品，但是这些产品却很少能够满足消费者的偏好。这个体系很少激励厂长节约利用能源和材料，也几乎没有给劳动者努力工作提供什么激励。不仅如此，尽管拥有杰出的科学家，苏联经济却似乎无法跟上西方技术进步的步伐，至少在开始重塑全球经济的计算机等领域如此。在农业领域，集体农场被证明是非常低效的。农民获准为自己耕种的那些小块土地则更为高效，因为农民可以在市场上出售地里的产品。大型的农业计划，像赫鲁晓夫的“荒地开垦”计划（1956—1963），浪费了无数包括土壤和淡水资源在内的宝贵资源。所有这些之外，苏联还面临着诸如长期酗酒那样的阻碍经济发展的严重的社会问题。[64]

在 20 世纪 70 年代，尽管存在这些问题，苏联的领导人却不愿意进行任何认真的改革。部分原因源自这个体系表面上的成功。20 世纪 60 年代，苏联发现了大量的石油和天然气矿藏，它们成为苏联经济发展的支柱。这为国家创造了巨大的收入，在 1973 年石油输出国组织（OPEC）的石油禁运导致全球燃料价格飙升之后尤其如此。在 20 世纪 70 年代期间，石油价格保持高位，苏联由此得以掩饰制度缺陷。尽管在 20 世纪 70 年代，包括美国和英国在内的某些西方国家，被迫对重工业部门进行痛苦的重组，苏联对此却无动于衷。老年化的苏联领导层，由在斯大林时代长大成人的男性主导，也拒绝重新考虑该国日益艰难的地缘政治地位。冷战给这个国家加上了军费开支的重担，就防卫开支占国内生产总值的比重而言，苏联的开支比西方国家的要大得多。苏联的势力范围促使这个问题出现。东欧既从资源中受益，同时也耗尽了资源。与西方联盟不同的是，苏东集团是通过强制而非其他方式结合起来的，就像发生在东柏林和波兰（1953 年）、匈牙利（1956 年）和捷克斯洛伐克（1968 年）的事件所表明的，也像稍晚一些的诸如波兰团结工会的大规模抵抗运动所再次证明的那样。[65]

到了20世纪80年代，苏联陷于绝望的困境之中。在80年代中期，全球石油价格暴跌夺去了该国的意外之财，暴露了苏联经济的明显弱点。1985年3月，54岁的戈尔巴乔夫成为苏联共产党总书记，撤换了克里姆林宫的保守派，事情随后似乎变得更加光明起来。长期以来，戈尔巴乔夫已经认识到苏联体系的缺陷，他迅速着手进行了一项计划，发起根本的政治、经济和外交改革。公开化放开了苏联的政治体系，给予信息交换以自由。重建改革旨在重塑经济。戈尔巴乔夫也寻求和西方建立新的关系，其中包括大幅削减核武器，这一决定既因为戈尔巴乔夫认识到军费开支是苏联经济缺陷的一个主要部分，也是出于缓和冷战紧张局势的愿望。虽然这些改革在众多领域产生了积极的结果，但在总体上却适得其反。关于国家腐败无能的报道不断出现，苏联民众则普遍对此报以冷嘲热讽和愤怒。公开化对该国周边共和国的民族主义者有所裨益。1989年，在戈尔巴乔夫允许进行东欧革命之后，苏联自身的政治完整也不复存在。更糟的是，经济改革证明只是折中措施，没能重振经济。刺激消费主义和向国有企业引入利润动机的尝试，被体制的官僚主义惯性和久已有之的腐败大大抵消。[66]

因此，戈尔巴乔夫改造苏联的努力成功了，但并非以他所期望的方式。他打算通过改革来振兴社会主义，但这却是苏联体制的终结。1991年苏联解体，代之而生的是一系列的新兴共和国。在20世纪90年代，所有这些国家都经历了非常艰难的向市场经济的转变。那些原属于苏联集团的国家也是如此，尽管波兰等国经历了相当高的增长。苏联的核心俄罗斯，遭到了最严重的打击，部分由于它掌管了大量的过时的重工业工厂，其中大部分工厂都不具备参与全球市场竞争的能力。20世纪90年代的俄罗斯还为许多其他问题所困扰，其中包括精英们将国家剩余的大部分财富改由自己亲手掌握。俄罗斯经济崩溃，在这 10 年里足足下滑了 40%，但由于报道的不充分和该国庞大的黑市，并没有人真正知道经济下滑的真实程度如何。[67]

中国走上了一条更为成功的道路。到 20 世纪 70 年代中期为止，中国经历了包括“大跃进”和“文化大革命”在内的一系列动荡，使这个国家精疲力竭。中国在经济上和政治上变得孤立，无异于雪上加霜。中国同苏联之间的意识形态分歧不断加深，导致苏联在 1960 年撤出援助，预示着共产主义世界中最大、最重要和军事力量最强大的两个政权之间不断升级的紧张局势。苏联撤出援助也有效地切断了中国同其余的政治和经济同盟国之间的联系。在 20 世纪 70 年代初，情况开始发生了变化，中国和西方大国在那时都开始寻求机会，以对全球地缘政治做出调整。美国敌对的对华政策已经持续了 20 年。但是，在 20 世纪 70 年代初，抓住了 1958—1960 年间中苏分裂提供的有利条件，美国和中国开始建立外交关系。中国重新融入全球经济不得不再等上 5 年，直到毛泽东于 1976 年逝世。他的继任者，寻找能让中国处于休眠中的经济再次复兴的方法，开始了改革，其中包括向外资和外贸开放该国东部沿海的地区。[68]

几个周边经济体已经向中国展示了资本主义的优点。韩国、中国台湾、中国香港和新加坡，20 世纪 70 和 80 年代的“四小龙”经济体，已经在从事以制成品出口为重点的发展战略。从 20 世纪 60 年代起，这些经济体已经开始从良好的战略环境中受益。冷战确保美国对该地区的中国台湾、日本、菲律宾和韩国等地予以持续关注，还确保美国提供了数十亿美元的经济援助。约在同时，富裕世界的公司前来寻找低工资投资机会。日本公司首开先河，成为该地区最重要的外部经济力量。在“四小龙”方面，则是寻找方法吸引外部投资，它们提供若干条件，其中就有廉价的和受过良好教育的劳动力，再加上稳定的却经常是不民主的政治。“四小龙”经济体发展迅速，冶金和电子工业之类的工业部门在世界上取得重要地位。“四小龙”经济体的平均工资有所上涨，因此该地区有着更低工资标准的其他国家现在可以吸引到外国投资者。由此，这一进程在诸如泰国、马来西亚和印度尼西亚之类的东南亚经济体得到复制。

到20世纪90年代为止，中国也完全参与其中。中国的领导层巧妙地将该国引领到一个可以从出口贸易获益的位置上，利用它庞大、工资低廉的人口去吸引来自所有发达国家的大量外资。从那时起，中国经济就成了日本黄金时代的真实写照，只是规模要比日本经济大得多。从1995年起，非常高的经济增长率、不断上涨的人均财富、不断提高的技术能力和不断扩大的消费市场就成了中国的特征。与其他成功故事一样，国家对于中国事业的成功起到了至关重要的作用。与20世纪80年代苏联的领导层有所不同的是，中国共产党还显示出它能够保持对国家的严格控制。[69]

许多发展中国家在全球经济结构中处于劣势地位，并因而深受其害，它们在全球经济中依靠出口初级产品来换取发达国家的工业（制成）品。这在很大程度上是殖民时代遗留的产物，当时帝国列强在其殖民地投资的只不过是像种植园和矿山这样的耗费自然资源的企业。20世纪40—60年代，在非殖民化席卷全球后，用初级产品交换制成品的模式仍在继续。出售原材料并非经济繁荣的秘诀。除了其他方面之外，它可以迅速毁灭一个发展中经济体的自然资源基础，长远来看则会逐渐动摇自身的根本。而且，富裕世界对这些产品的需求起伏不定。在相隔半个地球的远方，消费者不断变化的偏好对整个国家的财富有着强烈的影响。从香蕉到铜再到可可，产品的国际价格大幅波动，带给生产国经济以很大的不确定性和彻底的逆转。[70]

发展中世界的政治领导层奋力去寻找避免初级商品陷阱的方法。进口替代是一种解决方案，亚洲国家、非洲国家，尤其是拉丁美洲国家，都在实行这种方案。这一对策基于一种理论，即全球贸易系统性地歧视穷国。因此，发展中国家需要通过保护本国的制造业从而免遭来自富裕世界的竞争，以建立它们自己的国内制造业基础。经过了许多试验，这一策略证明在很大程度上是不成功的。不过，亚洲“四小龙”所使用的那种出口导向型的增长模式也是很多发展中国家难以效仿的，因为它们不能吸引复制“四小龙”经验所必需的高水平的外国投资。许多贫穷国家也无法像新加坡和香港之类的经济贸易中心那样，从地理位置上受益良多。[71]

非殖民化以后，非洲的人均国内生产总值增长率尽管仍保持在每年 2% 左右，但还是落后于其他国家。然而在 1973 年之后，非洲大陆遇到了更加严重的困难。非洲的问题变得严峻起来，人均国内生产总值在 1973—1988 年期间几乎没有增长。问题主要有：外部债务水平高，官员腐败猖獗，教育系统摇摇欲坠，政局不稳定，包括几次内战在内。非洲的交通运输系统证明是经济发展的特殊阻碍。这块大陆上的很大一部分地区也面临着严峻的社会问题，包括高文盲率和公共卫生危机，比如人类免疫缺陷病毒 / 获得性免疫缺陷综合征，俗称艾滋病。这些都无法鼓励外国投资。人口红利对东亚的人均增长非常重要，但是很明显，由于非洲的生育力在通常情况下一直保持旺盛，所以非洲享受不到人口红利。但是，像其他地区一样，非洲曾经是，现在也是一个参差不齐的所在。诸如博茨瓦纳、纳米比亚和科特迪瓦这些国家，比其他国家要更加富裕和稳定一些。

拉丁美洲在战后时期取得了较好的成绩。黄金时代再次见证了相对稳健的人均经济增长（每年约 2.5%），这主要基于世界上对于矿产、石油、小麦、牛肉、咖啡、蔗糖和其他初级产品的不断增长的需求，也基于受保护行业的早期成功。然而，1973—1998 年间，增长率跌至 1% 左右。对许多拉丁美洲国家而言，通货膨胀和沉重的外债很快便成为它们的主要问题。拉丁美洲社会内部显著的经济不平等限制了工业品国内市场出现的范围，并且拉丁美洲制造业几乎没有哪个部分是具有国际竞争力的。到 20 世纪 90 年代为止，经济停滞驱使大多数国家步智利之后尘，并且以更加开放的市场和较少的国家指导再次进行试验。这有助于出口贸易从越来越高的产品价格（2000 年以后）和与此相关的中国经济对原材料和食品的强烈需求中获利。[72]

尽管从一个地方到另一个地方，从一个十年到另一个十年，存在着相当大的差异，但快速增长是 1945 年以后的世界经济的显著特征。廉价能源、技术变革和市场整合都有助于产生人类历史上前所未见的人均增长。在 1945 年之后的 65 年间生活的人们所经历的一切，在他们之前是没有连续的哪三代人经历过的，就连一丁点儿类似的经历也没有过。这一惊人的增长，提高了数十亿人的消费水平，还增强了其余大多数人的消费愿望。

经济、生态和异议

在战后时代，持异议者出现了，他们看出了全球经济中所包含的生态后果和社会不公。在许多种批评之中，有两组可兹说明。第一组批评属于生态经济学的范畴。其核心思想曾经是而且仍然是：全球经济是地球生态系统的一个子系统，而地球生态系统是有限的和不可增长的。在这一领域，热力学定律是基本概念。根据热力学第一定律，能量既不能被创造也不能被消灭。尽管第一定律暗含着宇宙处于永久稳定状态，但第二定律却非如此。相反，它指出物质和能量从最初的集中和较为有力的状态（低熵）退化到分散和较为衰弱的状态（高熵）。因此，尽管第一定律意味着宇宙总能量将总会相同，但第二定律意味着能量不可避免地朝向一种不太有用的形式变化。将这两个定律应用于人类活动的生态经济学家提出，不可能存在任何一个依靠无限增长的系统，因为它终究会耗尽地球上数量有限的低熵物质和能量。与此同时，也为了同样的理由，任何一个这样的系统将会用高熵的废物对地球造成污染。对于生态经济学家而言，唯一的问题在于这一过程将耗时多久。[73]

尽管生态经济学在 19 世纪后期和 20 世纪初期具有重要的思想根源，但直到 20 世纪 60 和 70 年代，一个连贯的思想体系才围绕这些洞见联结起来。这一联结部分是由于一批经济学家的开创性的工作，他们精通自己所从事的领域，该领域痴迷于经济增长，但他们本人却对此持有不同的见解。这些人中间包括了罗马尼亚裔移居国外的尼古拉斯•杰奥尔杰斯库–勒根（Nicholas Georgescu-Roegen）、生于英国的肯尼思·伯尔丁（Kenneth Boulding）和美国人赫尔曼·戴利（Herman Daly），他们都在美国的大学工作。这一联结还有部分是由于公众环保运动的出现，它在 20 世纪 70 年代为这一原本鲜为人知的智力练习提供了一些牵引力。直到 20 世纪 80 年代，一个拥有自我意识的研究领域才出现，它将自己定义为“生态经济学”。到那个十年结束的时候，该领域已经建立起了一个分支机构遍及世界许多国家的国际协会，创办了一份专业杂志，还有向外界介绍这一领域的关键文本。在 20 世纪 90 年代期间，该领域得到迅速的发展。学者们为这个领域增添了理论基础，并且发展出了用来衡量经济表现的替代性方法，将为了增长而付出的社会和生态成本囊括其中。1977 年发表于《自然》杂志的一项著名的研究试图估算不可或缺的生态“服务”的总经济价值，如授粉、养分循环、遗传资源和土壤形成之类。所有这些都由地球免费提供给人类，却没有在市场上定价。作者估计这 17 种服务每年价值 33 万亿美元。尽管这项研究由于试图给自然定价而引来批评意见，但它已经表明了这样一种观点：全球环境为人类提供了大量隐藏的和被低估的益处。[74]

第二组批评属于可持续发展的范畴。尽管它与生态经济学有着重要的思想关联，但可持续发展的概念主要还是在学术界之外逐步形成的，在无数的国际论坛中被从业者、外交官以及社会和环境活动家充分讨论。因此，它是最终进入了主流思维的一种政治理念。自其发端以来，关于可持续发展观念的大部分表述就结合了两大思想：其一，战后时代运行的全球经济是社会不公正的，对于全世界的穷人而言更是如此；其二，主要由于发达国家的消费模式使然，全球经济恐怕要超过生态极限。除了这些基本内容之外，这一观念已经被无数次地加以重新定义。

与生态经济学一样，人们可以将可持续发展的思想根源追溯至 19 世纪，但是它的直接起源却在最近的几十年。在 20 世纪 70 年代举行的许多环境和发展会议上，特别是在联合国的倡议下召开的会议上，这一范式同财富、贫困和生态之间的基本联系就出现了。随着布伦特兰委员会（以委员会主席、挪威首相格罗·哈莱姆·布伦特兰的名字命名）为联合国发布的一份报告《我们共同的未来》（*Our*

Common Future）的出版，可持续发展这一术语在 1987 年开始流行起来。它将可持续发展定义为“满足当前需要而不危害后代满足自身需要的能力的发展”，这成为这一概念的典型表述。布伦特兰报告也有助于在 1992 年的里约地球峰会上及随后的国际谈判中，让可持续发展成为一种约定俗成的表达。[75]

不过，尽管这些和其他批评非常严肃，在 21 世纪之初，全球经济的运作方式仍与 1945 年以来的情况大体相同。发展中世界的数十亿人力求达到富裕世界的人们所享有的舒适程度，而后者则试图增加其财富。这些渴望从底层加强了战后全球经济发展的连续性。1945 年以后的几十年间，包括大部分日本人和西班牙人，以及相当多的巴西人和印度尼西亚人在内，有数亿人达到了他们的祖先曾经难以想象的消费水平。尽管还有数十亿人在旁观，它仍然代表了人类历史的重大转变。在某些方面，所有这些都等同于伟大的进步，因为它使许多人摆脱了贫困。但是与此同时，全球经济对地球的总体影响变得实在太过明显，而且那种经济严重依赖像化石燃料和矿物之类的不可再生资源的使用。21 世纪的一个核心问题在于，人们是否可以改变消费类型和消费模式，以适应一个有限的生态系统。[76]

第四章

冷战与环境文化

尽管历史学家像之前的冷战分子一样，还在就是谁发动了冷战与冷战何时发生的问题争论不休，但其概况已足够清晰了。在“二战”期间或在其结束后不久，胜利的盟国迅速反目成仇。约瑟夫·斯大林的苏联及其东欧附属国在欧亚大陆形成了一个相连的集团，它从易北河延伸到符拉迪沃斯托克（海参崴）。美国人形成了一个与此对立的联盟集团，它在规模上更大一些，但联系却更加松散，其中包括欧洲盟友，尤其是英国和联邦德国，中东国家，特别是伊朗和土耳其，以及东亚国家，尤其是日本。冷战的主要战场也是“二战”的战场——欧洲和东亚。冷战期间有许多危机和政治转变的时刻，在当时看来是不祥之兆，尽管冷战以这些时刻为特征，但它引人注目的一点是，它带来了稳定，尤其是在毛泽东及其领导的中国共产党在1949年取得解放战争的胜利，从而解决了这个世界上人口最多的国家的结盟问题之后。

冷战优先项

这是已经和正在武装起来的阵营的稳定。冷战的特征之一就是其持续的军事主义。在现代史上，大多数国家在大战之后都会大幅度地减少军事开支，停止购买堆积如山的装备，并且裁撤大多数的军事人员。美国和苏联在 1945 年以后——暂时——这么做了。然而，在冷战期间，大国数十年如一日地维持着高水平的军事开支。尽管极其昂贵，它们依然维持着军工综合企业，实际上是培育了这些企业。可能仅仅因为 1945—1973 年间突如其来的经济繁荣，这才得以完成。例如，在冷战期间的苏联，全部工业产品中有多达 40% 都是军用产品。世界上 10% 的商业发电都被用于制造核武器。[1]

冷战也证明了，或者在当时看似证明了，将大量的金钱、人力和规划付诸国家资助的庞大的基础设施项目和开发活动之中，如此巨大的投入是合理的。例如，美国在 1956 年为了世界上最大的工程项目所批准的金额之多，堪称闻所未闻。州际公路系统的修建产生了许多方面的影响，其中包括它重构了美国的景观，加速了郊区化和改变了野生动物的迁徙等。与大多数政府行为类似，这一决定的背后有着许多动机，但是其中最突出的一个则是为了在与苏联发生战争的预期下做好军事准备。[2] 1958 年，毛泽东领导之下的中国发动了一场狂热的运动，希望短短几年之内在经济生产方面赶超英美，这一不切实际的追求被称为“大跃进”，继而在 1964 年，正如我们将看到的那样，它从零开始建设一个军事工业综合体。中苏交恶以后，就苏联而言，它修建了第二条西伯利亚铁路线，更安全地将太平洋港口连接起来，因为它比早先的西伯利亚大铁路距中国的边境更远。这条铁路线为苏联远东地区的木材、毛皮和矿产的加速生产打开了新的巨大可能。[3]

冷战的背景也有助于激发中国和苏联在经济自给自足方面的持续努力，而这些行动自有其环境后果。美国从未将这种计划置于优先地位，它依靠其海军和盟友保持海上通道开放和货物的国际流动。但是，斯大林和毛泽东认为美国禁运、制裁与封锁有所加强，因而总是感到他们需要有能力在国内制造他们可能需要的一切。两个政权都不遗余力地这样做。例如，20 世纪 50 年代后期，斯大林的继任者们在他逝世以后，选择把中亚的干旱土地变为棉田。这需要建造大规模的灌溉工程，从流入咸海的河流中取水，于是到了 20 世纪 60 年代初的时候，这座盐湖就萎缩了。如今，它只有 1960 年时面积的 1/10，而且被分成了若干个咸水坑。对咸海的扼杀演变成 20 世纪标志性的环境灾难之一，这造成了若干问题，其中包括消失的渔业，干涸的三角洲湿地，海水的盐度增加了 10 倍，新暴露的湖床导致的尘暴将空气中悬浮的盐分吹到农田上，等等。但是，苏联需要棉花，且在冷战背景之下，从印度或埃及进口棉花具有斯大林的继任者们希望予以规避的风险。[4]

同样受到经济自给自足愿景的吸引，毛泽东领导下的中国确定了目标，要在云南省的热带雨林一角种植橡胶，这里叫作西双版纳，是位于澜沧江流域靠近中国与缅甸、老挝之间边界的一个辖区。在 20 世纪 50 年代初，苏联曾经要求中国本着社会主义大团结的精神为其提供橡胶。橡胶，取自亚马孙河流域的一种树，它们在苏联的寒冷气候中无法生存。它是一种战略产品，是坦克和飞机所必需的（所有飞机都使用天然橡胶轮胎）。对莫斯科和北京而言，不便的是，世界上大多数橡胶都产自马来西亚，彼时那里仍是英国殖民地，还有印度尼西亚，反共的将军们统治着那里并与美国结盟。在西双版纳的第一次种植发生在 1956 年。中苏交恶之后，中国人想把他们能够获得的所有橡胶都用于自己的军事目的。其中大部分的粗重活计都由青年完成，他们是在“文革”期间被派遣到边疆的知青。在中国生物多样性最为丰富的地区，他们砍伐了超过数千平方千米的树木，破坏了动物栖息地，当地的傣族也因此迁移到更高海拔的地方，因为西双版纳位于这种巴西树种可能生长范围的北部气候边缘地带，橡胶树经常受冻，但是最终这些努力的确设法为中国提供了宝贵的橡胶供应。随着中国经济从 20 世纪 80 年代开始繁荣起来，对于工业橡胶的需求飙升，单一种植园在这里越来越广地分布开来。2000 年以后，因为本国的汽车大军在迅速增长，中国所需的橡胶愈发多起来。在这片面积相当于黎巴嫩那么大的土地上，用橡胶种植园取代森林，甚至改变了当地的气候，带来了更加剧烈的旱涝循环，雾天也比原先少得多。橡胶加工业使附近的河流和湖泊充斥着化学污染，它们都会流入澜沧江。对军事自给自足的早期探索最终破坏了环境。[5]

冷战也让游击战在世界各地爆发并持续不断。美国和苏联尤为如此，古巴、法国和南非也时常如此，它们认为支持分离主义者、革命者、抵抗运动以及他们的同类，在任何地方都能削弱他们的竞争对手，因而是合算的。因此，在诸如安哥拉、莫桑比克、埃塞俄比亚、索马里、越南、阿富汗和尼加拉瓜等地，冷战超级大国介入当地的权力斗争，支持偏爱的派系，为它们提供武装、训练、金钱，偶尔还提供军队。在一般情况下，游击斗争包含环境战争的一大部分——焚烧森林和庄稼、屠宰牲畜、淹没农田——因为一方或另一方通常利用森林作为掩护，而且因为农村人口由于不得不支持（或仅仅是容忍）其中一方的敌人而受到惩罚。不仅如此，这些战争还制造了大批难民，由于民兵和军队摧毁了人们的生计，他们逃离战区或四处奔逃。难民移动与其他的人口迁徙相似，带来了环境变化，对人们放弃的土地和对他们定居的土地而言，都是如此。在下文有

2008 年 10 月从太空看到的咸海的样子。咸海曾经一度是世界第四大湖泊，截至 2008 年时的水面面积还不到它以前面积的 10%。兴建于 20 世纪 60 年代的苏联灌溉工程，让咸海失去了原本应该注入其中的大多数河流。（盖蒂图片社）

关南部非洲和越南的部分中，将对这些问题另行探讨。

冷战中有持续的军国主义，建成了许多军工综合体，冷战为了政治目的英勇奋力地去调动或改变自然，它还加剧了游击战争——出于所有这些原因，冷战促成了 1945 年以后数十年的环境动荡（environmental tumult）。但其中所有因素都没有核武器计划对生物圈的深远影响那么持久。

核武器生产与环境

美国出于冷战焦虑制造了约 7 万枚核弹头，并在 1945—1990 年间试射了 1000 多枚。苏联制造了大约 4.5 万枚核弹头，且至少试射了 715 枚。与此同时，英国在 1952 年后，法国在 1960 年后，中国在 1964 年后，又制造了数百枚核弹头。核武器既需要浓缩铀，也需要钚（用铀制成）。核武器工业导致了 1950 年后全世界铀矿数量的迅速增长，在美国、加拿大、澳大利亚、非洲中部和南部、民主德国、捷克斯洛伐克、乌克兰、俄罗斯和哈萨克斯坦尤为如此。在冷战初期，当时很少有安全规章，矿工们日常接受到大剂量的辐射，由此缩短了成千上万人的寿命。[6] 所有的核大国都产生了原子群岛（atomic archipelagoes），它们是由被用于核研究、铀处理以及武器制造与试验的特殊基地连接而成的网络。这些基地受到冷战保密性的保护，不受公众监督，并且在某种程度上，特别是在俄罗斯和中国，它们依然如此。在美国，这个群岛涉及大约 3000 个场所，包括南卡罗来纳州的萨凡纳河基地和科罗拉多州的落基平原兵工厂，二者都对原子弹制造活动至关重要。这顶王冠上的宝石，是汉福德工程工厂（Hanford Engineer Works），后来被称为汉福德区，占地面积约为 1554 平方千米，位于华盛顿州中南部的哥伦比亚河岸边的尘土飞扬、多风、几乎空无一人的蒿属植物草原上，从 1943 年开始运转。[7]

在冷战期间，汉福德区是美国最重要的原子弹工厂。[8]在 40 多年的运行时间里，汉福德产生了 5 亿居里的核废料，它们大多被保留在了基地，此外，既有出于意外，也有出于设计的原因，向环境中释放了 2500 万居里的核废物，其中大部分进入了哥伦比亚河。通常情况下，讨论中的数量都会超过当时认为的安全值（人们认为安全的限度会随着时间的推移而逐渐降低）。相比而言，1986 年切尔诺贝利核电站发生的爆炸向环境中释放了约 5000 万 ~ 8000 万居里，全部都进入了大气。放射性释放物和废物在环境和健康方面的危害似乎已经大到足以需要加以持续保密的程度，而且有人说，对于负责任的官员而言，偶尔会不诚实，但是对于决策者而言，这些威胁也似乎小到足以被看成为了获得更多的核武器所付出的可接受的代价。大多数官员相信汉福德的运转对人和当地的牧场经营造成的风险已经是最小化了，而且在初始的若干年中，至少没有让他们自己担忧更为广阔的生态系统的后果。[9]

关于绿色操作（Green Run）的含糊其词的述说，显示出了紧迫和轻率在何种程度上塑造了汉福德的历史。最大一次放射性的单独释放被称为绿色操作，它发生在 1949 年 12 月。仍不能完全弄明白的是，它究竟是纯属故意而为之，还是不知何故失控了（在 60 多年以后，一些相关的文件仍然处于保密状态）。它有可能是受到苏联引爆第一件核武器的影响而触发的一次试验，从位于北美洲西部的放射性监测设备上很容易便看得到苏联进行了试验。美国的官员有理由假设，苏联正在使用“绿”铀（“green” uranium），从反应堆出来的时间只有 16~20 天。果不其然的话，这表明苏联制造浓缩铀的进度加快了。似乎他们为了验证这一假设，决定从汉福德的烟囱中释放“绿”铀，然后去看他们的监测可能有多准确。现在，有些牵涉其中的工程师暗示这次试验失败了。无论如何，绿色操作在美国释放出前所未有且以后也没有过的放射性物质，碘-131（一种对人类具有潜在危害并且与甲状腺癌有关的放射性核素）悄悄散落在位于下风处的社区。1979 年的三哩岛事故结束了美国为期 30 年的核电站建设历程，而绿色操作中悄悄释放出的放射性强度约为 1979 年那场事故中泄漏出的 400 倍之多。遭受感染的人们在坚持不懈地努力要求联邦政府公布相关文件之后，直到 1986 年才知道有绿色操作这回事。这次秘密试验淋漓尽致地体现出美国官员在冷战初期的黑暗岁月里会义无反顾地选择冒险。[10]

回顾过去，政治家们通常采取一种轻松的态度对待辐射危险，这是不寻常的。美国人、英国人和法国人在大洋洲进行的核武器试验分别始于 1946 年、1957 年和 1966 年。原子弹爆炸一再撼动远处各种各样的环礁。在大洋洲进行核试验的吸引力在于那里的人口稀少，因而试验不会让大量人口立即陷入危险之中，而且大多数受害人口并非美国、英国或者法国的公民。他们是波利尼西亚人和密克罗尼西亚人，几乎没有受过正规教育，也几乎没有发出过任何政治声音，政治家们这才会比较轻易地拿他们的健康冒险。从“二战”结束后的第 11 个月起，美国的核试验使比基尼岛和附近环礁之上的岛民暴露在了反复累积的危险剂量的辐射之下。关于人体及其基因对放射性物质的敏感性——相关的疾病和突变的相关问题，他们的经历为此提供了有用的信息。在核试验开始后不久的一段时期，他们，还有一些美国的军事人员，基本上就成了人体实验对象。

法国在太平洋上开展的核试验计划也偶尔把安全置于最次要的

地位。1966 年，当时作为法国总统的夏尔·戴高乐冒险前往波利尼西亚，以便可以亲眼见证在穆鲁罗瓦环礁上进行的一场核试验。逆风意味着试验导致的辐射会被吹散到有人居住的岛屿上，而这次的逆风让此事耽搁了两天。戴高乐开始变得不耐烦起来，还提起他繁忙的时间表，要求无须考虑风向进行试验。在爆炸进行过后不久，新西兰国家辐射实验室记录下有巨大的放射性尘埃降落在萨摩亚、斐济、汤加和其他西南太平洋海域的人口中心。戴高乐随即返回巴黎处理国家政务。从 1966 年起，波利尼西亚人已经汇编了一份长长的申诉清单，针对的就是法国在太平洋施行的核计划，这同马绍尔群岛的居民针对美国 1946 年起开始进行的核计划所做出的行动如出一辙。[11]

在苏联的核武器综合体的运转当中，对环境风险和人类健康的漠不关心更甚于此。斯大林在冷战开始时宣称，制造核武器是“第一要务”，他在 1949 年的时候便得偿所愿了。苏联的原子群岛的构成是：铀矿（几十万囚犯死于其中）、为进行核研究而建的秘密城市、燃料加工场、炸弹工厂、核试验场。首要的钚和武器制造中心位于西西伯利亚的车里雅宾斯克附近，还有托木斯克和克拉斯诺亚尔斯克，二者都位于中西伯利亚。通常会使用邮政编码隐晦地提及这些秘密设施，就像托木斯克 7 号和克拉斯诺亚尔斯克 26 号这样。它们的历史仍然多半都是秘而不宣的。最著名的是车里雅宾斯克 65 号，也被称为马亚克（灯塔）。车里雅宾斯克地区曾经一度是长满了桦树和松树的森林地带，成千上万的湖泊遍布其间，在“二战”时期，这里成了苏联军工综合体的主要环节，当时苏联红军使用的半数的坦克在这里生产出来。它远离该国脆弱的边疆，拥有大量水源，还有冶金和化学工业，所有这些都使得这里具备制造核武器的优势。在 50 年里，它一直是地球上承受最危险污染的地方。[12]

马亚克化学综合体从 1948 年开始运行，这里造出了苏联最初的钚元素。多年以来，在马亚克至少释放出 1.3 亿居里（官方数据——其他人说有数十亿居里）[13] 的放射性物质，至少有 50 万人遭到辐射。其中大部分发生于初始阶段，尤其是从 1950 年到 1951 年期间，当时，核废料被倾倒在当地的河流中，它们都属于捷恰河的支流，成千上万人从捷恰河中获取饮用水。有几千名当地村民被撤离，而留下的那些人显然苦于白血病发病率的上升。[14]1957 年，一个具有高水平放射性的废料箱发生了爆炸，结果造成约 2000 万居里的放射性物质泄漏，还有 200 万居里散落在马亚克附近。约 1 万人得到疏散（在事故发生后的最初 8 个月），200 平方千米的土地被认定为不适合人类使用的土地。[15]

更多的放射性物质散落在位于卡拉恰伊湖的下风方向的区域。卡拉恰伊湖是一座小而浅的池塘，1951 年后被用作倾倒核废料的垃圾场，现在这里是全球放射性最为严重的地点。它含有的放射性物质约为 1986 年切尔诺贝利灾难中泄漏的放射性物质的 24 倍之多。今天，就连驻足岸边一个小时所受到辐射的剂量都足以致命。因为它所在的地方经常干旱，其水位频繁下降，湖底沉积物便露了出来。西伯利亚的狂风周期性地将放射性尘埃吹散到其他地方，最严重的一次发生在 1967 年的干旱期间。除了 1957 年和 1967 年发生的悲剧之外，还有其他一些事故也曾降临在马亚克综合体。马亚克的污染物总共影响了约 2 万平方千米的土地。[16]

如果苏联和俄罗斯的官方研究可信的话，发生在马亚克的污染对于人的健康所造成的影响并不大。[17] 然而，当地的一位政治家亚历山大·佩尼亚津（Alexander Penyagin），他担任过最高苏维埃核安全小组委员会主席一职，曾经说过马亚克的混乱比切尔诺贝利还要糟糕百倍。到访过该区域的记者和人类学家所提供的证据则暗示这里出现了严重和普遍的人类健康问题。[18] 尽管结论通常不一致，一些流行病学的研究也暗示了这样的问题。[19] 在一个遭到特别沉重打击的村庄，就 1997 年的平均寿命而言，这里的女性寿命比俄罗斯全国平均水平低 25 岁，男性寿命则要低 14 岁。[20] 马亚克真正的人员损失究竟如何，依然难以明了，核污染的健康危害也仍然颇具争议，就连在那些数据更为完整的地方也是如此。[21]

原子群岛不只由汉福德和马亚克构成。位于大洋洲、内华达州、哈萨克斯坦和北极地区的新地岛等地的核试验场，在 20 世纪 50 和 60 年代初尤其活跃——放射性从那时起一直存在。大气层试验（超过 500 次）向四面八方散播了约为切尔诺贝利事故中 400 倍之多的放射性碘-131。苏联海军在海上倾倒用过的核燃料和受到核污染的机器，污染了太平洋和北冰洋近海区域的海水，在新地岛附近尤为如此。或许出人意料的是，全世界辐射性最强的海洋环境并不是苏联造成的，而是英国造成的。在温士盖场［Windscale site，为了摆脱恶名而重新命名为塞拉菲尔德（Sellafield）］生产的被用于英国核武库的武器级别的钚，向爱尔兰海释放放射性物质，1965—1980 年期间尤甚。爱尔兰海的洋流并未迅速地将污染物传播开来，放射性物质于是在海水中徘徊，还转移到了英国的海产品中。温士盖还曾在 1957 年失火，英国政府在 1982 年终于承认此事，并指责其导致 32 人死亡和进一步造成的 260 例癌症病例。[22]

核武器工业在 6 个国家里创造了若干个“牺牲之地”。在未来的几千年里，这些不幸的地区都将承受致命污染，但对掌权者而言，眼前的安全需求似乎证明了选择具有正当性。在所有的矿山、炸弹制造工厂、试验场和废物倾倒场中，没有哪一个做出的牺牲比马亚克地区的草原、桦树林、溪流、池塘和村庄来得更加彻底，该地区在 21 世纪仍然接受着额外的放射性污染。[23]

冷战伴随着许多的反讽，其中之一就是，冷战时期的一些核武器生产基地变成了实际上的野生动植物保护区。萨凡纳河基地就是一个例子，300 平方英里（约 777 平方千米）的土地被保护起来，不准进行日常的人类活动，在那里生产钚和氚。为了制造炸弹的需要，禁止人类在此处开展活动，因此，尽管有 3500 万加仑高放射性核废料散落四处，鸭子、鹿、蛇、250 种鸟类和佐治亚州所能发现的体型最大的短吻鳄（并非突变的产物）还是在此处繁衍兴盛起来。直到 20 世纪 90 年代中期还在生产钚的科罗拉多州的落基平原兵工厂，变成了一个草原野生动物保护区，在这个受到保护的家园里，鹿和羚羊在多达 100 只秃鹰的警觉目光的注视之下奔跑嬉戏。在制造出首枚原子弹的哥伦比亚河畔的汉福德基地，最健康的奇努克鲑种群在沿河地带任意游弋。[24]

更甚于此的反讽在于，世界首批国际环境协议之一的签署，是由核试验引起的。大气层试验向所有的生态系统和地球人都散播了额外剂量的放射性尘埃，这些方面的证据在增多，核试验的规模越来越大，放射医学的专业知识得到了积累，由于这些原因，到了 20 世纪 50 年代后期，政治家和科学家对于继续审慎地开展核试验怀有一定的疑虑。在一些允许发生此类事情的国家，公民行动有助于施加压力，以禁止大气层试验。由于 1962 年 10 月的古巴导弹危机，所有国家对于核毁灭的恐惧变得愈发强烈，这也对此增加了压力。在 1963 年末，苏联、美国和英国签署了部分核禁试条约（意味着不进行大气层试验），其他许多国家很快就予以仿效，法国和中国并没有这么做，二者都高度重视在核政治问题上的自身独立性。作为部分核禁试的结果，1964 年以后出生的人骨骼中携带的锶-90 和其他放射性同位素的含量比起在他们之前出生的人要少得多。生活在 20 世纪 50 年代和 60 年代初的所有人，甚至那些远在塔斯马尼亚岛或者火地岛的人，他们的牙齿和骨骼中都带有冷战核武器计划的烙印。[25]

总而言之，冷战期间的核武器计划有可能通过由放射性物质释放引起的致命癌症，缓慢而迂回地造成了数十万，最多几百万人口的死亡。[26] 几乎所有的人都死于他们本国政府之手，在冷战版本的友军炮火的误射中丧命。法国总统弗朗索瓦·密特朗被认为曾说过这样的话，政治家最根本的品质就是冷漠。他的意思是，领导人有时必须做出会给他们带来死亡或伤害的决定。包括负责核武器研发计划的科学家在内的领导人们，在冷战期间曾经一再地做出此种决定。毫无疑问，有些人在过程中会感到良心不安，但他们都觉得当时的政治信仰要求他们去做他们做过的事，就算这样做有可能会牺牲自己的国民或同胞。

放射性污染在任何地方，就连在马亚克，也没有导致数以百万计的人口死亡或损毁广大的地区。冷战期间，因香烟致死的人数远远多于因核武器计划致死的人数。空气污染和交通事故也是如此。更加冷静的头脑战胜了那些想要用核武器在美国阿拉斯加州炸出速融港或炸出横穿巴拿马地峡的新运河的想法。[27] 1966 年，当一架美国 B-52 轰炸机在半空中爆炸并且将 4 枚氢弹投放在西班牙东南部海岸的时候，氢弹并未爆炸，而且只有少量的钚散落在乡间。[28] 就此，有人倾向于得出这种结论：冷战核武器计划的健康和环境危害是有限的。

可故事尚未完结。至少还要再过 10 万年，它才有可能终结。大多数的放射性衰减出现在几小时、几天或者几个月之内，而且很快便不再对生物具有威胁性。但是，有些被用于制造核武器的放射性物质，就像钚-239 一样，它们的半衰期可以长达 2.4 万年。有些在核武器制造过程中产生的废弃物在超过 10 万年的时间里，仍将具有致命的放射性。进行废物处理的这一职责被遗留给了接下来的 3000 代人。在未来很长一段时间里，假如这没能得到一以贯之的熟练处置，白血病和特定种类的癌症在人类尤其是在儿童中的发病率将会升高。

记住这一点或许有助于对这种职责的意义做出反省，即 2.4 万年前正是上一次冰期的盛期，远远早于城市或者农业的出现，再或者人类首次到达北美洲或大洋洲的时间。10 万年前，乳齿象、长毛猛犸象和大型剑齿虎漫游在未来的苏联和美国的领土上，在那个时候，原始人类才刚刚开始他们走出非洲的迁移之旅。很久很久以后，只有少数历史学家才了解“二战”或冷战，人们要么在未来发生的所有的政治动荡、革命、战争、政权更迭、国家失败、流行性疾病、地震、特大洪水、海平面升降、冰期和小行星撞击中管理好冷战核废料，要么在不经意间承受后果。

南部非洲和越南的热战与环境战

在 20 世纪五六十年代，毛泽东忧心忡忡于帝国主义阵营策划的方案，但是阵营中的大多数成员都被证明只是帝国主义的纸老虎。它们无法维持对亚洲和非洲领地的掌控。非殖民化的浪潮（1947—1975 年）导致国际政治版图的改变。非殖民化给予冷战大国一种机会，或者在它们看来是职责，促使它们对新成立国家的效忠展开了角逐。苏联尤为如此，它试图把自己描绘成反帝的斗士，常常支持那些争取结束英国、法国或葡萄牙的殖民统治的解放运动。毛泽东也是如此，在 20 世纪六七十年代，中国公然与苏联展开竞争，争相成为反帝斗士。

在南部非洲，冷战深刻地干涉了非殖民化政治。在 20 世纪 60 年代，形成了不间断的政治斗争，间或还有游击战争，它们旨在结束葡萄牙在安哥拉和莫桑比克的统治、白人殖民者在罗得西亚（今津巴布韦）的统治和南非在已经成为纳米比亚的地区的统治。此外，在南非本国也形成了一些团体，它们反对白人统治和种族隔离。葡萄牙人、罗得西亚白人和南非白人力图将他们的作为描绘成反对共产主义的十字军，希望得到美国及其盟友的援助。

1974—1975 年间，坚定地反对共产主义的葡萄牙独裁政权在国内崩溃，葡萄牙在非洲的殖民统治也随之瓦解。安哥拉和莫桑比克的内战升温，竞争派别在冷战对手中间找到了乐意提供赞助的支持者。这里和其他例子中一样，冷战逻辑只是外方参与的部分动机。南非人，尽管他们经常把反对共产主义作为入侵纳米比亚、安哥拉和莫桑比克的理由，而且尽管他们有些时候被美国怂恿，他们也为保持国内的种族隔离而斗争，并防止邻国出现的反对种族隔离的行动取得胜利。尽管菲德尔·卡斯特罗在许多方面都依靠苏联的支持，他却在未和莫斯科方面商量的情况下，自行向安哥拉派遣了好几万古巴士兵，还为推动非洲革命制定了自己的日程表。无论直接也好，间接也罢，外部支持都受到了冷战战略的驱使，这使得南部非洲的战争极具破坏性，它们原本不必遭受如此重创。外国强权给安哥拉提供了 1500 万颗地雷，最终导致这里的截肢比例为全世界最高。

奥万博兰位于纳米比亚北部和安哥拉南部人口稠密的洪泛平原区域，那里的战事从 1975 年肆虐至 1990 年，南非频繁卷入其中。

南非试图摧毁一支纳米比亚的民兵组织，这支军队得到安哥拉一个派别的支持，该派别则有古巴军人和苏联武器的支援。多年来，民兵和军队威胁到奥万博兰的农业人口，烧毁他们的房屋和农场，宰杀牲畜，夷平果园。主要的粮食作物谷子，当它们长到足够高时可以很好地掩护游击队员，因此，有计划地焚烧成熟的谷子田地就成了对付游击队的一种专门策略。数千人逃离使他们的农田和农庄回归自然（通常是荆棘密布，对人或动物几乎没有什么用处）。

在莫桑比克南部，始于 20 世纪 70 年代中期的内战也替代了反抗葡萄牙的斗争，敌对派别再一次获得外部的支持。它们来自中国、苏联、南非，1980 年以后还有津巴布韦。在某些区域，逃亡的难民如此之多，以至于人口减少了一半。难民总计达数百万人。农田再次撂荒，灌木被蚕食。莫桑比克的灌木侵蚀经常导致采采蝇肆虐，它们携带的细菌可以导致昏睡病和锥体虫病（一种牲畜疾病）。20 世纪 90 年代初，在战斗结束之后，地雷的普遍使用却阻碍了人们返回他们的农田，因此这一区域的土地利用模式仍然带有战争的烙印。

在奥万博兰、莫桑比克南部，甚至还有整个南部非洲发生游击战争的地带，为期 15 年或更长时间的战斗改变了这片土地，使人们常规的土地管理——修剪灌木、饲养牛羊、耕种田地和栽种果园——变得过于危险。反之，用来惩罚或恐吓他人的，又或是用于烧毁敌人掩体的火——经常意外地——成为生态管理的主要工具。军队和民兵时常在公园和名义上的保护区活动，因为缺乏安全补给线的武装人员在那里方便狩猎，可以获得丰富的肉类。不仅如此，像大象那样可以提供有销路的身体部位（诸如象牙）的动物，成为资金短缺的武装力量的诱人的猎杀目标。难民也经常涌入保护区，取食土地上的野生动物和水果，尽可能地生存下来。战争的干扰导致这里没有兽医服务，炭疽热和狂犬病因而失去了控制，于是，野生动物和牲畜都在津巴布韦独立战争中遭受苦难。南部非洲的战争被证明对动物界、人类和非人类都造成了很大的危害。[29]

发生在越南的冲突更加致命，冷战霸权在此地的介入比在南部非洲更为彻底。1945 年以后，越南的民族主义者（其中一些人也是共产主义者）加倍努力从法国手中争取独立。法国人试图继续保持殖民统治，但是在 1954 年的一次重大挫败之后，他们越来越多地请求美国人帮助他们抵抗越南的共产主义。尽管美国对亚洲的地面战争有一些矛盾心理，但它还是在 1964—1965 年的时候致力于维护其在南越脆弱的附庸国，并且同北越的军队开战，共产党统治着北越并得到了中苏两国的支持。对林登・约翰逊总统而言，并且起初对大多数美国人而言，为了越南值得一战，主要原因在于它似乎是冷战棋局中的一部分。

美国火力的加入造成交战双方实力悬殊。虽然有常规战争的阶段，但在大多数时间和地点，北越部队和他们在南越的越共盟友，必须打游击战。反过来，美国人打起了反游击战，对此，他们是缺乏近期经验的。他们运用最新的技术对付对手，改造比较传统的资本密集型和设备密集型的战争方式，以应对他们所面临的环境。

越南的大部分地区都是热带森林，这为游击队员提供了良好的掩护。北越甚至在丛林中开辟出数百千米长的补给线，就像是著名的胡志明小道那样，其中的一部分穿过了邻国老挝的土地。他们利用有利的地形，尤其是植被，通过伏击、狙击、饵雷的方式对美国人造成杀伤。为了对抗这些战术，美国人求助于落叶剂，这是可以杀死树木、灌木和青草的多种化学药品。其中最臭名昭著的一种——橙剂——含有二噁英，是一种特别危险和持久的化合物。这种类型的化学战，英国在 20 世纪 50 年代对付马来半岛的共产主义反抗者的活动中就曾经小规模地先行使用过。美国人在远超于此的规模上使用了它。利用飞机可以轻而易举地将这些化学制品喷洒到广阔的土地上，不用花多少钱，也不用费多少力气就可以办得到。美国在面积相当于马萨诸塞州（约为越南面积的 8%，主要在湄公河三角洲）的一片地方喷洒了大约 8000 万升落叶剂，这么做的目的只是为了保护美国士兵免遭突然袭击。如今，越南政府声称有 400 万人受到二噁英的危害。

为了让越南敌手失去掩护，美国也试图运用机械的方法清除森林。大量的罗马犁、挥舞着重达 2 吨的伐木刀片的大型推土机，可以去除大部分的植被。美国为了适应越南的环境而专门开发了它们，并特意用来清空道路两旁的土地。从 1967 年起，美国人利用罗马犁削平了南越 2% 的陆地区域。至少从古罗马早期诸帝时起，反游击和反暴动的活动就经常涉及道路近旁森林的清除，但是此前并没有人可以像使用罗马犁的美国人一样，完成得如此高效和彻底。在落叶剂和机械设备的共同作用之下，美国清除了大约 2.2 万平方千米的森林（面积相当于新泽西州或以色列），约占越南 1973 年森林覆盖面积的 23%。[30]

与南部非洲的战争相比，越南的冲突也以大规模轰炸行动为特征，这比“二战”期间的所有轰炸加起来还要多。9 年的时间里，美国空军在越南投放了 600 多万吨炸弹，留下了约 2000 万个弹坑，比 45 亿年里月球被火流星撞击形成的月坑还要多。其中一些弹坑如今充当起鱼塘。有些绰号为“地滚球”的炸弹在地面上爆炸，它们通常可以清除掉面积相当于四个足球场大小的土地上的一切。它们被设计用来在森林中制造空地，以供直升机降落使用，或是供野战炮兵安置炮位所用。

多亏有火力和技术的支持，美国军队才能快速改变越南的环境。无疑，北越人和越共也做了一些类似的事情，他们在适当的时候也会焚烧庄稼和村庄。但是，他们在清除和污染森林的时候，既没有像美国人一样的技术能力，也没有像他们那般持久的动机。[31]

越南战争在清除了越南一大部分植物群以外，还改变了越南动物群的状况。食腐动物有可能因为额外多出的尸体而兴旺发达起来。由于存在军用食品贮藏，老鼠的繁衍也是如此。然而，大象却遭受了苦难，因为美国人怀疑大象作为驮畜为敌人提供帮助和支持，所以经常从空中扫射它们。越共和其他游击队试图宰杀狗，因为它们可能会向敌人提供突袭的警告。因为在树叶落光之后，许多地形仅可生长坚韧的茅草，几乎没有哪种动物可以吃这些茅草，森林动物因而失去了栖息地。食草动物吃的草和叶子中带有毒素。布雷区对体重轻的小动物网开一面，而淘汰了大型动物（几十年后，依然如此）。发生在越南的战争与发生在南部非洲的战争一样，假如说它对一些动物是有益的话，那么对许多动物而言却都是残酷的。[32]

在早先的几个世纪里，战争经常会造就一些动物避难所，人类因为觉得被暴力支配的地方太过危险而不愿定居于此，反倒野生动物可以在其中繁衍生息。在 20 世纪后期，战争对野生动物的影响似乎有所改变。武器变得如此精准而具有威胁性，以至于就算打猎技巧最差的人都可以轻而易举地捕获大型猎物。而且 1945 年以后，大多数的战争都涉及非正式的武装力量、民兵、游击队等等，因为没办法依赖军需官和供应链的官僚机制，这些人只能靠山吃山、靠水吃水。所以在最近几十年里，战区变成了野生动物的杀戮区。此外，

1966 年 1 月的越南，在美国飞机投掷凝固汽油弹之后，成片的小屋在大火中燃烧。为了使抵抗者失去掩护，反游击战经常牵涉到故意毁林。（时代与生活图片 / 盖蒂图片社）

战争的影响往往经久不息，且这种影响并非仅仅以地雷的形式留存下来。战争的结束可能除去了某些猎杀野生动物的直接动因，但是充斥于战后时期的大量枪炮和车辆，以及在某些地方新近弥漫的目无法纪的文化，经常意味着可食用的或有市场的动物享受不到和平红利。[33]

总而言之，越南战争，同在南部非洲的斗争一样，涉及大量的环境冲突，在其中有许多动植物群遭到毁灭。应当记住，对世界上所有的游击战而言，这都有可能是真实的，与冷战有关或无关的战争皆然。在冷战以后的几十年里，暴动和游击战有所减少，但是刚果、索马里、利比里亚、塞拉利昂、伊拉克、阿富汗和其他一些不幸的国度，已经遭受了属于各自的非常规战争，它们都附带着对生物圈造成了伤害。

从铁幕到绿带

冷战也造成了一些位于交战地带的野生动物保护区的形成。这些保护区不属于作战区，而是处于铁幕阴影之下的走廊地带。丘吉尔在 1946 年公然宣称，将苏联控制的地带和西方国家控制的地带相分离的那一条线视为“铁幕”。它始于波罗的海沿岸，民主德国与联邦德国在那里相遇，到达亚得里亚海，尽管南斯拉夫脱离苏联阵营使得铁幕的南端像锡箔一样不牢靠。但是在 40 年里，从匈牙利和奥地利的边境直至波罗的海一线，“铁幕”都是禁止通行的地区，带刺铁丝网和瞭望塔密布其间。未经批准的人类来访者若要进入，都得冒生命危险。

作为排斥普通人类活动的结果，“铁幕”逐渐成了并非故意为之的自然保护区，形成了一条位于欧洲中心的南北走向的野生动物走廊。边境警察在不知不觉中充当了公园管理员，通过驱逐人类来维护生态系统和野生动物。由于没有使用杀虫剂，稀有昆虫得以幸存。鹿和野猪的数量迅速增长。循着“铁幕”与大海相遇的波罗的海之滨，沿海物种繁茂。由于冷战时期的不信任，分隔匈牙利和南斯拉夫的德拉瓦河仍然处于一种比较天然的状态，这条河流未经疏浚或改直，水生生物、洪泛平原、牛轭湖、曲流以及胡乱改道的河流特性得到了保护。罗多彼山脉构成了保加利亚和希腊两国的边界，这是冷战期间另一个被禁止进入的走廊地带。因此，这条山脉拥有许许多多的稀有物种和濒危物种，这里或许是巴尔干半岛地区生物多样性最为丰富的地方。在柏林，紧邻柏林墙的区域成了城市生物事实上的避难所。

1989 年，当柏林墙倒塌、“铁幕”分崩离析之际，一位德国医生召集盟友为保护冷战后遗留下来的异常丰富的生态环境而发起运动。在德国自然资源保护组织和最终的世界自然资源保护联盟的帮助下，欧洲绿带项目把原有边界地带留出并划为公园。[34]

可想而知，同样的事情也可以发生在朝鲜。自从 1953 年朝鲜战争结束以来，一个非军事区（DMZ）将朝鲜和韩国分隔开来。它约相当于半岛面积的 0.5%，约有 4 千米宽，这一条横贯朝鲜半岛腰部的狭长地带，由带刺的铁丝网、饵雷、约 100 万颗地雷和接受了射杀指令的武装人员所守卫。朝韩非军事区所在的土地曾经被耕种了 5000 多年，后遭废弃达 50 多年，它成为另一处偶然形成的自然保护区。这片区域包含了朝鲜半岛生态系统的广泛截面，从沿海沼泽地到山地荒原，不一而足。这里是几十种濒危物种的家园，共有约 50 种哺乳动物，包括熊、豹子、猞猁和一种非常稀有的山羊。这里还有更多种类的鸟和鱼。包括好几种大型鹤类在内的许多东亚候鸟，在它们往返于西伯利亚和较为温暖地方之间的旅程中，会利用非军事区作为休息站。丹顶鹤在朝鲜和整个东亚都是好运和长寿的象征，如今它们已极其稀少。作为冷战最后的前沿的非军事区，则给它们以新的生机。

可以预见这样一种情况：到朝鲜半岛重新统一的那天，非军事区的生态系统将不再受到政治僵局的保护，因此，自从 1998 年起，有一群朝鲜人（和一些外国人）曾经试图为这样一天的来临做准备。他们担心在统一之后，非军事区可能被迫失去其中的野生动物，并被沥青和混凝土所覆盖，假如考虑到朝鲜和韩国的环境记录，这种担心也不无道理。他们的组织——非军事区论坛（DMZ Forum），建议把非军事区从一个偶然形成的自然保护区转变为一个有意为之的自然保护区，把这里建成一座和平公园。或许在朝鲜半岛，正如在旧时的“铁幕”西端一样，冷战的环境遗产之一将会是一条自然保护带。[35]

在冷战时局紧张的几十年里，大国领导人通常认为，他们的生存和他们所领导的人民的命运，都是悬于一线的。因此，任何行为，只要是看似可以增进安全的，都对他们具有吸引力，同样地，只要是可以增进繁荣以保证安全开支的任何行为，他们都会产生兴趣。在这样一种政治环境之下，他们认为这样的举动是无可厚非甚至必不可少的——牺牲诸如马亚克或汉福德之类的选定地点，并且拿许多人的健康和生计冒险，就像铀矿工那样。世界领袖们发现，轻轻松松便可以调动起漠不关心环境的必要情绪，让人们根据他们促进安全和繁荣的计划采取行动。

直到 20 世纪 60 年代末，他们的人民也这么做了。但是，冷战却自相矛盾地间接促进了现代环保主义浪潮的兴起。在 20 世纪 60 年代初，对于核试验产生的放射性尘埃的焦虑渗入了更为宽泛的环保主义内部。除此之外，在缓和时期（1972—1979 年左右），当冷战的紧张局势有所缓和时，人们表达环境关切的有利时机便到来了。在西欧、北美和日本，还有东欧那些较少受到管制的地方，越来越多的人表达了他们对于核武器和放任自流的工业发展的怀疑。缓和让他们更有可能把环境视为一个重要的问题，并认为有更多的自由可以表达出来。依照惯例可以将缓和时期结束追溯到 1979 年苏联入侵阿富汗，即便在此之后，环保主义的精灵还是从瓶中出来了。冷战在 20 世纪 80 年代进入了新的霜冻期，就算某些政治领袖和经济领袖做出了最大的努力——像那位巴伐利亚的政治家将德国绿党称为“苏联骑兵的特洛伊木马”[36]——环保主义的精灵再也不可能被放回瓶中去了。

冷战在各大陆和各大洋的生物圈留下了属于它的印记。它的许多影响被证明是稍纵即逝的，就像在游击战争中损毁的粮食和村庄一样；它的某些影响还会萦绕几代人，如咸海的干涸那般，而它其余的影响则要继续陪伴我们和子孙后代，久久不会离去。

环境保护运动

世界环境保护运动的兴起是 20 世纪历史上最伟大的故事之一。究其因何发生，尽管有许多的理由，尤其是对核试验的焦虑，但最好的解释可能还是最显而易见的那个。在许多地方，经济扩张都威胁到了环境的状况。这导致那些关心生活、健康和生计的人做出了反抗。全球经济的命题产生了同自身对偶的命题，即环境保护主义。

大众环保运动在美国的兴起，通常和蕾切尔·卡森（Rachel Carson）的《寂静的春天》（*Silent Spring*）的出版相关联。卡森提出，鸣禽被困在一张用化学品织就的毒网之中，毒性可能导致它们的灭亡。书中关于逝去的鸟鸣的意象引起了读者的共鸣，在这画面的背后则为人类留下了一个严峻的信息：诸如滴滴涕之类的化学物质是如何破坏生命本身的基础的。现代化学正带领人类走向自身的劫难。这便是与全世界读者产生共鸣的信息。这本书让卡森在美国和世界其他许多地方（它被译成 10 多种语言）一夜成名。它让滴滴涕臭名昭著。在《寂静的春天》出版以前，这种化学物质曾被视为能够同时对抗农作物害虫和虫媒疾病的天赐之物。之后，它成为人类的生态自负的象征。[37]

但是，正如环境史学家所指出的那样，把一场大规模的、混杂的、全球性的运动的出现归因于一本书，显然过于简单化了。[38] 在卡森之前的半个多世纪里，美国经历过一场关于适度利用公共用地尤其是森林的辩论。它创造了国家公园，而且在整个 20 世纪期间积极扩张那个体系。一些欧洲国家在本国和在殖民地皆是如此。关于工业污染的辩论也早已存在于欧洲和北美的历史当中。在美国，从 19 世纪末起，进步分子为煤烟而担忧，使得煤烟控制行动在该国一些最大的城市中展开。“二战”以后，联邦德国的工程师效法圣路易斯和匹兹堡的先例，盼望联邦德国或许也可以在诸如鲁尔等一些工业区减少烟雾。[39]

此外，接受卡森书中讯息的时机已经成熟。战争之后的最初 20 年见证了对技术的盲目信仰和对丰裕的急切追求。世界上几乎所有的国家，无论贫富，都接受这一共识。然而，即使在其鼎盛时期，共识也显出了裂痕。对于像是核试验之类的技术的焦虑，先于《寂静的春天》很久便已经悄悄进入了国际话语之中。在 20 世纪 50 年代里，超级大国的大气层试验促成全球对于放射性尘埃及其人类健康危害的第一波恐惧浪潮的出现。20 世纪 50 年代期间的试验，不仅激起了许多不安，还刺激了巴里・康芒纳（Barry Commoner）等人，促使他们开始系统思考技术和自然环境之间的关系问题。截至 1960 年，一些有影响力的美国人对繁荣的副作用开始愈发感到不安。其中有一位是出生于加拿大的经济学家约翰・肯尼思・加尔布雷思（John Kenneth Galbraith），他出版于 1958 年的《丰裕社会》（*The Affluent Society*）是一本畅销书，在书中他提出了许多观点，财富对自然造成了负面影响即为其中之一。全国的草根群体把郊区化——美国战后繁荣的终极表达形式——同乡村的破坏联系起来，其中很多草根群体是由女性领导的。[40]

富裕国家的大众环保主义正是在这种背景下产生的，而且它与

20 世纪 60 年代后期的“新社会运动”（反战、学生、妇女、嬉皮士）相伴生。在如此多的生活领域中出现大规模的动荡，这对于把新生的环保运动从公众意识的边缘带到最前沿，是至关重要的。在世界各地，人们开始质疑所有类型的强权，从种族不平等到两性关系再到美国在越南的行为，人们对这一切表示反对。具有讽刺意味的是，世界历史上（到那时为止）物质最充裕的一代也是最具革命性的一代（至少在他们年轻时是这样的）。没过多久，有许多民众运动便将注意力转移到了战后共识及其环境后果之上。许多参与了学生和反战示威游行的年轻人，最终运用他们的精力和领导力支持了环保主义。[41] 但是，环境抗议并非在各地都采取了相同的形式，也并非由全然相同的问题所引发，而且也并不总是青年人的现象。学生和嬉皮士或许适合 20 世纪 60 年代或者 70 年代的激进主义的老路，但是这些人在新的大众环保运动中并非唯一的参与力量。中年妇女在各个时代都是先锋。在很多地方，形形色色的知识分子也是如此。世界各地不同社会等级的人们偶然会因为他们周边的环境质量下降、经济活动加剧的后果以及不合适的技术而受到侵害，并因此参与到环保运动中来。

日本便是一个有力的证明。日本的工厂在“二战”中被摧毁之后，政府和大企业中的统治精英纷纷加入到重新工业化的浪潮中去。他们的努力大获成功。日本经济在 30 多年间增长了 50 倍，到 20 世纪 70 年代中期占全球经济的 10% 左右。大规模的新工业园区吸引大量人口进入日本的城市。不幸的是，这也导致了世界上一些最恶劣的空气、水和土壤污染的出现。到 20 世纪 60 年代初，在某些工业城市兴起了地方性的反抗行为，它们几乎全都是由为自身的健康和生命担惊受怕的居民所推动的。铅、铜、汞、锌、石棉和其他污染物的有毒痕迹遍布工业区，而且它们确实同疾病和奇形怪状的出生缺陷有关。为了取得经济奇迹，日本付出了沉重的代价。市民的不满引起了官僚体制的一些反应，但这还远远不够，而且到这个十年的最后，污染已经成了全国性的政治问题。从20世纪70年代开始，日本环保组织部分地受到国外环保抗议者树立的榜样的激励，这成为促使日本政府制定严厉的污染控制立法的重要因素。大体上，日本的环保运动密切关注污染和人类健康，并未普遍涉及对森林、野生动物、渔业或生态系统的关注。[42]

1970年以后，全球环保激进主义迅速加剧。环保主义者头一回可以动员大批人参与大规模游行示威。其中最著名的，或许是第一个地球日（1970年4月22日）和70年代稍晚一些在西欧出现的针对核能的大规模抗议，不过，这样的游行示威也出于许多原因在许多地方发生过。由于对斗争策略感到失望，加之出现了基于生态科学的更具批判性的观点，更多的抗争性团体形成，随之，老派的保护组织被迫采取守势。戴维·布劳尔（David Brower）于1969年辞去塞拉俱乐部主席一职，开创了地球之友，这一全球性的组织致力于实现他所信奉的更加激进的社会和环境改变。20世纪70年代初，涌现了一波新的出版浪潮，这些出版物开始对经济增长本身发出质疑。罗马俱乐部（意大利工业大亨奥雷利奥·佩切伊于1968年建立的一个组织）发布于1972年的报告《增长的极限》（*The Limits to Growth*）是其中迄今为止最重要的一本。它以30种语言发行，销量达1200万册，这本书有助于在知识分子中间引发关于工业社会、污染和环境的激烈辩论，而这场辩论持续达数十年之久。[43]

冷战还加剧了反文化的环保主义。尽管1963年的《部分核禁试条约》已经取消了大气层试验，但所有的核大国还在继续进行海底或地下试验项目。1971 年，加拿大和美国的一小群环保主义者驾船前往位于阿留申群岛的一处核试验基地，美国政府已经在那里计划好的一次爆炸由于这次行动被迫取消。从这次行动中产生了直接环保激进主义的一种高风险的类型，还诞生了一个新的跨国环境组织——绿色和平组织（Greenpeace）。在随后的几年里，该组织在反对太平洋核试验中继续采取对抗的方法，由于坚持这一策略，它与法国政府公开发生冲突。这导致在 1985 年，法国情报人员在新西兰奥克兰港炸沉了绿色和平组织的“彩虹勇士号”。[44]

冷战的核阴影，不只是核试验，激励了环保主义者。整个西欧涌现出的许多生态政党或绿党在和平运动中找到了它们共同的事业。在 20 世纪 70 年代后期和 80 年代初期，特别是北大西洋公约组织（NATO）在 1979 年做出决定要在欧洲部署潘兴二型导弹和巡航导弹，导致民众对核战争的恐惧急剧扩大之后，这个同盟变得更加牢固。联邦德国的绿党成了和平运动和环保运动密切结合的范例，在该党早期的历史上，坚定的和平主义特征和环保主义特征同样鲜明。

穷人的环保主义

在富裕国家里造成了战后共识的发展力量，也同样在比较贫穷的国家产生了影响。从 20 世纪 50 年代起，全球经济开始迅速增长，它所需要的原料和食物——金属、石油、煤炭、木材、鱼类、肉类及各类农产品——的数量也在不断增长。对于这些商品的需求在增加，从而将商品的边界一直向外推，推向世界上尚未完全融入现代经济的地区。这一需求基本吻合了贫穷国家的民族精英的目标和政策，几乎所有贫穷国家赞同的经济发展观都与世界上比较富裕的国

1970 年 4 月 22 日，纽约，第一个地球日。在 20 世纪 60 年代期间，环保主义的社会运动在世界各地变得越来越流行。地球日的传统由盖洛德·纳尔逊（Gaylord Nelson）在美国发起，加利福尼亚州的一次石油泄漏事件激怒了这位来自威斯康星州的联邦参议员。地球日最终成为得到联合国正式支持的一项全球盛会。（©JP 拉丰特 / 西格玛 / 考比思）

家盛行的经济发展观是相同的。

经济集约化对农村贫困人口具有实际的且通常是极其负面的影响。要得到更多的金属就得在更多的地方开发更多的矿山，要得到更多的木材就得在更多的森林中砍伐更多的树木。随着采掘工业开始经营（或者加强现有的经营），最坏的结局落到了这些地方的穷人身上。这些结局分为两种类型。一种结局来自采掘的过程，从中产生了各种各样的令人不快甚至是致命的问题。矿山产生成堆的尾矿，还对周边数英里的饮用水造成污染。木材开采使陡峭的山坡裸露出来，导致水土流失和泥石流。水利工程淹没了农村居民居住的大面积区域。另一结局关系到对自然资源的获取。农村贫民赖以为生的资源与现在工业采掘的资源是相同的，只是后者的力量远比前者更强大（和贪婪）。举例而言，依赖小船和低等技术维持生计的渔村如今要面对的是能够将整个渔场一网打尽的工业拖网渔船。[45]

这些结局助长了所谓的“穷人的环保主义”。这个概念出现于 20 世纪 80 年代期间，当时印度的知识分子严格审视了世界上比较富裕的国家的环保主义。在他们看来，美国和其他富裕国家的环保主义是出自对荒野等理想化的（和构建的）自然形式的关注。因此，它无法解决环境退化问题的根源——特别是消费，无论是在它们本国，还是在世界上的其他国家，皆是如此。此外，北美和欧洲的某些知识分子赞成关于环保主义根源的“后物质主义”理论。根据这一理论，西方人仅仅因为他们的基本需求已经得到了妥善的满足才变成了环保主义者。这种理论认为，环保主义始于富裕国家，因为财富使人们可以不再担心下一餐饭吃什么，从而开始关心鲸、熊和荒野。穷国里的穷人们因为正忙着求生存，所以对待环境自有他们的优先事项。[46]

印度的批评者驳斥了这样一种观念，即穷人对自然没有意识，没有保护其环境的渴望。对于本国农村贫困人口提出的抗议，他们有着深刻的理解，这是他们大部分知识武器的源头。印度的穷人给环境问题带来的活力与效力，不仅引起了学界对其事业的关注，也促使学界将环保主义作为一个知识问题进行反思。形成性案例出现于 20 世纪 70 年代初印度一侧的喜马拉雅山区，当时北安恰尔邦北部的村民同正在出售木材租约的林务官产生了争执。国家支持的伐木工作已经将草木丛生的山坡清除殆尽，导致山洪的暴发，并且逐步侵占了村民们由来已久的进入和利用森林的权利。所以，伐木对村民的生命、财产和经济生活均构成了威胁。1973 年，包括妇女儿童在内的一群村民以将自己绑到树上作为威胁，逼停了伐木活动，当此之时，这一事件到了紧要关头。这次行动既赋予运动以“抱树”（Chipko，大意为“拥抱”）之名，又给它带来了永恒的声望。抱树运动初见成效，一度曾扩展到喜马拉雅山麓的其他地方，随之逐渐销声匿迹。除了为各地的环保主义者赢得“抱树者”的绰号之外，抱树运动还提供了穷人的环保主义的典型例证。[47]

尽管个中细节和情形各不相同，世界各地与抱树运动大为相似的故事在战后的历史中却比比皆是。虽然并不存在全球协同运动，但这些例子还是存在很多的共同之处。许多例子属于地方抗议，没有在其他地方得到太大关注。少数事件在国际上引起了广泛关注。几乎所有事例都起因于围绕大自然恩惠的使用权展开的斗争。在 20 世纪八九十年代，印度的著名事业转向了对在讷尔默达河上兴建水坝的抗议。其他的事例还包括印度尼西亚原住民的森林起义、泰国和缅甸的佛教僧侣抗议森林砍伐以及秘鲁村民反对开采金矿等。有好几个事例以悲剧告终。1988 年，橡胶收割工奇科 · 门德斯（Chico

Mendes）就因组织力量反对在巴西境内的亚马孙丛林里经营牧场而死于谋杀，从那以后，他就被尊为全世界偶像。另一个例子是尼日利亚剧作家肯·萨罗-威瓦（Ken Saro-Wiwa），他带领奥戈尼人进行大规模抗议活动，反对石油开采导致的尼日尔河三角洲退化。尼日利亚政府唯恐三角洲悲惨的境况得到关注，于是逮捕了萨罗-威瓦和他的同伴们。1995 年，尼日利亚政府无视国际上的反对，在一番作秀式的简短审判之后，将他们全部处决。[48]

穷人的环保主义也扩展到了生活在富裕国家的穷人的困境。自工业时代开启以来，身处污秽环境中的工人及其家人曾经偶尔对空气污染和水污染发出过抗议。但是，他们却很少有能力实现自己的目标，部分原因在于他们的组织通常是小规模的、地方性的和短命的，它们适用于环境退化的具体例子，却不能适用于更广泛的现象。在 20 世纪后期，这一情况也开始有所改变。1982 年发生了一起关键性的事件，北卡罗来纳州的州长当时决定要把有毒废物倾倒地设置在阿夫顿一个穷人社区，这里的居民以非洲裔美国人居多。这次事件引发了大规模的抗议，从中诞生了环境正义运动。这场运动的倡议者认为，主流环保主义是白人中产阶级的现象，对穷人不感兴趣，于是他们拒绝了主流环保主义，试图将环境卫生同公民权利联系起来。他们强调这样一个事实：像有毒废物倾倒地和发电站之类的选址在更多时候被设置在贫穷的少数族裔居住的社区，而非那些比较富裕的社区。自从 20 世纪 80 年代起，美国的环境正义已经越来越融入主流环保主义。在别处，环境正义概念剥离了美国语境中对种族主义的强调，生态罪恶在很多地方会不成比例地降临在穷人、少数族裔或原住民的头上，环境正义的概念在其中一些地方蓬勃发展起来。[49]

环保主义与社会主义

社会主义国家把修正自然的错误当作一种责任，并且几乎把环境保护置于优先级列表的末端。意识形态与此大有关系。社会主义的正统观念将环境退化简单定义为一种资本主义的问题。污染发生于资本主义制度下，是因为追求利润最大化的公司把污染强加给社会，以此作为节约成本的一种方法。苏联的理论家坚持认为污染不可能存在于社会主义制度下。

这副有色眼镜对现实存在的社会主义环境产生了影响。例如，"二战"后苏联的正统观念将人口控制定义为反动观念。据说所有这些建议都源于托马斯·马尔萨斯，这位英国人使用人口学的术语解释了贫穷，因此犯了未能将其归咎于资本主义剥削之过错。毛泽东拒绝关注中国快速增长的人口，部分原因是他接受了苏联在这一问题上的正统观念。在20世纪50年代中期，中国最重要的人口学家、北京大学校长马寅初曾经发出过警告：假如国家不控制人口增长的话，将会出现大的灾难。他的声音被压制，直到20世纪70年代初，人们才又开始讨论人口控制问题。到了那个时候，人口过于拥挤的危险信号压倒了社会主义的正统观念，国家采取了越来越严格的计划生育措施，最终在1978年实行了独生子女的政策（前文已有讨论）。[50]

环境保护的阻力源于马克思主义及其20世纪变体的理论基础。马克思构想出关于人类历史的进步理论，从封建主义经过资本主义再到社会主义，最后达成共产主义。在这一进程中，工业是最后三个阶段的关键。资本主义工业化是必要的和优良的，但是从定义上讲，社会主义工业必须更好。当这一理论观点结合了与西方大国在军事上相匹敌的切实需要时，社会主义政权就不能不尽可能地重视工业化。

这导致了狭隘的功利主义的自然观。在苏联的第一个十年里，自然保护事业蓬勃发展，尽管如此，到了斯大林实行第一个五年计划（1929—1934 年*）时期，国家政策已开始明显转到将所有可用资源用于生产目的。采矿和伐木作业开始侵占该国广泛的保护区系统，农业集体化正式开始，而这个国家最好的资源保护主义者也遭到了清洗。1945 年以后，苏联势力范围内的各国开始上马各种各样的大型工程，回过头来看，它们都是缺乏规划的。东欧的工程师们建造了不计其数的水电站项目和轧钢厂。他们的苏联同行梦想着把原本注入北冰洋的西伯利亚河流从北方引向南方，把它们引去中亚灌溉棉田。古巴政府制定计划，在大陆和周边岛屿之间建造巨型堤防，将加勒比海挡在堤坝之外，再抽干内部的水，使其变为农田。古巴通过其中最大的一次工程增加了超过 15% 的土地面积。这些改进自然的计划终究被搁置，但并非出于关注生态的原因，只是因为缺乏资金使然。[51]

在这种背景下，环境保护在国家社会主义中的地位很低便不足为奇了。但是，环保主义在这些国家中是以一种下层社会的形态存在着的。社会主义国家将环境退化解释为资本主义现象，几乎不可能承认更不用说宣传其自身的缺点的严重性。相反，即使压制与环境问题有关的信息，它们的公共言论还是拥护环境保护的。社会主义国家经常宣称，善待自然是向世界其他国家展示优越性的一种方式。作为证据，它们偶尔会引证包含了比西方所能发现的更加严格的标准的法规，并且宣称存在着国家管理的或国家资助的拥有大量会员的环境组织。这两种类型的宣传通常并没有根据。在实践中，

---

* 应为 1928—1932 年。——编者注

环境立法多半被忽视，而国家支持的环境组织通常有着夸大的会员名单和恭敬顺从的管理委员会。[52]

在社会主义国家，开诚布公地谈论环境可能是一项耗资巨大的事业，但并非总是如此。在适当的情况下，当局认为最好容忍冷战期间出现的少数几个环境组织。只要这些团体保持小型的规模并且显然没有政治性的目标，它们就不会构成很大的威胁。即便是真正的全国的环境焦虑事件也可以得到控制，就像 20 世纪 50 年代末起，苏联纯净的贝加尔湖遭受污染事件中所发生的那样。苏联政府隐瞒了贝加尔湖状况的信息，同时允许公众对“西伯利亚珍珠”的污染发表某些异议。关于贝加尔湖的环境批评被认为是可以容忍的：它们关注一个非常有限的地理区域，而且也没有质疑国家对经济的控制。[53] 更进一步地，有些政府出于维护国内和平的愿望，避免严厉对待环保主义者。在民主德国，从 20 世纪 70 年代初的时候，有一场小型环保运动开始设法在那里形成。它起源于新教教会内部，后者是这个国家为数不多的拥有足够的权力通过谈判从国家获得某种独立性的机构之一。尽管秘密警察部门斯塔西密切注意环保主义者的动向，并试图控制和改变他们，这个国家还是允许这一运动存在，因为它惧怕同教会决裂。[54]

20 世纪 80 年代，在苏联集团的部分地区，遏制民众环保主义的政策失败了。到 80 年代初的时候，由于空气、水源和土壤的污染，东欧和苏联的大片土地已经显著退化。苏联开始形成了首批未获正式认可的生态团体。瓦连京·拉斯普京（Valentin Rasputin）和谢尔盖·扎雷金（Sergey Zalyagin）等有影响力的作家公然质疑国家对环境问题的处理。在米哈伊尔·戈尔巴乔夫上台并实行政治改革之后，最大的变化接踵而至，人们能够在没有事先批准的情况下公开表达对环境的关注之情。1986 年切尔诺贝利事件发生之后，这些声音一齐出现，随后诞生了数以百计的新兴环保团体。许多发源于苏联的边远的共和国，环境退化在那里变得和苏联政府的不负责任联系在一起。在拉脱维亚和爱沙尼亚等地，环保主义是为民族主义服务的，以此促成了苏联的最终解体。在 20 世纪 80 年代的匈牙利和捷克斯洛伐克也是如此，大众环保主义摆脱了官僚的控制，成为表达政治异议的一种媒介。[55]

20 世纪 80 年代也标志着中国发生的重要转变。20 世纪 70 年代后期和 80 年代初期的经济改革将中国经济推向民营企业的方向，还向国外招商引资。这具有两种影响。第一种影响出现在 20 世纪 80 年代开始的大规模的经济增长之后。如同在 1945 年以后其他国家的情况一样，在中国，政府不惜一切代价追求增长，而未顾及对环境造成怎样的后果。接下来便是如今有关中国那些变黑的河流、侵蚀的土壤和不宜吸入的空气的似曾相识的故事了。

第二种影响采取环境异议的形式呈现。它出现于 20 世纪 80 年代，先是集中在大城市。及至 80 年代末，全国性的网络开始浮现出来。和在其他社会主义国家一样，中国政府试图通过国家支持的组织传递环境批评的声音。但是无论如何，独立团体还是设法组建起来。例如，颇具规模和影响力的自然之友决定在 1994 年将自身注册在中国文化书院之下。这一行动将其定义为一个文化机构，意味着它可以避免与国家对环保组织的限制发生冲突。从那时起，环保组织的数量大大增加了。到了 21 世纪之初，观察者估计，在全中国大大小小的城市和乡村地区，有数以千计的环保组织存在。这些团体越来越无畏。某些团体开始触及建坝之类的禁忌问题。实际上，在 20 世纪 90 年代期间，三峡工程成为中国环保激进主义的一个突出焦点。[56]

制度环保主义

在 20 世纪 70 年代初期，政府活动对环境的影响力在几乎所有地方都有显著上升。在经合组织（OECD）成员国内部，1971—1975 年间的重要环境法律的立法数量比之前 5 年增加了一倍。仅联邦德国一个国家，就在这 10 年间起草了 24 部新法规。1970 年，美国创建了国家环境保护局；英国改组了官僚机构，设立了内阁级的环境部。这样的变化不仅局限在富裕国家。譬如说，墨西哥同日本和美国约略同时通过了全面的污染控制法规。大量的拉丁美洲国家随后也创设了环境保护部门，其中许多部门是以美国环保局为基础的。

在 20 世纪 70 年代，各种政治色彩的政府都制定了渐进的环境政策。例如，理查德・尼克松是一名共和党总统，他为了帮助自己在 1972 年赢得连任而接受环境保护主义。联邦德国的汉斯-迪特里希・根舍（Hans-Dietrich Genscher）属于中间派自由民主党，他把环保主义据为己有，在一定程度上是为了从广受欢迎的社会民主党总理维利・勃兰特（Willy Brandt）那里窃取支持。右翼独裁国家没有这样的选举动机，但是有些国家还是尝试过环境改革。在 1985 年以前的巴西军政府的例子中，初步的改革在很大程度上徒有其表，这同其他东西差不多，都是试图让外部世界看起来觉得巴西是现代的。但是，多米尼加共和国的独裁者华金・巴拉格尔彻底改变了前任统治者所实行的破坏性的林业政策，这使他执政期间的改革更具实质意义。[57]

所有类型的国际组织都因应了这一连串的国家环境政策的制定。早在 19 世纪，政府已经就野生动物保护之类的问题召开会议并正式签订了条约。这种情况在“二战”后有所回升。在 20 世纪 40 年代后期，年轻的联合国与少数资源保护主义者一起创建了世界自然资源保护联盟（IUCN）。随后，从该组织中诞生了世界野生动物基金会（WWF）。在 20 世纪五六十年代，联合国监督了一小波会议的召开，其中一次会议制定了成功的生物圈保护区计划。[58] 那一时期召开的迄今最重要的国际会议，当属 1972 年 6 月在斯德哥尔摩召开的联合国全球环境会议。来自世界各地的代表出席了那次会议，似乎使最高外交级别的环保主义合法化了。它带来了一些具体成果，诸如后来总部设在内罗毕的联合国环境规划署等机构的成立。但是，会议也暴露了一些重大的分歧，这将困扰随后的环境外交，因为贫穷国家的一些人把环保主义视为损人利己的把戏，认为富国可以借此剥夺穷国的发展工具。[59]

在斯德哥尔摩之后，国际环境协议变成了国际政治的惯例。各国经协商之后就各种可能的主题达成协议，这些主题包括了海洋污染、捕鲸、濒危物种、危险废物、南极洲、森林、区域海洋、生物多样性、湿地、荒漠化和酸雨在内。必须承认，其中一些协议是软弱无力的。然而也有一些协议强硬有力，比如为已经损害了臭氧层的氯氟烃排放量的大幅减少奠定了基础的 1987 年的《蒙特利尔议定书》。在过去的 20 年中，政府间组织已经成为将人们的注意力引向气候变化问题的关键机构，到 2000 年为止，气候变化已经成为全球环境政治中最重要和最具争议的领域。这些组织中最为重要的一个当属政府间气候变化专门委员会，它在联合国的支持下形成于 20 世纪 90 年代之初。与气候变化相关的出版物极为丰富，该机构力图消化这些出版物的内容，并以合适的形式为政策制定者提供已达成共识的研究结果。通过它的努力已经产生了最权威的相关科学概要，尽管如此，仍然引起了反对限制矿物燃料使用的势力的激烈的争议。

环保运动的轨迹与国家和国际政治发展的轨迹交织在一起。很多情况下，国家的环保运动在经历了最初的激进主义浪潮后开始收缩，进入了长期的制度建设阶段。许多活动都集中于处理日益复杂的科学和管理问题所需的能力与技术专长的建设方面。在某些地方这很重要，因为工业在组织反对环境立法方面做得越来越好。然而，即便是在经受了环保反弹引起的政治挫折后，就像日本、英国和美国在不同的阶段发生过的那样，环保运动通常设法保留了它全部或大部分的力量。[60]随着生态政党的出现，环保主义者的政治参与也以新的形式加以呈现。1972年，新西兰成立了世界上第一个全国性的生态政党。约在10多年以后，有数个这样的政党已经成为多国政治景观中的固定成员，欧洲尤为突出。在20世纪70年代后期，比利时的绿党赢得了全国立法机关的席位，接下来便是20世纪80年代初期联邦德国的绿党。芬兰的绿党从1995年起加入联合政府。

类似的制度化也发生在较为贫穷的国家的环保运动中。这些国家中的一些环保团体具有同北美或欧洲创立的一模一样的制度轨迹。其中有一部分团体发展壮大，建立了拥有远远超出其国家背景的影响力的组织。肯尼亚的万加丽·马萨伊（Wangari Maathai）从20世纪70年代开始植树，她用了一点点钱、一些海外关系，并且运用了她自己强大的天赋。自那时起，马萨伊的绿带运动已经在肯尼亚周边和非洲其他国家的乡村地区种植了数以千万计的树木。该组织成长为一个全球性的成功故事，并成为仿效的典范，为此马萨伊在2004年获得了诺贝尔和平奖。[61]

巴西的环保运动显示出了相同的进程，但它的规模却更大。在

20 世纪大部分时间里，巴西的环保运动并没有超出少数科学家和资源保护主义者的范畴，他们关心的是如何保护本国令人惊叹的自然遗产。巴西的军人政权从 1964—1985 年间管理这个国家，包括它在内的大多数的巴西上层人士一致达成共识，要集中力量迅速发展经济。[62] 然而，从 20 世纪 70 年代后期开始，该政权开始屈从于日益增长的国内政治改革压力。和在其他地方一样，这为环境反对派的形成开辟了空间。在接下来的 10 年中，巴西不断壮大的运动扩大了其活动范围，加深了其专业上和组织上的复杂性。它还开始同世界上的其他国家建立联系，比如巴西和联邦德国的环保主义者在两国同意共同建造核电站之后开始合作。这一进程从联合国主办的第二次全球环境会议中得到了巨大的鼓舞，那次会议于 1992 年在巴西的里约热内卢召开。在会议筹备阶段，巴西的环保主义者进行了环球旅行，而世界各地的组织聚集在里约。结果在 1992 年前后，巴西的环保主义被更深层次地整合进了全球积极分子的网络之中。[63]

到了 2016 年的时候，正式的环保运动、环保政治和环保政党的出现已可谓遍及世界。几乎在每一个存在选举政治的地方，都出现了绿党。从 2001 年起便存在着一个松散的国际绿党联盟。[64] 无组织的、自发的、反主流文化的环保主义在各地得以幸存，并在福岛核污染等有新闻报道价值的生态灾难发生之后浮出水面。而且，环保机构也会不时地消失，就像 2000 年俄罗斯总统普京取消环境部一样。然而，总的来说，到 21 世纪的时候，环保主义在全世界作为一种社会运动已经成为地方、国家和全球各层面政治结构的合法的和制度化的组成部分。但是，除了少数例外，它仍然是很小的一部分。

环保主义的主流化

环保主义现在是全球文化——在政治上、道德上和社会上为很多人接受，尽管绝不会被所有人接受——中经久不衰的一个要素。环境修辞被灌注进了政治话语之中，而环保主义本身也已经商品化了。有哪些原因导致了这种主流化呢？

灾难为环保主义者提供了近乎源源不绝的推动力，还为公众消费提供了清晰而具体的悲剧。有些类型的灾难，如石油泄漏等，会产生特别令人印象深刻的破坏景象——被厚厚的黑色软泥覆盖的海滩和痛苦地垂死挣扎的海鸟。其中最严重的一次发生在 1967 年，当时，超大型油轮“托里峡谷号”在康沃尔郡附近的英吉利海峡海域搁浅。英国政府对如何控制石油泄漏毫无预案，只得诉诸极端措施，包括对沉船进行空中轰炸，希望将其点燃。这是世界上第一起毁灭性的油轮灾难，引起全世界对新型超级油轮所带来的风险的关注。[65]

许多备受瞩目的灾难接踵而至。1979 年宾夕法尼亚州三哩岛核电站事故导致反应堆堆芯部分熔毁。尽管这一事件在实际损害方面并不严重，但由此引发的恐惧却非常真实。1983 年，在巴西城市库巴唐（Cubatão），一起工业事故导致居住在附近棚户区的数百名穷人死亡。10 个月后，联合碳化物公司位于印度博帕尔的一处工厂爆炸，夺去了数千条生命。所有这些事故中最严重和最可怕的，还是在随后不到两年时间发生的切尔诺贝利事故。这些事故和许多其他事故一起，使生态灾难广为人知，从而推进了主流环保主义。[66]

电子媒体对主流化进程有所助益。通过电视可以向世界各地的家庭播送感人肺腑的图像，由此，从 20 世纪 60 年代起，环境灾难在文化上和政治上都变得更加重要。但是，电视的影响力远比灾难的新闻报道要更为深远。当电视机在北美和欧洲成为大众消费品之后不久，广播公司发现公众对自然节目抱有极大的兴趣。到20世纪50年代中叶，联邦德国人可以收看到《动物之地》（*Ein Platz für Tiere*），这是一档由法兰克福动物园负责人伯恩哈特·格日梅克（Bernhard Grzimek）制作的著名系列节目。几年之后，美国人通过马林·珀金斯（Marlin Perkins）和他的《野生动物王国》（*Wild Kingdom*）系列节目，认识了世界上的野生动物。尽管如此，却是法国海洋学家雅克·库斯托（Jacques Cousteau）成为最著名的那一位。与格日梅克一样，库斯托在20世纪50年代制作了一部关于自然的彩色影片，这部影片为他赢得了公众的热烈赞赏和奥斯卡金像奖（格日梅克的影片是关于塞伦盖蒂平原的，库斯托的电影是有关地中海的海洋生物的）。这次的成功激励着库斯托着手拍摄海洋，为无数的电影和电视纪录片收集片断镜头。这些节目在全世界播出之后，库斯托成为全球知名人士，并使得大自然的光辉更加有力地吸引着公众的想象力。[67]

互联网和万维网进一步巩固了环保主义在主流文化和社会中的地位。互联网大大方便了环保主义者找到彼此并且为了共同的目标而联合起来。此外，他们筹集资金、研究问题和分享法律专业知识的能力只有随着互联网和社交媒体才得以发展起来。不仅如此，有了新兴电子媒体，反对环保的国家更加难以阻止环保组织，也更加难以限制信息的可用性。借由互联网，即便是处于专制政权之下，环保主义也能够摆脱阴影，进入主流社会。

环保的商品化与公众对该问题的高度兴趣并驾齐驱。如今的公司使用尽可能最环保的措辞推销自身及其产品。其中有很多只是出于公关姿态，与实际行为几乎毫无关系，但仍有很大一部分是由吸引顾客的环保情感的实打实的利益所组成的。这一发展反映出有一部分消费者的力量越来越强大，他们需要安全、洁净和节能的产品。例如，消费者的兴趣打造出了一场迅速发展的有机食品运动，如今它在世界许多地方都是一门大生意。[68]绿色产品和新的绿色企业的名录几乎是无止境的：电车、节能设备、对地球友好的服装、风力涡轮机、绿色建筑、太阳能供电的一切。

在很多方面，所有这些都代表了20世纪50年代甚至60年代以来一系列引人注目的变化。它表明作为一种运动的环境保护主义越来越宽广、越来越有活力，还表明它在全球、国家和地方层面具有经久不衰的耐力。环境意识和关注几乎在各地已司空见惯，环保机构和环境政治亦是如此。

1950年以前的问题主要是为上层社会和贵族人士准备的，那些人为鸟类、狩猎动物和财产权而忧心忡忡，这一问题通常被称为“资源保护”，它在关注领域上逐渐扩大。渐渐地，它变成了环保主义，并在1950—1970年间愈发成为政治左派和反主流文化的一个动因，至少在欧洲和北美是这样。然而，在随后的几十年间，环保主义演变成为一场更加通用的运动，它对来自不同政治派别的人来说都很重要，并通过游说团体、筹款机器、政党等诸如此类的媒介完全融入政治。环保主义继续从年轻的志愿者和草根活动分子那里汲取能量，同时在出身名门的乡绅和土地所有者中仍然有一些支持者，从而建立了由陌生同伴组成的不好对付的同盟。

毋庸置疑，环保主义运动取得了成功。尽管如此，事实依然是，全球经济继续扩张的方式威胁到了环保主义者所珍视的一切。战后对于无止境的经济增长和无约束的技术进步的愿景依然完好无损——如果说它们再也不是不成问题的话。

或许，现代环保主义代表了人类世的一个发展阶段。几十年来，人们在无意识的情况下对地球上基本的生物地球化学循环做出了一些修补。随着这些无意间干预的规模的增大，越来越多的人注意到，人类至少能够以某些方式对地球产生影响。如果不说更早一些时候，就说到 20 世纪 50 年代为止，已有少数人领悟到人类的行为会影响到像大气化学和全球气候这样广泛和重大的事件。20 世纪 60 年代兴起的大众环保主义为更加完整地认识人类影响的规模和范围做好了方法上的准备，在这一点上，科学家和新闻记者在 21 世纪初期开始采用“人类世”这一术语。

迄今为止，人类对基本的地球系统施加影响，却未对其有意识地进行管理。正是出于其他原因而采取的行动导致的意外结果，我们才对全球的碳循环和氮循环产生了强大的影响。如果我们选择尝试去管理地球系统，也就是说，如果我们明确开展地球工程，那仍将相当于人类世的又一个阶段——无论它进展得是好是坏。

结 语

现在的地球正处于一个新的纪元——人类世。或许人类历史也同样处于一个新的时期——人类世，但这却并非如此清晰明了。它不够清晰明了的原因在于，历史分期属见仁见智之举，并无既定标准。全球史尤为如此，它没有一致的分期方案，也不可能在很短的时间里形成一致的意见。不仅如此，在这一方面，未来将塑造过去。一方面，如果全球生态的动荡被证明妨碍了人类事务的进展，那么人类世看起来就像是人类历史上的一个时期，也像是地球历史上的一个时代。另一方面，如果人类无视气候和生物圈更加混乱的情况，设法追求其惯例，那么人类世似乎就不像一个历史时期了——即使它似乎值得被承认为地球历史上的一个时代。因此，正如过去束缚了未来一样，未来也将限制我们对于过去的理解。

我们最好的猜想便是，即使地质学家和历史学家对这个术语的理解有所不同，人类世在适当的时候，无论作为地球史上的一个时代还是作为人类史上的一个时期，似乎都是相称的。地质学家是否会正式采用“人类世”这个术语，将有可能在2016年或之后不久由国际地质科学联合会投票决定。有朝一日，历史学家是否会发现这一术语和概念适合作为一般的人类历史上的一个时期，将需要更长的时间来决定。不过，无论这些专业共同体做出怎样的决定，我们认为，全球环境史上的人类世已经开始。

正如我们所看到的那样，当人类活动成为诸如碳循环和氮循环的一些基本地球系统背后的主要驱动力时，且当人类对地球及其生物圈的总体影响陡然上升到新水平时，人类世就开始了。虽然试图准确指出这一时刻是徒劳的，但有份量的证据还是指向了 20 世纪中期的某个年份，它约在 1945 年或 1950 年。

当然，人们早在 1945 年以前就对环境产生了影响。在现代人类存在以前，古人类就已用火做到了这一点。更新世的人类通过迫使数百种大型哺乳动物走向灭绝，也做到了这一点。在全新世中期，他们通过为了农业砍伐森林，也做到了这一点。尽管我们没有这么做，但却有可能定义人类世，使它起始于这些活动中的任意一个。

但对于我们的思维方式而言，将人类世视作由 1945 年以后这一时期的大加速运动发起的，要更有意义。本书的几乎每一页都服务于这一命题，即 1945 年以后的这一时期应当被标记为与环境史上先前出现的时期有所不同的一个时期。得出此结论的第一个理由是，只有在 1945 年以后，人类活动才成为关键性地球系统背后的真正驱动力。由于我们排放了碳，大气中二氧化碳的浓度被推向了全新世的边界之外——甚至将二氧化碳的浓度推至过去 87 万年间从未有过的高度，这是冰芯证据所能追溯的最早时期。（但是，400ppm 以上的浓度可能对于上新世以来的过去至少 300 万年而言，都是新鲜事物。）我们革新了氮循环，它因此以一种地球历史上前所未有的方式运行（而且我们体内有一半的氮是来自哈柏-博许制氨法）。第二个理由是，1945 年以后，人类对生物圈和全球生态的影响力迅速上升，正如大坝建设、城市发展、生物多样性丧失、海洋酸化、塑料碎片积聚等诸如此类的证据所显示的那样。

因此，时至今日，人类世和大加速在齐头并进。但这不会持续很长时间。除非发生一些能将人类从历史场景中抹去的灾难，人类世将长久持续至未来。事实上，即使明天每个人都移居到另一个星球，我们过去几代人产生的影响也会在地壳、化石记录和气候中持续数千年之久。但是，大加速将不会持续很长的时间。它无须如此，也无法如此。人类人口的爆发增长已经结束。化石燃料的时代也将会结束，虽然尚不明确，但无疑会是这样。这些趋势应当足以减缓大加速的进程，并缓和人类对地球的影响。那将不会是人类世的终结，却将把它带入另一个阶段。

迄今为止，人类只是在偶然间影响到基本的地球系统，这是作为一种对财富、权力和满足的常规追求而采取行动的无法预料的和无意而为之的副产品。在20世纪后期，许多人注意到人类在一些圈层里的所作所为显得鲁莽轻率和令人震惊。在不久的将来，人们可能会减轻自身对地球的影响，部分原因是由于刻意为之，部分原因是由于人口增长减速和摒弃化石燃料的意外副产品。没有人能说出要到何时或者还得多久才会发生这种转变。但是，当它们出现的时候，人类世将进入一个新的阶段，或许是一个不那么令人不安的阶段——尽管人们永远不知道未来会发生什么。关于期待的内容，21世纪的历史应当会给我们一种恰当的看法。

奇怪的是，正当大加速转向高速发展的时候，学究气的社会科学家和人文学者却选择从肮脏油腻的现实退回到各种各样的想象中的世外桃源里去。他们发现各种各样的话语值得通过研究加以关注，从而陶醉于语言和文化的“转向”之中。但是物种的灭绝、森林的焚毁、大气中二氧化碳的浓度——所有这些似乎都不值得他们投入精力，只有这些所引发的话语才能引起他们的兴趣。与此同时，有一种社会科学家、经济学家，抛弃了现实而选择了与众不同的幻想，那是一种更加抽象的模型，它建立在对个人行为和国家行为的普遍假设的基础之上，毫不在乎地从所有的历史和文化背景更不用说生态背景之中抽离出来。社会科学和人文科学，尤其是在它们最负盛名的精神支柱那里，并未显得比那些在能源政策和气候政治中苦苦挣扎的政府更能适应人类世的到来。由于知识对现实的逃避，掌权者在避免直面现实的时候稍微容易了一些。

令人欣慰的是，对现实相关性和大加速现实的认识已经开始渗透到人文社会科学当中。在 21 世纪之初，某种“环境转向”似乎得以酝酿，而语言学转向似乎注定要走上所有学术潮流的道路。或许任何一种环境转向也将按常规发展，但从先前的学术曲折来看，它很可能还有一代人的路要走。除了少数持异议者——第三章提到的生态经济学家——以外，经济学家比起大多数人，更加不能适应一时的突发奇想，仍然执着于他们那神圣而庄严的模型。

通常意义上的社会，尤其是其政治体制，显示出不确定能否适应人类世的迹象。正如我们对环保主义的讨论中所阐释的那样，自从 20 世纪 70 年代以来，大多数社会都找到了对各自的生态影响中的一些而非全部进行调节的方法。在一些例子中（例如氯氟烃），大胆而有效的行动被证明是可以实现的。至于像温室气体排放等更加棘手的问题，社会的倾向和政策仍然存在双重不一致性。从某种意义上说，它们是不一致的；有一些（极少数的）社会即便以经济牺牲为代价，也要支持积极的努力；另外一些社会则坚决反对脱离现状。从另一种意义上说，还有许多社会是不一致的，因为它们会随着新的信息或政治风向不时改变立场。但总的来说，迄今为止，有关思想和意识形态、习俗和习惯、制度和政策的较大一部分的体系仍然牢固地扎根于全新世晚期。在各个层面，对人类世做出的适应才刚刚开始。

这应该不会令人感到惊讶。智力、社会和政治的惯性通常是强大的力量。现代思想和制度在全新世晚期演化和滋长，轻轻松松地适应了一个拥有廉价能源和稳定气候的世界。约从 1750—1950 年的世界在许多方面是动荡的，但是人们还是可以知道在气候方面应该期待些什么，因为现有的模式变化不大。有越来越多人发现化石燃料更加实惠，似乎取之不尽用之不竭。化石燃料因此成为一个具有无限吸引力的中心，其余的一切在它的周围被构建起来。既然气候不够稳定，地球系统也正在制订一个以前从未经历过的新路线，从而思想和制度将朝着与人类世更相容的新方向演进。既然我们无法退出人类世，我们终将找到适应之道。

注 释

导读

1. John McNeill, Peter Engelke, *The Great Acceleration: An Environmental History of the Anthropocene since 1945*, Cambridge, Massachusetts: The Belknap Press of Harvard University Press, 2014.
2. 有意思的是，日本学者在探讨热带世界人与环境的关系时，采用了类似但更笼统的圈层分析框架，包括地球圈、生物圈和人类圈。参看杉原薰等，『地球圏・生命圏・人間圏—持続的な生存基盤を求めて』，京都大学学術出版会，2010 年。
3. 参看包茂红：《环境史学的起源和发展》（北京大学出版社，2012 年）之下编第三章《约翰・麦克尼尔与世界环境史研究》。
4. Paul J. Crutzen, Eugene F. Stoermer, "The Anthropocene", *IGBP Newsletter*, 41, 2000, pp.16-18.
5. Richard Monastersky, "First atomic blast proposed as start of Anthropocene", *Nature News*, 16 January 2015. https://www.nature.com/news/first-atomic-blast-proposed-as-start-of-anthropocene-1.16739.
6. 刘东生：《开展"人类世"环境研究，做新时代地学的开拓者》，《第四纪研究》，24（4），2004 年，第 369—378 页。
7. David Christian, "World history in context", *Journal of World History*, Vol.14, No. 4, 2003, pp.438-439.
8. 整体论和有机论是现代生态学的基本理论，也是环境史的基础理论。整体论有别于把人与自然二分、人自外于自然的"科学"、"理性"思维，转而把人与环境的其他部分都看成是环境这个整体的组成部分，这两者的相互作用发生在环境这个整体之中。有机论有别于把环境中不同因素的相互关系看成是机械联系的机械论，转而认为是有机的、相互作用的关系。大历史通过把人类史置于宇宙史的演化进程中或通过向后追溯人类史起源的宇宙环境基础，不但契合了生态学的基本理论，而且在一定程度上破除了人类中心主义的自大和傲慢。参看 Bao Maohong, "Environmental history and world

history", *Historia Provinciae: The Journal of Regional History*, Vol.2, No.2, 2018。

9. Paul J. Crutzen, "Geology of mankind", *Nature*, Vol. 415, 3 January 2002, p.23.
10. Will Steffen, Paul J. Crutzen and John R. McNeill, "The Anthropocene: Are humans now overwhelming the great forces of nature?", *Ambio* Vol.36, No.8, December 2007, pp.614-620.
11. 关于这本书的学术贡献，可参阅《贺克斌、包茂红谈〈太阳底下的新鲜事〉：20 世纪的人与环境》，澎拜新闻网，2018 年 5 月 21 日。https://www.thepaper.cn/newsDetail_forward_2141241.
12. 除了克鲁岑的主张之外, 还有多种不同看法。例如: 有人主张从 180 万年前人类开始用火算起 (Andrew Glikson, "Fire and human evolution: the deep-time blueprints of the Anthropocene", *Anthropocene*, No.3, 2013, pp.89-93)。有人认为人类世始于 7000 多年前 (W. F. Ruddiman, "The Anthropocene", *Annual Reviews of Earth and Planetary Science*, No.4, 2013, pp.4-24)。有人认为人类世始于更新世晚期, 大约 1.2 万年前 (A. J. Stuart, "Late Quatenary megafauna extinctions on the continents: A short view", *Geological Journal*, Vol.50, No.3, 2015, pp.338-365)。有人主张人类世始于 1492 年 (Erlie Ellis et al., "Dating the Anthropocene: Towards an empirical global history of human transformation of the terrestrial biosphere," *Elementa: Science of Anthropocene*, 2013, pp.1-4)。有人认为人类世始于 1610 年 (Simon Lewis and Mark Maslin, "Defining the Anthropocene", *Nature* 519, 2 March 2015, pp.71-80)。
13. J. R. McNeill and Peter Engelke, *The Great Acceleration: An Environmental History of the Anthropocene since 1945*, p.4.
14. John R. McNeill, "The Anthropocene and the eighteenth century", *Eighteenth-Century Studies*, Vol.49, No.2, 2016. 中文译文见：《人类世与 18 世纪》，载刘新成主编，《全球史评论》第十四辑，中国社会科学出版社，2018 年，第 11—12 页。
15. J. R. McNeill and Peter Engelke, *The Great Acceleration: An Environmental History of the Anthropocene since 1945*, pp. 208-9.
16. 这个判断在作者 2020 年 1 月 13 日在华盛顿访问约翰 · 麦克尼尔时得到了证实和肯定。
17. "Chairman's column", *Newsletter of the Anthropocene Working Group*, Vol. 7, December 2017, p.3.
18. Meera Subramanian, "Anthropocene now: influential panel votes to recognize Earth's new epoch", *Nature News*, 21 May 2019. https://www.nature.com/articles/d41586-019-01641-5.
19. 约翰 .R. 麦克尼尔著、格非译：《能源帝国：化石能源与 1580 年以来的地缘政治》，《学术研究》，2008 年第 6 期，第 108—114 页。
20. 见John McNeill, "Presidential address: Toynbee as Environmental historian", *Environmental History*, 19(2014), pp.1-20。约翰 · 麦克尼尔，《以生态观点重新解读历史》，见 艾尔弗雷德 · W. 克罗斯比，《哥伦布大交换——1492 年以后的生物影响和文化冲击（30 周年版）》，中国环境科学出版社，2010 年，第 III–VI 页。
21. J. R. McNeill and Peter Engelke, *The Great Acceleration: An Environmental History of the Anthropocene since 1945*, p. 210.
22. John McNeill, "Historians, Superhistory, and Climate Change", in Arne Jarrick, Janken Myrdal and Maria W. Bondesson, eds., *Methods in World History: A critical approach,* Nordic Academic Press, 2016, pp.19-43.

23. Storyteller and investigator of unparalleled vision. https://www.knaw.nl/en/awards/heineken-prizes/john-r-mcneill.

导论

1. Paul Crutzen and Eugene Stoermer, "The Anthropocene," *IGBP Global Change Newsletter* 41 (2000): 17-18. 早在 1873 年，一位意大利地质学家兼神学家的革命者就曾使用"灵生"（anthropozoic）一词，但它并未流行起来。A. Stoppani, *Corso di geologia* (Milan, 1873). 沿着相似的思路，苏联出生的美国地质学家 George Ter-Stepanian 想出用"technogene"一词指代过渡地质时期，这一时期，人类主宰着地质作用。"Beginning of the Technogene," *Bulletin of the International Association of Engineering Geology* 38 (1988): 133-142. 早在布丰那个时代，科学家偶尔也会持有类似的想法。
2. Andrew Glikson, "Fire and Human Evolution: The Deep-Time Blueprints of the Anthropocene," *Anthropocene* 3 (2013): 89-92; Erle Ellis et al., "Dating the Anthropocene: Towards an Empirical Global History of Human Transformation of the Terrestrial Biosphere," *Elementa* (2013), doi: 10.12952/journal.elementa.oooo18; William Ruddiman, "The Anthropocene," *Annual Review of Earth and Planetary Science* 41 (2013): 45-68; Simon Lewis and Mark Maslin, "Defining the Anthropocene," *Nature* 519 (2015): 171-180.
3. 生物地球化学循环指的是大气、海洋、岩石和土壤以及生物之间的化学元素（或化合物）流动。除了那些已经提及的循环之外，对于地球及其气候的功能具有重要作用的循环，还有水循环和氧循环。
4. 在 2005 年的达勒姆研讨会上，该术语首先被用于这种意义，这次研讨会是为了纪念卡尔·波兰尼（Karl Polanyi）于 1944 年出版的著作《大转型》（*The Great Transformation*）而举办的。波兰尼是匈牙利经济史学家和博学多才之人，他坚持认为，市场经济是一项最近的构想，正统的经济学家忽略了社会环境，并且经济学必须被嵌入社会传统、风俗和思维习惯当中去加以理解。同样地，人类造成的全球生态变化背后的推动力量是内嵌于社会及其传统中的，而所有的人类历史又都植根于演进中的生物地球化学的环境里面。这便是向波兰尼致敬的理由。见 Kathy Hibbard, Paul Crutzen, Eric Lambin, Diana Liverman, Nathan Mantua, John McNeill, Bruno Messerli, and Will Steffen, "Group Report: Decadal Scale Interactions of Humans and the Environment," in *Sustainability or Collapse? An Integrated History and Future of People on Earth*, ed. Robert Costanza, Lisa Graumlich, and Will Steffen (Cambridge, MA: MIT Press, 2007), 341-378。该术语借由威尔·斯蒂芬（Will Steffen）之手，得以在全球变化科学界变得众人皆知。也可参见 Will Steffen, Paul Crutzen, and John McNeill, "The Anthropocene: Are Humans Now Overwhelming the Great Forces of Nature?," *Ambio* 36, no. 8 (2007): 614-621。
5. Will Steffen et al., "The Trajectory of the Anthropocene: The Great Acceleration," *Anthropocene Review* 2 (2015): 81-98; 访问国际地圈生物圈计划（IGBP）的网页可以看到这些数据，并且可以从方便的图表中获得更多数据：www.igbp.net/globalchange/greatacceleration.4.1b8ae20512db692f2a680001630.html。关于氮和塑料制品的数据来自 Vaclav Smil, *Making the Modern World: Materials and Dematerialization* (Chichester, UK: Wiley, 2014)。

第一章　能量与人口

1. 接下来的几段话借鉴自 Vaclav Smil, *Energy in World History* (Boulder, CO: Westview, 1994); Smil, *Energy in Nature and Society* (Cambridge, MA: MIT Press, 2008); Alfred Crosby, *Children of the Sun: A History of Humanity's Unappeasable Appetite for Energy* (New York: Norton, 2006); Frank Niele, *Energy: Engine of Evolution* (Amsterdam: Elsevier, 2005)。
2. Charles Hall, Praddep Tharakan, John Hallock, Cutler Cleveland, and Michael Jefferson, "Hydrocarbons and the Evolution of Human Culture," *Nature* 426 (2003): 318-322.
3. 中国的数字来自 IEA/OECD, *Cleaner Coal in China* (Paris: IEA/OECD, 2009), 45-46; 英国的数字：F. D. K. Liddell, "Mortality of British Coal Miners in 1961," *British Journal of Industrial Medicine* 30 (1973): 16。2000 年左右，美国每年约有 1400 名以前做过矿工的人死于尘肺病。Barbara Freese, *Coal: A Human History* (Cambridge, MA: Perseus, 2003), 175。
4. Chad Montrie, *To Save the Land and People: A History of Opposition to Surface Mining in Appalachia* (Chapel Hill: University of North Carolina Press, 2003).
5. Irina Gildeeva, "Environmental Protection during Exploration and Exploitation of Oil and Gas Fields," *Environmental Geosciences* 6 (2009): 153-154.
6. Joanna Burger, *Oil Spills* (New Brunswick, NJ: Rutgers University Press, 1997), 42-44.
7. 关于渔场和生态影响，见 Harold Upton, "The Deepwater Horizon Oil Spill and the Gulf of Mexico Fishing Industry," Congressional Research Service report, February 17, 2011, available at http://fpc.state.gov/documents /organization/159041.pdf。关于法律方面，见专题论文集 "Deep Trouble: Legal Ramifications of the Deepwater Horizon Oil Spill," *Tulane Law Review* 85 (March 2011)。在新闻报道里面，迄今为止最好的是 Joel Achenbach, *A Hole at the Bottom of the Sea: The Race to Kill the BP Oil Gusher* (New York: Simon and Schuster, 2011)。
8. 接下来的讨论基于 Anna-Karin Hurtig and Miguel San Sebastian, "Geographical Differences in Cancer Incidence in the Amazon Basin of Ecuador in Relation to Residence near Oil Fields," *International Journal of Epidemiology* 31 (2002): 1021-1027; 以及 Miguel San Sebastian and Anna-Karin Hurtig, "Oil Exploitation in the Amazon Basin of Ecuador: A Public Health Emergency," *Revista Panamericana de Salud Pública* 15 (2004): 205-211。这篇文章反驳了有关癌症的说法，Michael Kelsh, Libby Morimoto, and Edmund Lau, "Cancer Mortality and Oil Production in the Amazon Region of Ecuador, 1990-2005," *International Archives of Occupational and Environmental Health* 82 (2008): 381-395。也可参见 Judith Kimmerling, "Oil Development in Ecuador and Peru: Law, Politics, and the Environment," 载于 *Amazonia at the Crossroads: The Challenge of Sustainable Development*, ed. Anthony Hall (London: Institute of Latin American Studies, University of London, 2000), 73-98。
9. M. Finer, C. N. Jenkins, S. L. Pimm, B. Keane, and C. Ross, "Oil and Gas Projects in the Western Amazon: Threats to Wilderness, Biodiversity, and Indigenous Peoples," *PLoS ONE* 3, no. 8 (2008): e2932, doi:10.1371/journal.pone.0002932. 关于大背景，见 Allen Gerlash, *Indians, Oil, and Politics: A Recent History of Ecuador* (Wilmington, DE: Scholarly Resources, 2003)。对联合国开发计划署的交易（The UNDP deal）的解释，见 http:// mdtf.undp.org/yasuni。
10. P. A. Olajide et al., "Fish Kills and Physiochemical Qualities of a Crude Oil Polluted River in

Nigeria," *Research Journal of Fisheries and Hydrobiology* 4 (2009): 55-64.

11. J. S, Omotola, "'Liberation Movements' and Rising Violence in the Niger Delta: The New Contentious Site of Oil and Environmental Politics," *Studies in Conflict and Terrorism* 33 (2010): 36-54; Tobias Haller et al., *Fossil Fuels, Oil Companies, and Indigenous Peoples* (Berlin: Lit Verlag, 2007), 69-76. 关于政治方面的分析，见迈克尔·沃茨（Michael Watts）的多部作品，例如，Watts, "Blood Oil: The Anatomy of a Petro-insurgency in the Niger Delta," *Focaal* 52 (2008): 18-38; Watts, ed., *The Curse of the Black Gold: 50 Years of Oil in the Niger Delta* (Brooklyn: PowerHouse Books, 2009)。
12. Haller et al., *Fossil Fuels*, 166-167.
13. D. O'Rourke and S. Connolly, "Just Oil? The Distribution of Environmental and Social Impacts of Oil Production and Consumption," *Annual Review of Environment and Resources* 28 (2003): 598.
14. 同上，第 599—601 页。
15. 在 20 世纪 90 年代的美国，负责输油管道安全的机构给每 6 万千米长的（石油和天然气）管道配备一个检查员。世界上几乎所有其他国家的比率可能更为不利。O'Rourke and Connolly, "Just Oil?," 611.
16. 如今的乌辛斯克有一个关于石油泄漏的网站：http://usinsk.ru/katastrofa_city.html。我们要感谢慕尼黑大学（Ludwig-Maximilians University）的瓦伦蒂娜·罗克瑟（Valentina Roxo）让我们注意到了这一点。
17. G. E. Vilchek and A. A. Tishkov, "Usinsk Oil Spill," 载于 *Disturbance and Recovery in Arctic Lands*, ed. R. M. M. Crawford (Dordrecht: Kluwer Academic, 1997), 411-420; Anna Kireeva, "Oil Spills in Komi: Cause and the Size of the Spill Kept Hidden," www.bellona.org/articles/articles_2007/Oil_Spill_in_Komi。也可参见 "West Siberia Oil Industry Environmental and Social Profile," a Greenpeace report, www.greenpeace.org/raw/content/nederland-old/reports/west-siberia-oil-industry-envi.pdf。
18. Majorie M. Balzer, "The Tension between Might and Rights: Siberians and Energy Developers in Post-Socialist Binds," *Europe-Asia Studies* 58 (2006): 567-588; Haller et al., *Fossil Fuels*, 168-178.
19. B. K. Sovacool, "The Cost of Failure: A Preliminary Assessment of Major Energy Accidents, 1907-2007," *Energy Policy* 36 (2008): 1802-1820.
20. Michelle Bell, Devra Davis, and Tony Fletcher, "A Retrospective Assessment of Mortality from the London Smog Episode of 1952: The Role of Influenza and Pollution," *Environmental Health Perspectives* 112 (2004): 6-8.
21. 1940 年 9 月到 1941 年 5 月的闪电战在 9 个月里致使约 2 万名伦敦人丧生。
22. 引自 Devra Davis, *When Smoke Ran Like Water* (New York: Basic Books, 2002), 45。
23. 同上，第31—54页；Peter Brimblecombe, *The Big Smoke: A History of Air Pollution in London since Medieval Times* (London: Methuen, 1987), 165-169。
24. 此推断系根据这篇文章中的数据得出：B. Brunekreef and S. Holgate, "Air Pollution and Health," *Lancet* 360 (2002): 1239。
25. Eri Saikawa et al., "Present and Potential Future Contributions of Sulfate, Black and Organic Aerosols from China to Global Air Quality, Premature Mortality, and Radiative Forcing,"

Atmospheric Environment 43 (2009): 2814-2822.

26. M. Ezzati, A. Lopez, A. Rodgers, S. Vander Hoorn, and C. Murray, "Selected Major Risk Factors and Global and Regional Burden of Disease," *Lancet* 360 (2002): 1347-1360. 另一篇论文也得出了类似的数据：A. J. Cohen et al., "The Global Burden of Disease due to Outdoor Air Pollution," *Journal of Toxicology and Environmental Health* 68 (2005): 1301-1307。

27. 因大气污染致死的多半是年纪特别小或特别大的人，以及患有呼吸道疾病或心脏病的人群，战争主要导致正值壮年的人死亡。因此，从经济的角度来看，大气污染死亡率比战争死亡率的代价要小得多，因为它主要致死那些容易得到更替之人（婴儿和幼童）和那些已经做出应有贡献之人（老人）。显然，对于那些对所有人一视同仁的人而言，这种计算是令人憎恶的。

28. 见 John Watt et al., *The Effects of Air Pollution on Cultural Heritage* (Berlin: Springer, 2009) 中关于这些问题的概述。

29. David Stern, "Global Sulfur Emissions from 1850 to 2000," *Chemosphere* 58 (2005): 163-175; Z. Lu et al., "Sulfur Dioxide Emissions in China and Sulfur Trends in East Asia since 2000," *Atmospheric Chemistry and Physics Discussions* 10 (2010): 8657-8715; C. K. Chan and X. H. Yao, "Air Pollution in Mega Cities in China," *Atmospheric Environment* 42 (2008): 1-42; M. Fang, C. K. Chan, and X. H. Yao, "Managing Air Quality in a Rapidly Developing Nation: China," *Atmospheric Environment* 43, no. 1 (2009): 79-86.

30. Jes Fenger, "Air Pollution in the Last 50 Years: From Local to Global," *Atmospheric Environment* 43 (2009): 15.

31. H. R. Anderson, "Air Pollution and Mortality: A History," *Atmospheric Environment* 43 (2009): 144-145.

32. M. Hashimoto, "History of Air Pollution Control in Japan," in *How to Conquer Air Pollution: A Japanese Experience*, ed. H. Nishimura (Amsterdam: Elsevier, 1989), 1-94.

33. James Fleming, *Fixing the Sky: The Checkered History of Weather and Climate Control* (New York: Columbia University Press, 2010).

34. J. Samuel Walker, *Three Mile Island: A Nuclear Crisis in Historical Perspective* (Berkeley: University of California Press, 2004).

35. March 29, 1986, issue of *The Economist*.

36. A. V. Yablokov, V. B. Nesterenko, and A. V. Nesterenko, "Consequences of the Chernobyl Catastrophe for the Environment," *Annals of the New York Academy of Sciences* 1181 (2009): 221-286. 对动物造成的影响超越了切尔诺贝利隔离区的范围。例如，瑞典驼鹿体内的放射性是平时的 33 倍（1988 年前后）。同前，第 256 页。

37. Jim Smith and Nicholas Beresford, *Chernobyl* (Berlin: Springer, 2005); A. B. Nesterenko, V. B. Nesterenko, and A. V. Yablokov, "Consequences of the Chernobyl Catastrophe for Public Health," *Annals of the New York Academy of Sciences* 1181 (2009): 31-220.

38. 核废料被储存在混凝土和钢铁容器里面，主要位于反应堆所在处。正如海上倾倒一样，深地质存储陷于政治难题。参见提倡发展核电站的原子能研究所（Nuclear Energy Institute）的网站，www.nei.org/keyissues/nuclearwastedisposal/factsheets/safelymanagingusednuclearfuel/。

39. 《环境史》杂志 2012 年 4 月的一期刊发了有用的数据和观点，尤其是 Sara Pritchard, "An Envirotechnical Disaster: Nature, Technology, and Politics at Fukushima," *Environmental*

History 17 (2012): 219-243。也可参见 J. C. MacDonald, "Fukushima: One Year Later," *Radiation Protection Dosimetry* 149 (2012): 353-354 和 Koichi Hasegawa, "Facing Nuclear Risks: Lessons from the Fukushima Nuclear Disaster," *International Journal of Japanese Sociology* 21 (2012): 84-91。

40. 关于从内部人员的视角如何看待这些错误，参见 Yoichi Funabashi and Kay Kitazawa, "Fukushima in Review: A Complex Disaster, a Disastrous Response," *Bulletin of the Atomic Scientists* 68 (2012): 9-21。

41. 关于水电开发的相关争议，参见 R. Sternberg, "Hydropower: Dimensions of Social and Environmental Coexistence," *Renewable and Sustainable Energy Review* 12 (2008): 1588-1621。

42. 印度北方邦的里亨德大坝(The Rihand Dam in Uttar Pradesh, India)兴建于 1954—1962 年。E. G. Thukral, *Big Dams, Displaced People: Rivers of Sorrow, Rivers of Change* (New Delhi: Sage, 1992), 13-14.

43. A. G. Nilsen, *Dispossession and Resistance in India: The River and the Rage* (London: Routledge, 2010).

44. Satyajit Singh, *Taming the Waters: The Political Economy of Large Dams in India* (Delhi: Oxford University Press, 1997); John R. Wood, *The Politics of Water Resource Development in India: The Narmada Dams Controversy* (Los Angeles: Sage, 2007); Nilsen, *Dispossession and Resistance*.

45. P. Zhang et al., "Opportunities and Challenges for Renewable Energy Policy in China," *Renewable and Sustainable Energy Reviews* 13 (2009): 439-449.

46. 引文来自加拿大的一位伐木工人阿恩斯特·库雷利克（Arnst Kurelek），引自 R. C. Silversides, *Broadaxe to Flying Shear: The Mechanization for Forest Harvesting East of the Rockies* (Ottawa: National Museum of Science and Technology, 1997), 107。

47. Manfred Weissenbacher, *Sources of Power: How Energy Forges Human History* (Santa Barbara, CA: ABC-CLIO, 2009), 452.

48. 有关这方面的例子，见 A. P. Muñoz, R. S. Pavón, and L. Z. Villareal, "Rehabilitación turística y capacidad de carga en Cozumel," *Revista iberoamericana de economia ecológica* 11 (2009): 53-63; S. Gössling et al., "Ecological Footprint Analysis as a Tool to Assess Tourism Sustainability," *Ecological Economics* 43 (2002): 199-211（这是关于塞舌尔的一个有趣的案例，因为当地政府在努力保护群岛环境的同时，还从旅游业中获得税收）；G. M. Mudd, "Gold Mining in Australia: Linking Historical Trends and Environmental and Resource Sustainability," *Environmental Science and Policy* 10 (2007): 629-644; M. Cryer, B. Hartill, and S. O'Shea, "Modification of Marine Benthos by Trawling: Generalization for the Deep Ocean?," *Ecological Applications* 12 (2002): 1824-1839; Lawrence Solomon, *Toronto Sprawls: A History* (Toronto: University of Toronto Press, 2007); John Sewell, *The Shape of the Suburbs: Understanding Toronto's Sprawl* (Toronto: University of Toronto Press, 2009).

49. Joel Cohen, *How Many People Can the Earth Support?* (New York: Norton, 1995), 78-79.

50. 根据 Carlo Cipolla, *An Economic History of World Population* (Harmondsworth, UK: Penguin, 1978) 一书中第 89 页的内容改写。

51. Robert Fogel, *The Escape from Hunger and Premature Death, 1700-2100* (New York: Cambridge University Press, 2004), 21.

52. 疟疾控制的成功与失败，在 James L. A. Webb Jr., *Humanity's Burden: A Global History of*

Malaria (New York: Cambridge University Press, 2009) 中有详细的叙述。有关农业的故事，见 Giovanni Federico, *Feeding the World: An Economic History of World Agriculture, 1800-2000* (Princeton, NJ: Princeton University Press, 2005)。

53. 根据 Fogel, *Escape from Hunger* (40)，在英国，生于 1875 年的“精英”群体的寿命比总人口的寿命长了约 17 年；到 2000 年时，这一差距为 4 年。联合国预期寿命数据，见 http://esa.un.org/unpp/p2kodata.asp。

54. Han Feizi, *Han Feizi: Basic Writings*, trans. Burton Watson (New York: Columbia University Press, 2003), 98.

55. 德尔图良的引言出自 Cohen, *How Many People*, 6。

56. Leo Silberman, "Hung Liang-chi: A Chinese Malthus," *Population Studies* 13 (1960): 257-265.

57. 那时，印度的人口出生率的目标定在 25‰，但实际却达到了 36‰，该目标直到 2000 年左右才得以实现，较预期迟了约 20 年。Ramachandra Guha, *India after Gandhi: The History of the World's Largest Democracy* (New York: HarperCollins, 2007), 415-416, 511-514.

58. Yves Blayo, *Des politiques démographiques en Chine* (Lille: Atelier National de Reproductions des Thèses, 2006); Thomas Scharping, *Birth Control in China, 1949-2000* (London: RoutledgeCurzon, 2003); Tyrene White, *China's Longest Campaign: Birth Planning in the People's Republic, 1949-2005* (Ithaca, NY: Cornell University Press, 2006). Susan Greenhalgh, *Just One Child: Science and Policy in Deng's China* (Berkeley: University of California Press, 2008); Greenhalgh, *Cultivating Global Citizens: Population in the Rise of China* (Cambridge, MA: Harvard University Press, 2010). 关于印度和中国的情况，也可见 Matthew Connelly, *Fatal Misconception: The Struggle to Control World Population* (Cambridge, MA: Harvard University Press, 2008)。

59. 有关中国北方土壤荒漠化的最新数据，见 Ma Yonghuan and Fan Shengyue, "The Protection Policy of Eco-environment in Desertification Areas of Northern China: Contradiction and Countermeasures," *Ambio* 35 (2006): 133-134。关于历史视角的内容，见 James Reardon-Anderson, *Reluctant Pioneers: China's Northward Expansion, 1644-1937* (Stanford, CA: Stanford University Press, 2005); Peter Perdue, *China Marches West: The Qing Conquest of Central Asia* (Cambridge, MA: Harvard University Press, 2005); Dee Mack Williams, *Beyond Great Walls: Environment, Identity, and Development on the Chinese Grasslands of Inner Mongolia* (Stanford, CA: Stanford University Press, 2002)。

60. Mary Tiffen, Michel Mortimore, and Francis Gichuki, *More People, Less Erosion: Environmental Recovery in Kenya* (Chichester, NY: Wiley, 1994). 关于地中海地区，见 J. R. McNeill, *The Mountains of the Mediterranean: An Environmental History* (New York: Cambridge University Press, 1992)。

61. 2010 年，世界上的灌溉面积达到约 3 亿公顷，约为美国得克萨斯州面积的 5 倍或法国面积的 7 倍。Bridget Scanlon, Ian Jolly, Marios Sophocleous, and Lu Zhang, "Global Impacts of Conversions from Natural to Agricultural Ecosystems on Water Resources: Quantity vs. Quality," *Water Resources Research* 43 (2007): W03437，可在该网页获取：www.agu.org/pubs/crossref/2007/2006WR005486.shtml。

62. Dean Bavington, *Managed Annihilation: An Unnatural History of the Newfoundland Cod Collapse* (Vancouver: University of British Columbia Press, 2010).

63. Jason Link, Bjarte Bogstad, Henrik Sparholt, and George Lilly, "Trophic Role of Atlantic Cod in the Ecosystem," *Fish and Fisheries* 10 (2008): 58-87; Ilona Stobutzki, Geronimo Silvestre, and Len Garces, "Key Issues in Coastal Fisheries in South and Southeast Asia: Outcomes of a Regional Initiative," *Fisheries Research* 78 (2006): 109-118. 鳕鱼这种顶级捕食者数量的枯竭，彻底重组了大浅滩这类地方的海洋生态系统。
64. FAO marine fish catch data at www.fao.org/fishery/statistics/global-production/en. 世界粮农组织的数据没有回溯到 1950 年以前，而且有可能越接近现在的数据越可靠。
65 H. Bruce Franklin, *The Most Important Fish in the Sea: Menhaden and America* (Washington, DC: Island Press, 2007).
66. Anqing Shi, "The Impact of Population Pressure on Global Carbon Emissions, 1975-1996: Evidence from Pooled Cross-Country Data," *Ecological Economics* 44 (2003): 29-42. John R. McNeill, *Something New under the Sun: An Environmental History of the Twentieth-Century World* (New York: Norton, 2000), 272-273, 有更进一步的探讨。1751—2004 年期间仅来源于化石燃料使用的碳排放量历史数据，可从该网页查询：http://cdiac.ornl.gov/trends/emis/em_cont.html。
67. 这座化工厂制造杀虫剂，供印度农业所用。尽管有人或许会辩称，由于印度的人口增长才有了这座工厂，但这无法解释事故发生的原因，而这场事故是因为疏于维护才发生的。最近的记述可在这本书中看到：Suroopa Mukerjee, *Surviving Bhopal: Dancing Bodies, Written Texts, and Oral Testimonials of Women in the Wake of an Industrial Disaster* (London: Palgrave, 2010), 17-40。
68. Dirk Hoerder, *Cultures in Contact: World Migration in the Second Millennium* (Durham, NC: Duke University Press, 2002), 508-582.
69. Char Miller, *On the Border: An Environmental History of San Antonio* (Pittsburgh: University of Pittsburgh Press, 2001).
70. Greg Grandin, *Fordlandia: The Rise and Fall of Henry Ford's Forgotten Jungle City* (New York: Metropolitan Books, 2009).
71. 最近的一份评估是 P. M. Fearnside, "Deforestation in Brazilian Amazonia: History, Rates, and Consequences," *Conservation Biology* 19, no. 3 (2005): 680-688。也可参见 Michael Williams, *Deforesting the Earth* (Chicago: University of Chicago Press, 2003), 460-481。在 2008 年以后，出口中国大豆数量的激增造成亚马孙河流域森林砍伐率的急剧下降，因为所有可用的投资都被用于掘翻戈亚斯州（Goias）和位于亚马孙河流域以南其他州的热带稀树草原。参见巴西空间研究所（Brazil's Institute for Space Research, INPE）的网页：www.inpe.br/ingles/news/news_dest154.php。
72. Peter Dauvergne, "The Politics of Deforestation in Indonesia," *Pacific Affairs* 66 (1993-1994): 4997-518; J. M. Hardjono, "The Indonesian Transmigration Scheme in Historical Perspective," *International Migration* 26 (1988): 427-438. 伐木业、种植园农业和许多其他行业快速推动了印度尼西亚的森林砍伐。

第二章 气候与生物多样性

1. 接下来的讨论出自 Jonathan Cowie, *Climate Change: Biological and Human Aspects* (New

York: Cambridge University Press, 2007), 1-16, 22-31, 126-167。

2. 有关地球上碳循环的探讨，见 Bert Bolin, *A History of the Science and Politics of Climate Change: The Role of the Intergovernmental Panel on Climate Change* (New York: Cambridge University Press, 2007) 一书的第 2 章。
3. Michael R. Raupach et al., "Global and Regional Drivers of Accelerating CO2 Emissions," *Proceedings of the National Academy of Sciences of the United States of America* 104, no. 24 (June, 12, 2007): 10288. 关于热带森林砍伐对于全球碳排放量的影响的估算，见 Wolfgang Cramer et al., "Tropical Forests and the Global Carbon Cycle: Impacts of Atmospheric Carbon Dioxide, Climate Change and Rate of Deforestation," *Philosophical Transactions of the Royal Society: Biological Sciences* 359, no. 1443 (March, 29, 2004): 331-343。关于历史背景下的森林砍伐，通常见 Williams, *Deforesting the Earth*。
4. T. A. Boden, G. Marland, and R. J. Andres, "Global, Regional, and National Fossil-Fuel CO_2 Emissions," in *Trends: A Compendium of Data on Global Change* (Oak Ridge, TN: Carbon Dioxide Information Analysis Center, Oak Ridge National Laboratory, U.S. Department of Energy, 2009), doi: 10.3334/CDIAC/00001; Raupach et al., "Global and Regional Drivers," 10288. CDIAC data at: http://cdiac.ornl.gov/trends/emis/meth_reg.html.
5. Joseph G. Canadella et al., "Contributions to Accelerating Atmospheric CO_2 Growth from Economic Activity, Carbon Intensity, and Efficiency of Natural Sinks," *Proceedings of the National Academy of Sciences of the United States of America* 104, no. 47 (November 20, 2007): 18866-18870; Raupach et al., "Global and Regional Drivers," 10288-10292.
6. James Hansen et al., "Global Temperature Change," *Proceedings of the National Academy of Sciences of the United States of America* 103, no. 39 (September 26, 2006): 14288-14293; P. D. Jones, D. E. Parker, T. J. Osborn, and K. R. Briffa, "Global and Hemispheric Temperature Anomalies: Land and Marine Instrumental Records," in Oak Ridge National Laboratory, *Trends*, doi: 10.3334/CDIAC/cli.002; John M. Broder, "Past Decade Was Warmest Ever, NASA Finds," *New York Times*, January 22, 2010, A8.
7. Andrew E. Dessler and Edward A. Parson, *The Science and Politics of Global Climate Change: A Guide to the Debate* (New York: Cambridge University Press, 2006), table 3.1; Edward L. Miles, "On the Increasing Vulnerability of the World Ocean to Multiple Stresses," *Annual Review of Environment and Resources* 34 (2009): 18-26; Ian Simonds, "Comparing and Contrasting the Behavior of Arctic and Antarctic Sea Ice over the 35-Year Period 1979-2013," *Annals of Glaciology* 56 (2015): 18-28.
8. Scott C. Doney and David S. Schimel, "Carbon and Climate System Coupling on Timescales from the Precambrian to the Anthropocene," *Annual Review of Environment and Resources* 32 (2007): 31-66; Miles, "On the Increasing Vulnerability," 26-28.
9. United Nations Environment Programme, *Climate Change Science Compendium, 2009*, 15-16.
10. Jianchu Xu et al., "The Melting Himalayas: Cascading Effects of Climate Change on Water, Biodiversity, and Livelihoods," *Conservation Biology* 23, no. 3 (June 2009): 520-530.
11. M. Monirul Qader Mirza, "Climate Change, Flooding and Implications in South Asia," *Regional Environmental Change* 11, suppl. 1 (2011): 95-107; Katherine Morton, "Climate Change and Security at the Third Pole," *Survival* 53 (2011): 121-132.

12. Bolin, *A History*, chap. 1.
13. Spencer Weart, *The Discovery of Global Warming* (Cambridge, MA: Harvard University Press, 2008), 14-17.
14. 同上，第19—33页。有关莫纳罗亚时间序列的近期综述，见R. F. Keeling, S. C. Piper, A. F. Bollenbacher, and J. S. Walker, "Atmospheric CO_2 Records from Sites in the SIO Air Sampling Network," in Oak Ridge National Laboratory, *Trends,* doi: 10.3334/CDIAC/atg.035。多尼（Doney）和希梅尔（Schimel）（2007）写道，莫纳罗亚时间序列"若非在全部科学里，至少也是在地球物理学中最具象征性的数据集之一"（48）。
15. Cowie, *Climate Change,* 20-21; Weart, *Discovery of Global Warming,* 53-58, 70-78, 126-137.
16. Bolin, *A History,* 20-34; Weart, *Discovery of Global Warming,* chaps. 4 and 5.
17. William C. Clark et al., "Acid Rain, Ozone Depletion, and Climate Change: An Historical Overview," in *Learning to Manage Global Environmental Risks,* vol. 1, *A Comparative History of Social Responses to Climate Change, Ozone Depletion and Acid Rain,* ed. The Social Learning Group (Cambridge, MA: MIT Press, 2007), 21-39; Cass R. Sunstein, "Of Montreal and Kyoto: A Tale of Two Protocols," *Havard Environmental Law Review* 31, no. 1 (2007): 10-22; Intergovernmental Panel on Climate Change, *Climate Change 2007: Synthesis Report; Contribution of Working Groups I, and III to the Fourth Assessment Report of the Intergovernmental Panel on Climate Change* (Geneva: Intergovernmental Panel on Climate Change, 2007), 2-22; Bolin, *A History,* 44-49; Dessler and Parson, *Global Climate Change,* 12-16. 这篇论文对科学界在20世纪八九十年代的臭氧和气候政治中所扮演的角色给出了一种饶有兴味的解释，Reiner Grundmann, "Ozone and Climate: Scientific Consensus and Leadership," *Science, Technology, & Human Values* 31, no. 1 (January 2006): 73-101。
18. International Energy Association Special Report, *Energy and Climate Change* (June, 2015), p. 25. 根据这份文件，1988—2014年的二氧化碳排放量相当于1988年以前的总和。
19. IMF Working Paper 15/105, "How large Are Global Energy Subsidies?," www.imf.org/external/pubs/ft/wp/2015/wp15105.pdf; *The Economist,* January 17, 2015, 70.
20. E. O. Wilson, "Editor's Foreword," in *Biodiversity,* ed. E. O. Wilson with Frances M. Peter (Washington, DC: National Academy Press, 1988), v; Williams, *Deforesting the Earth,* 437-446.
21. Gordon H. Orians and Martha J. Groom, "Global Biodiversity: Patterns and Processes," in *Principles of Conservation Biology,* ed. Martha J. Groom, Gary K. Meffe, and C. Ronald Carroll (Sunderland, MA: Sinauer Associates, 2006), 30-31; Catherine Badgley, "The Multiple Scales of Biodiversity," *Paleobiology* 29, no. 1 (Winter 2003): 11-13; Martin Jenkins, "Prospects for Biodiversity," *Science* 302, no. 5648 (November 14, 2003): 1175. 对于不同的观点，可见例如，Geerat J. Vermeij and Lindsey R. Leighton, "Does Global Diversity Mean Anything?," *Paleobiology* 29, no. 1 (Winter 2003): 3-7; D. M. J. S. Bowman, "Death of Biodiversity: The Urgent Need for Global Ecology," *Global Ecology and Biogeography Letters* 7, no. 4 (July 1998): 237-240。
22. Craig Hilton-Taylor et al., "State of the World's Species," in *Wildlife in a Changing World: An Analysis of the 2008 IUCN Red List of Threatened Species,* ed. Jean-Christophe Vié, Craig Hilton-Taylor, and Simon N. Stuart (Gland, Switzerland: International Union for Conservation of Nature and Natural Resources, 2009), 15-17; James P. Collins and Martha L. Crump,

Extinction in Our Times: Global Amphibian Decline (New York: Oxford University Press, 2009), 1-2; Orians and Groom, "Global Biodiversity," 33-34.

23. Jean Mutke te al., "Terrestrial Plant Diversity," in *Plant Conservation: A Natural History Approach*, ed. Gary A. Krupnick and W. John Kress (Chicago: University of Chicago Press, 2005), 15-25; Simon L. Lewis, "Tropical Forests and the Changing Earth System," *Philosophical Transactions: Biological Sciences* 361, no. 1465, Reviews (January 29, 2006): 195-196.

24. Michael L. McKinney, "Is Marine Biodiversity at Less Risk? Evidence and Implications," *Diversity and Distributions* 4, no. 1 (January 1998): 3-8; Beth A. Polidoro et al., "Status of the World's Marine Species," in Vié, Hilton-Taylor, and Stuart, *Wildlife*, 55.

25. Paul K. Dayton, "The Importance of the Natural Sciences to Conservation," *American Naturalist* 162, no. 1 (July 2003): 2; Polidoro et al., "Status," 57-58.

26. E. O. Wilson, "The Current State of Biological Diversity," in Wilson and Peter, *Biodiversity*, 12-13; David S. Woodruff, "Declines of Biomes and Biotas and the Future of Evolution,"*Proceedings of the National Academy of Science of the United States of America* 98, no. 10 (May 8, 2001): 5471-5476. 关于估算物种灭绝的数量及其因素的困难，参见 Richard G. Davies et al., "Human Impacts and the Global Distribution of Extinction Risk," *Proceedings: Biological Sciences* 273, no. 1598 (September 7, 2006): 2127-2133; Bruce A. Stein and Warren L. Wagner, "Current Plant Extinctions: Chiaroscuro in Shades of Green," in Krupnick and Kress, *Plant Conservation*, 59-60; A. D. Barnosky et al., "Has the Earth's Sixth Mass Extinction Already Arrived?," *Nature* 471 (March 3, 2011): 51-57.

27. William Adams, *Against Extinction: The Story of Conservation* (London: Earth-scan, 2004), 47-50; J. Donald Hughes, "Biodiversity in World History," in *The Face of the Earth: Environment and World History*, ed. J. Donald Hughes (Armonk, NY: M. E. Sharpe, 2000), 35; Jean-Christophe Vié et al., "The IUCN Red List: A Key Conservation Tool," in Vié, Hilton-Taylor, and Stuart, *Wildlife*, 1-13; Hilton-Taylor et al., "State of the World's Species," 15-42; 2012 年的红色名录见网站 http://www.iucnredlist.org/。

28. Martha J. Groom, "Threats to Biodiversity," in Groom, Meffe, and Carroll, *Principles Conservation Biology*, 64-65. 关于土地利用数据，见 McNeill, *Something New*, table 7.1。鸟类密度数据可以在 Kevin J. Gaston, Tim M. Blackburn, and Kees Klein Goldewijk, "Habitat Conversion and Global Avian Biodiversity Loss," *Proceedings: Biological Sciences* 270, no. 1521 (June 22, 2003) 的表 1 中找到。

29. Williams, *Deforesting the Earth*, 386-421. 另见 Lewis, "Tropical Forests," 197-199。

30. Williams, *Deforesting the Earth*, 420-481.

31. Gary J. Wiles et al., "Impacts of the Brown Tree Snake: Patterns of Decline and Species Persistence in Guam's Avifauna," *Conservation Biology* 17, no. 5 (October 2003): 1350-1360; Dieter C. Wasshausen and Werner Rauh, "Habitat Loss: The Extreme Case of Madagascar," in Krupnick and Kress, *Plant Conservation*, 151-155; Mutke et al., "Terrestrial Plant Diversity," 18; Williams, *Deforesting the Earth*, 343.

32. Michel Meybeck, "Global Analysis of River Systems: From Earth System Controls to Anthropocene Syndromes," *Philosophical Transactions: Biological Sciences* 358, no. 1440 (December 29, 2003): 1935-1955.

33. 围绕首次将尼罗河鲈鱼引入维多利亚湖的问题，仍存在争论。有些人声称殖民地管理者故意将这种鱼引入以改善这个湖的商业性水产资源，其他一些人声称这是一次意外的引入。见 Robert M. Pringle, "The Nile Perch in Lake Victoria: Local Responses and Adaptations," *Africa: Journal of the International African Institute* 75, no. 4 (2005): 510-538。
34. 见 Dayton, "Importance of the Natural Sciences" 。
35. Callum Roberts, *The Unnatural History of the Sea* (Washington, DC: Island Press, 2007), chaps. 12, 20-22.
36. Carmel Finley, "A Political History of Maximum Sustained Yield, 1945-1955," in *Oceans Past: Management Insights from the History of Marine Animal Populations,* ed., David J. Starkey, Poul Holm, and Michaele Barnard (London: Earthscan, 2008), 189-206; Roberts, *Unnatural History of the Sea,* 321-323.
37. Roberts, *Unnatural History of the Sea,* 288-302, 314-326. 关于水产养殖，见 James Muir, "Managing to Harvest? Perspectives on the Potential of Aquaculture," *Philosophical Transactions: Biological Sciences* 360, no. 1453 (January 29, 2005): 191-218。
38. Randall Reeves and Tim Smith, "A Taxonomy of World Whaling Operations and Eras," in *Whales, Whaling, and Ocean Ecosystems,* ed. James Estes et al. (Berkeley: University of California Press, 2006), 82-101; John A. Knauss, "The International Whaling Commission: Its Past and Possible Future," *Ocean Development & International Law* 28, no. 1 (1997): 79-87; "Japan Says It Will Hunt Whales Despite Science Panel's Opposition," *Science,* April 16, 2015, http://news.sciencemag.org/aisapacific/2015/04/japan-says-it-will-hunt-whales-despite-science-panel-s-opposition.
39. Clive Wilkinson, "Status of Coral Reefs of the World: Summary of Threats and Remedial Action," in *Coral Reef Conservation,* ed. Isabelle M. Cote and John D. Reynolds (Cambridge: Cambridge University Press, 2006), 3-21; Zvy Dubinsky and Noga Stambler, eds., *Coral Reefs: An Ecosystem in Transition* (Dordrecht: Springer, 2011).
40. Adams, *Against Extinction,* 176-201; Hughes, "Biodiversity in World History," 35-40. 关于濒危物种法案和狼，参见 John Erb and Michael W. Doncarlos, "An Overview of the Legal History and Population Status of Wolves in Minnesota," in *Recovery of Gray Wovles in the Great Lakes Region of the United States: An Endangered Species Success Story,* ed. Adrian P. Wydeven, Timothy R. Van Deelen, and Edward J. Heske (New York: Springer, 2009), 49-85。关于虎计划和印度的野生动物保护，见 Mahesh Rangarajan, "The Politics of Ecology: The Debate on Wildlife and People in India, 1970-95," in *Battles over Nature: Science and the Politics of Conservation,* ed., Vasant K. Saberwal and Mahesh Rangarajan (Delhi: Orient Blackswan, 2003), 189-230。
41. Adams, *Against Extinction,* 25-53, 67-96. 关于对非洲历史上的欧洲资源保护主义者的严厉的审视，见 Jonathan S. Adams and Thomas O. McShane, *The Myth of Wild Africa: Conservation without Illusion* (Berkeley: University of California Press, 1996)。关于加蓬，见 Lydia Polgreen, "Prinstine African Park Faces Development," *New York Times,* February 22, 2009, A6。
42. Roberts, *Unnatural History of the Sea,* preface, chaps. 1, 25; Louisa Wood et al., "Assessing Progress towards Global Marine Protection Targets: Shortfalls in Information and Action,"

Oryx 42 (2008): 340-351; Juliet Eilperin, "Biological Gem' Becomes Largest Marine Reserve; Coral, Tuna, Sharks Expected to Thrive in Chagos Islands," *Washington Post,* April 2, 2010, A10; John M. Broder, "Bush to Protect Vast New Pacific Tracts," *New York Times,* January 6, 2009, A13.

43. 关于捕鲸争论，见 Stephen Palumbi and Joe Roman, "The History of Whales Read from DNA," and J. A. Estes et al., "Retrospection and Review," both in Estes et al., *Whales, Whaling, and Ocean Ecosystems,* 102-115, 388-393; Juliet Eilperin, "A Crossroads for Whales: With Some Species Rebounding, Commission Weighs Loosening of Hunting Ban," *Washington Post,* March 29, 2010, A01。

44. 关于虎类保护，见 Virginia Morell, "Can the Wild Tiger Survive?," *Science* 317, no. 5843 (September 7, 2007): 1312-1314。

45. Camille Parmesan and John Matthews, "Biological Impacts of Climate Change," in Groom, Meffe, and Carroll, *Principles of Conservation Biology,* 352; Wilkinson, "Status of Coral Reefs," 19-21.

第三章　城市与经济

1. Celia Dugger, "U.N. Predicts Urban Population Explosion," *New York Times,* June 28, 2007, 6. 全球城市数据来自 Thomas Brinkhoff, "The Principal Agglomerations of the World," www.citypopulation.de; "城市群"（agglomeration）被定义为"中心区和与其相连的邻近社区，（例如）通过连续的建筑区或者通勤者加以联系"，因此，东京包括横滨、川崎和埼玉县。
2. 关于纽约的海洋倾废，见 Martin Melosi, *The Sanitary City: Urban Infrastructure in America from Colonial Times to the Present* (Baltimore: Johns Hopkins University Press, 2000), 180-182, 260。关于城市对温室气体排放的推进，见 Grimm et al., "Global Change and the Ecology of Cities," *Science* 319 (February 6, 2008): 756-760。
3. Martin Melosi, "The Place on the City in Environmental History," *Environmental History Review* 17 (Spring 1993): 7。纽伦堡受到了这一事实的影响，它并非沿主要的通航河流而选址，这意味着它无法从远方上游的森林购得木材。因此，该城需要控制本地的资源。见 Joachim Radkau, *Nature and Power: A Global History of the Environment* (New York: Cambridge University Press, 2008), 146-147。
4. Verena Winiwater and Martin Knoll, *Umweltgeschichte: Eine Einführung* (Cologne: Böhlau, 2007), 181-182, 199; Christopher G. Boone and Ali Modarres, *City and Environment* (Philadelphia: Temple University Press, 2006), 77-78, 101-102; Grimm et al., "Global Change," 756-760.
5. Melosi, "Place of City," 7; Grimm et al., "Global Change," 756. 关于城市女性的生育率的复杂性，参见 Oğuz Işik and M. Melih Pinarcioğlu, "Geographies of a Silent Transition: A Geographically Weighted Regression Approach to Regional Fertility Differences in Turkey," *European Journal of Population / Revue Européenne de Démographie* 22, no. 4 (December 2006): 399-421; Eric R. Jensen and Dennis A. Ahlburg, "Why Does Migration Decrease Fertility? Evidence from the Philippines," *Population Studies* 58, no. 2 (July 2004): 219-231; Amson Sibanda et al., "The Proximate Determinants of the Decline to Below-Replacement Fertility in Addis Ababa, Ethiopia,"

Studies in Family Planning 34, no. 1 (March 2003): 1-7; Patrick R. Galloway, Ronald D. Lee, and Eugene A. Hammel, "Urban versus Rural: Fertility Decline in the Cities and Rural Districts of Prussia, 1875 to 1910," *European Journal of Population / Revue Européenne de Démographie* 14, no. 3 (September 1998): 209-264。

6. Kenneth T. Jackson, "Cities," in *The Columbia History of the 20th Century,* ed. Richard W. Bulliet (New York, 1998), 529-530; John Reader, *Cities* (New York: Atlantic Monthly Press, 2004), 122-124. 下述著作里有城市人口史的经典数据汇编：Tertius Chandler and Gerald Fox, *3000 Years of Urban Growth* (New York: Academic Press, 1974); 尤其可见第 300—326 页。
7. 关于木材运输，见 Radkau, *Nature and Power,* 146。关于城市的一般限制，可见下述著作中尖锐的评论：H. G. Wells, *Anticipations of the Reaction of Mechanical and Scientific Progress upon Human Life and Thought* (New York: Harper Bros., 1902): 44-54, 70-71。
8. 关于欧洲的瘟疫、霍乱与隔离，见 Gerry Kearns, "Zivilis or Hygaeia: Urban Public Health and the Epidemiologic Transition," in *The Rise and Fall of Great Cities: Aspects of Urbanization in the Western World,* ed. Richard Lawton (New York: Belhaven, 1989), 98-99, 107-111。关于日本，见 Susan B. Hanley, "Urban Sanitation in Preindustrial Japan," *Journal of Interdisciplinary History* 18, no. 1 (Summer 1987): 1-26。
9. Wells, *Anticipations,* 54.
10. Jackson, "Cities," 530-532. 关于伦敦如何在 19 世纪期间为自己提供给养的探讨，见 Reader, *Cities*, 127-132。
11. 关于一般情况，见 United Nations Department for Economic and Social Information and Policy Analysis, Population Division, *The Challenge of Urbanization: The World's Largest Cities* (New York: Author, 1995)。关于澳大利亚，见 Clive Forster, *Australian Cities: Continuity and Change* (Melbourne: Oxford University Press, 1995), chap. 1。
12. P. P. Karan, "The City in Japan," in the *Japanese City,* ed. P. P. Karan and Kristin Stapleton (Lexington: University Press of Kentucky, 1997), 12-21; Forster, *Australian Cities,* 6-12.
13. Wells, *Anticipations,* 54.
14. 关于芝加哥历史的这样一种解读，来自 William Cronon, *Nature's Metropolis: Chicago and the Great West* (New York: Norton, 1991)。
15. Martin Melosi, *Effluent America: Cities, Industry, Energy, and the Environment* (Pittsburgh: University of Pittsburgh Press, 2001), 54-56, 178-179; Peter Hall, *Cities of Tomorrow: An Intellectual History of Urban Planning and Design in the Twentieth Century* (Oxford: Blackwell, 1996), 31-33; Leonardo Benevolo, *The Origins of Modern Town Planning* (Cambridge, MA: MIT Press, 1967), 20-23; Reader, *Cities,* 147-148.
16. Melosi, *The Sanitary City,* chaps. 2-9. 关于奥斯曼和巴黎，见 Howard Saalman, *Haussmann: Paris Transformed* (New York: Braziller, 1971), 19-20; Reader, *Cities,* 211-214。
17. André Raymond, *Cairo,* trans. Willard Wood (Cambridge, MA: Harvard University Press, 2000), 309-321; James B. Pick and Edgar W. Butler, *Mexico Megacity* (Boulder, CO: Westview, 2000), 30-37（数据来自第 37 页表 3.2）。关于 1939 年以前的美国交通的历史，见 Owen D. Gutfreund, *Twentieth-Century Sprawl: Highways and the Reshaping of the American Landscape* (New York: Oxford University Press, 2004), chap. 1; Clay McShane, *Down the Asphalt Path: The Automobile and the American City* (New York: Columbia University Press,

1994), 103-122; John Jakle, "Landscapes Redesigned for the Automobile," in *The Making of the American Landscape,* ed. Michael P. Conzen (Boston: Unwin Hyman, 1990), 293-299。

18. United Nations Department for Economic and Social Information and Policy Analysis, Population Division, *World Urbanization Prospects: The 2003 Revision* (New York: UN Population Division, 2004), tables 1.1, 1.7 (pp. 3, 11). 大城市的数量部分取决于如何定义城市的边界。

19. United Nations, Department for Economic and Social Information and Policy Analysis, *World Urbanization Prospects,* tables 1.1, 1.3 (pp. 3-5)，数据经过四舍五入。

20. United Nations Human Settlements Programme (UN-Habitat), *The Challenge of Slums: Global Report on Human Settlements 2003* (London: Earthscan, 2003), 25-27.

21. 关于波斯湾，见 Yasser Elsheshtawy, "Cities of Sand Fog: Abu Dhabi's Global Amibitions," in *The Evolving Arab City: Tradition, Modernity and Urban Development,* ed. Yasser Elsheshtawy (New York: Routledge, 2008), 258-304; Janet Abu-Lughod, "Urbanization in the Arab World and International System," in *The Urban Transformation of the Developing World,* ed. Josef Gugler (Oxford: Oxford University Press, 1996), 185-210。关于卡拉奇，见 Arif Hasan, "The Growth of a Metropolis," in *Karachi: Megacity of Our Times,* ed. Hamida Khuhro and Anwer Mooraj (Karachi: Oxford University Press, 1997), 174。关于中国，见 Anthony M. Orum and Xiangming Chen, *The World of Cities: Places in Comparative and Historical Perspective* (Malden, MA: Blackwell, 2003), tabel 4.1 (pp. 101-103)。

22. James Heitzman, *The City in South Asia* (London: Routledge, 2008), 179, 187; David Satterthwaite, "In Pursuit of a Healthy Urban Environment in Low-and Middle-Income Nations," in *Scaling Urban Environmental Challenges: From Local to Global and Back,* ed. Peter J. Marcotullio and Gordon McGranahan (London: Earthscan, 2007), 79; Alan Gilbert, "Land, Housing, and Infrastructure in Latin America's Major Cities," in *The Mega-city in Latin America,* ed. Alan Gilbert (New York: United Nations University Press, 1996), table 4.1 (pp. 74-75); Hasan, "Growth of a Metropolis," 188-189。

23. Satterthwaite, "In Pursuit," 69-71; United Nations Center for Human Settlements (habitat), *Cities in a Globalizing World: Global Report on Human Settlements, 2001* (London: Earthscan, 2001), 105-110. 关于印度城市里的供水系统和需求，见 Rajendra Sagane, "Water Management in Mega-cities in India: Mumbai, Delhi, Calsutta, and Chennai," in *Water for Urban Areas: Challegens and Perspectives,* ed. Juha I. Uitto and Asit K. Biswas (New York: United Nations University Press, 2000), 84-111.

24. United Nations Human Settlements Programme (UN-Habitat), *The Challenge of Slum,* table 6.8 (p. 113); Gilbert, "Land, Housing," 78-80.

25. Grimm et al., "Global Change," 757; Mario J. Molina and Luisa T. Molina, "Megacities and Atmospheric Pollution," *Journal of the Air and Waste Management Association* 54 (June 2004): 644-680; World Health Organization and United Nations Environment Programme, *Urban Air Pollution in Megacities of the World* (Cambridge, MA: Blackwell Reference, 1992), 56-65, 203-210.

26. United Nations Human Settlements Programme (UN-Habitat), *The Challenge of Slums,* 211-212; World Health Organization and United Nations Environment Programme, *Urban Air Pollution,* 107-113; Robert Cribb, "The Politcs of Pollution Control in Indonesia," *Asian Survey*

30, no. 12 (December 1990): 1123-1235; Susan Abeyasekere, *Jakarta: A History* (Singapore: Oxford University Press, 1989), 167-245.

27. United Nations Department for Economic and Social Information and Policy Analysis, *World Urbanization Prospects,* table 1.1 (p. 3).

28. Frank Uekoetter, *The Age of Smoke: Environmental Policy in Germany and the United States, 1880-1970* (Pittsburgh: University of Pittsburgh Press, 2009), 113-195, 209-258; Joel Tarr, "The Metabolism of the Industrial City: The Case of Pittsburgh," *Journal of American History* 28, no. 5 (July 2002): 523-528.

29. World Health Organization and United Nations Environment Programme, *Urban Air Pollution,* 124-134, 172-177, 211-218.

30. Uekoetter, *The Age of Smoke,* 198-207; Molina and Molina, "Megacities and Atmospheric Pollution," 644-661. 关于亚的斯亚贝巴，见 V. Etyemezian et al., "Results from a Pilot-Scale Air Quality Study in Addis Ababa, Ethiopia," *Atmospheric Environment* 39 (2005): 7849-7860。

31. McShane, *Down the Asphalt Path,* 1-56, 103-122, 203-223; Barbara Schmucki, *Der Traum vom Verkehrsfluss: Städtische Verkehrplanung seit 1945 im deutsch-deutschen Vergleich* (Frankfurt: Campus, 2001), 100-103, 126, 401; Peter Newmna and Jeffrey Kneworthy, *Sustainability and Cities: Overcoming Automobile Dependence* (Washington, DC: Island Press, 1999), tabel 3.8 (p. 80); Forster, *Australian Cities,* 18; Jakle, "Landscapes Redesigned," 299-300.

32. Jeffrey Kenworthy and Felix Laube, *An International Sourcebook of Automobile Dependece in Cities, 1960-1990* (Niwot, CO: University Press of Colorado, 1999), 361; Newman and Kenworthy, *Sustainability and Cities,* table 3.12; Karan, "The City in Japan," 33; Forster, *Australian Cities,* 15-20.

33. Newman and Kenworthy, *Sustainability and Cities,* tables 3.4, 3.8, 3.9, 3.14; 另见Matthew E. Kahn, "The Environmental Impact of Surburbanization," *Journal of Policy Analysis and Management* 19, no. 4 (Autumn 2000): 569-586。关于美国汽油价格和汽车大小，见 Rudi Volti, "A Century of Automobility," *Technology and Culture* 37, no. 4 (October 1996): 663-685。

34. Melosi, *The Sanitary City,* 297-298, 338-341, 373-374, 395-422. 关于战后英国的城市化和土地利用，参见 Peter Hall, "The Containment of Urban England," *Geographical Journal* 140, no. 3 (October 1974): 386-408。

35. Grimm et al., "Global Change," 756, 758.

36. William E. Rees, "Ecological Footprints and Appropriated Carrying Capacity: What Urban Economics Leaves Out," *Environment and Urbanization* 4, no. 2 (October 1992): 121-130（引文在第 125 页）。有关对这一概念的批评的综述，见 Winiwarter and Knoll, *Umweltgeschichte,* 182-185。

37. Charles J. Kibert, "Green Buildings: An Overview of Progress," *Journal of Land Use & Environmental Law* 19 (2004): 491-502; R. R. White, "Editorial: Convergent Trends in Architecture and Urban Environmental Planning," *Environment and Planning D: Society and Space* 11, no. 4 (August 1993): 375-378.

38. Timothy Beatley, "Green Urbanism in European Cities," in *The Humane Metropolis: People and Nature in the 21st-Century City,* ed. Rutherford H. Platt (Amherst: University

of Massachusetts Press, 2006), 297-314; Timothy Beatley, *Green Urbanism: Learning from European Cities* (Washington, DC: Island Press, 2000).

39. Anna Lehmann and Ulrich Schulte, "Brüder, zur Sonne, nach Freiburg!...," *TAZ, Die Tageszeitung* (July 31, 2007), Berlin Metro Section, 21; Thomas Schroepfer and Limin Hee, "Emerging Forms of Sustainable Urbanism: Case Studies of Vauban Freiburg and Solar City Linz," *Journal of Green Building* 3, no. 2 (Spring 2008): 67-76. 关于弗赖堡的宣传资料的例子，见 City of Freiburg im Breisgau, *Freiburg Green City* (October 2008), 可在该网站下载：www.freiburg.de/greencity。

40. John Pucher and Ralph Buehler, "Making Cycling Irresistible: Lessons from the Netherlands, Denmark, and Germany," *Transport Reviews* 28, no. 4 (July 2008): 495-528; Newman and Kenworthy, *Sustainability and Cities,* 201-208; John Pucher, "Bicycling Boom in Germany: A Revival Engineered by Public Policy," *Transportation Quarterly* 51, no. 4 (Fall 1997): 31-45.

41. 关于库里蒂巴的总结基于以下研究成果：Bill McKibben, *Hope, Human and Wild: True Stories of Living Lightly on the Earth* (Minneapolis: Milkweed, 2007), 59-111; Hugh Schwartz, *Urban Renewal, Municipal Revitalization: The Case of Curitiba, Brazil* (Alexandria, VA: Hugh Schwartz, 2004), chap. 1; Donnella Meadows, "The City of First Priorities," *Whole Earth Review* 85 (Spring 1995): 58-59; Jonas Rabinovitch, "Curitiba: Towards Sustainable Urban Development," *Environment and Urbanization* 4, no. 2 (October 1992): 62-73。

42. 关于哈瓦那的探讨基于以下研究成果：Shawn Miller, *Environmental History of Latin Ameica,* 230-235; Adriana Premat, "Moving between the Plan and the Ground: Shifting Perspectives on Urban Agriculture in Havana, Cuba," in *Agropolis: The Social, Political, and Environmental Dimensions of Urban Agriculture,* ed. Luc J. A. Mougeot (London: Earthscan, 2005), 153-185; Reader, *Cities,* 168-171。

43. Luc J. A. Mougeot, introduction to Mougeot, *Agropolis,* 1-4 and table 17.

44. 关于巴塞罗那在环保方面的努力，见 Juan Martinez-Alier, *The Environmentalism of the Poor: A Study of Ecological Conflicts and Valuation* (New Delhi: Oxford University Press, 2004), 161-167。关于全球汽车的探讨，见 United Nations Center for Human Settlements (Habitat), *Cities in a Globalizing World,* table 11.1。关于中国和汽车的探讨，见 Yok-shiu F. Lee, "Motorization in Rapidly Developing Cities," in *Scaling Urban Environmental Challenges: From Local to Global and Back,* ed. Peter J. Marcotullio and Gordon McGranahan (London: Earthscan, 2007), 179-205。

45. Angus Maddison, *The World Economy,* vol. 1, *A Millenial Perspective* (Paris: OECD, 2006), 125-126.

46. Jürgen Osterhammel and Niels P. Petersson, *Globalization: A Short History* (Princeton, NJ: Princeton University Press, 2005), 94-103; J. R. McNeill, "Social, Economic, and Political Forces in Environmental Change, Decadal Scale (1900 to 2000)," in *Sustainability or Collapse? An Integrated History and Future of People on Earth,* ed. Robert Costanza, Lisa J. Graumlich, and Will Steffen (Cambridge, MA: MIT Press, 2007), 307-308; Jeffry Frieden, *Global Capitalism: Its Fall and Rise in the 20th Century* (New York: Norton, 2006).

47. Ivan Berend, *Central and Eastern Europe, 1944-1993: Detour from the Periphery to the Periphery* (Cambridge: Cambridge University Press, 1996).

48. Stephen Kotkin, *Armageddon Averted: The Soviet Collapse, 1970-2000* (Oxford: Oxford University Press, 2008), 17-25, 32-34; Maddison, *The World Economy,* vol. 1, table 3-5; Robert C. Allen, *From Farm to Factory: A Reinterpretation of the Soviet Industrial Revolution* (Princeton, NJ: Princeton University Press, 2003).
49. 尽管生物量对世界上贫穷地区的数百万个家庭具有持续的重要性，但它并未被包含在这些数字当中。生物量趋向于在商业经济以外被收集和使用，因此，它大多未经报道。见 Vaclav Smil, *Energy in Nature and Society: General Energetics of Complex Systems* (Cambridge, MA: MIT Press, 2008), chap. 9（特别参见图 9.1）。
50. 同上，第 241—243，257—259 页。
51. Vaclav Smil, *Energy at the Crossroads: Global Perspectives and Uncertainties* (Cambridge, MA: MIT Press, 2005), 65-105.
52. Massimo Livi-Bacci, *A Concise History of World Population* (Cambridge, MA: Blackwell, 1992), table 4.3; Maddison, *The World Economy,* vol. 2, *Historical Statistics* (Paris: OECD Development Centre, 2006), table 5a.
53. Vaclav Smil, *Transforming the Twentieth Century: Technical Innovations and Their Consequences* (New York: Oxford University Press, 2006), 221-224.
54. John McCormick, *Reclaiming Paradise: The Global Environmental Movement* (Bloomington: Indiana University Press, 1989), 55-56, 69-71.
55. Smil, *Transforming the Twentieth Century,* 123-130; Peter Clark, "Versatile Plastics for Future," *Science News-Letter* 76, no. 24 (December 12, 1959): 402-403.
56. John B. Colton Jr., Frederick D. Knapp, and Bruce R. Burns, "Plastic Particles in Surface Waters of the Northwestern Atlantic," *Science* 185, no. 4150 (August 9, 1974): 491-497; "Oily Sea and Plastic Waters of the Atlantic," *Science News* 103, no. 8 (February 24, 1973): 119; Thor Heyerdahl, *The Ra Expeditions* (New York: Doubleday, 1971), 209-210, 235, 312（引文在第 209 页）。
57. Smil, *Transforming the Twentieth Century,* 123.
58. P. G. Ryan, C. J. Moore, J. A. van Franeker, and C. L. Moloney, "Monitoring the Abundance of Plastic Debris in the Marine Environment," *Philosophical Transactions of the Royal Society (Biology)* 364 (2009): 1999-2012; D. K. A. Barnes, F. Galgani, R. C. Thompson, and M. Barlaz, "Accumulation and Fragmentation of Plastic Debris in Global Environments," *Philosophical Transactions of the Royal Society (Biology)* 364 (2009): 1985-1998; Lindsey Hoshaw, "Afloat in the Ocean, Expanding Islands of Trash," *New York Times,* November 10, 2009, D2; Richard C. Thompson et al., "Lost at Sea: Where Is All the Plastic?," *Science* 304, no. 5672 (May 7, 2004): 838. 也可另见更加通俗的探讨，Curtis Ebbesmeyer and Eric Scigliano, *Flotsametrics and the Floating World* (New York: HarperCollins, 2009), 186-221。
59. Peter Dauvergne, *The Shadows of Consumption: Consequences for the Global Environment* (Cambridge, MA: MIT Press, 2008), 99-131; Smil, *Transforming the Twentieth Century,* 41; Catherine Wolfram, Orie Shelef, and Paul J. Gertler, "How Will Energy Demand Develop in the Developing World?," National Bureau of Economic Research Working Paper No. 17747 (2012), at www.nber.org/papers/w17747.
60. Maddison, *The World Economy,* 1: 131-134; Rondo Cameron and Larry Neal, *A Concise*

Economic History of the World from Paleolithic Times to the Present (New York: Oxford University Press, 2003), 367-370. 关于廉价石油在战后欧洲的影响，见 Christian Pfister, "The Syndrome of the 1950s," in *Getting and Spending: European and American Consumer Societies in the Twentieth Century,* ed. Susan Strasser, Charles McGoven, and Matthias Judt (Cambrige: Cambridge University Press, 1998), 359-377。

61. Maddison, *The World Economy,* 1: 139-141; Yasukichi Yasuba, "Japan's Post-war Growth in Historical Perspective," in *The Economic Development of Modern Japan, 1945-1995,* vol. 1, *From Occupation to the Bubble Economy,* ed. Steven Tolliday (Northampton, MA: Edward Elgar, 2001), 3-16.

62. 关于理论上的美国化，见 Richard Kuisel, "Commentary: Americanization for Historians," *Diplomatic History* 24, no. 3 (Summer 2000): 509-515。大量关于欧洲的美国化的文献，参见Emanuella Scarpellini, "Shopping American Style: The Arrival of the Supermarket in Postwar Italy," *Enterprise and Society* 5, no. 4 (2004): 625-668; Detlef Junker, "The Continuity of Ambivalence: German Views of America, 1933-1945," in *Transatlantic Images and Perceptions: Germany and America since 1776,* ed. David Barkley and Elisabeth Glaser-Schmidt (New York: Cambridge University Press and German Historical Institute, 1997), 243-263; Richard Kuisel, *Seducing the French: The Dilemma of Americanization* (Berkeley: University of California Press, 1993); Frank Costigliola, *Awkward Dominion: American Political, Economic and Cultural Relations with Europe, 1919-33* (Ithaca, NY: Cornell University Press, 1984)。关于美国文化对日本消费主义的影响，见 Penelope Franks, *The Japanese Consumer: An Alternative Economic History of Modern Japan* (Cambridge: Cambridge University Press, 2009), 151-162; Yasuba, "Japan's Post-war Growth," 13-14。关于美国和东亚消费主义的概括论述，见 James L. Watson, *Golden Arches East: McDonald*'s *in East Asia* (Stanford, CA: Stanford University Press, 2006)。

63. Maddison, *The World Economy,* vol. 2, tables 5a, 5b, 5c (pp. 542-543, 552-553, 562-563).

64. Kotkin, *Armageddon Averted,* chap. 1; Cameron and Neal, *Concise Economic History,* 372-373. 关于东欧的自然和民族的集体化的影响的探讨，见 Katrina Z. S. Schwartz, *Nature and National Identity after Communism: Globalizing the Ethnoscape* (Pittsburgh: University of Pittsburgh Press, 2006); Arvid Nelson, *Cold War Ecology: Forests, Farms, and People in the East German Landscape, 1945-1989* (New Haven, CT: Yale University Press, 2005)。

65. Kotkin, *Armageddon Averted,* 10-17, 48-53.

66. 同上，第 3 章。

67. 同上，第 5 章；Maddison, *The World Economy,* 1: 155-161。

68. Ho-fung Hung, "Introduction: The Three Transformations of Global Capitalism," in *China and the Transformation of Global Capitalism,* ed. Ho-fung Hung (Baltimore: John Hopkins University Press, 2009), 10-11; Osterhammel and Petersson, *Globalization,* 115-116.

69. Giovanni Arrighi, "China's Market Economy in the Long Run," 1-21; Ho-fung Hung, "Introduction," 6-13; John Minns, "Wold Economies: Southeast Asia since the 1950s," in *The Southeast Asia Handbook,* ed. Patrick Heenan an Monique Lamontagne (London: Fitzroy Dearborn, 2001), 24-37.

70. 关于香蕉贸易，见 Marcelo Bucheli and Ian Read, "Banana Boats and Baby Food: The

Banana in U.S. History," in *From Silver to Cocaine: Latin American Commodity Chains and the Building of the World Economy, 1500-2000,* ed. Steven Topik, Carlos Marichal, and Zephyr Frank (Durham, NC: Duke University Press, 2006), 204-227.

71. Osterhammel and Petersson, *Globalization,* 128-130: Minns, "World Economies."

72. Maddison, *The World Economy,* 1: 151-155 and table 3-5.

73. Martinez-Alier, *Environmentalism of the Poor,* chap. 2; Ramachandra Guha and Juan Martinez-Alier, *Varieties of Environmentalism: Essays North and South* (Delhi: Oxford University Press, 1998), chap. 9; Herman E. Daly, "Steady-State Economics versus Growthmania: A Critique of the Orthodox Conceptions of Growth, Wants, Scarcity, and Efficiency," *Policy Sciences* 5, no. 2 (June 1974): 149-167.

74. Robert Costanza et al., "The Value of the World's Ecosystem Services and Natural Capital," *Nature* 387 (May 15, 1997): 253-260; Robert Costanza, "Ecological Economics: Reintegrating the Study of Humans and Nature," *Ecological Applications* 6, no. 4 (November 1996): 978-990; Kenneth Arrow et al., "Economic Growth, Carrying Capacity, and the Environment," *Ecological Applications* 6, no. 1 (February 1996): 13-15; Herman E. Daly, "On Economics as a Life Science," *Journal of Political Economy* 76, no. 3 (May-June 1968): 392-406; Kenneth E. Boulding, "Economics and Ecology," in *Future Environments of North America: Being the Record of a Conference Converned by the Conservation Foundation in April, 1965, at Airlie House, Warrenton, Virginia,* ed. F. Fraser Darling and John P. Milton (Garden City, NY: Natural History Press, 1966), 225-234.

75. David Satterthwaite, *Barbara Ward and the Origins of Sustainable Development* (London: International Institute for Environment and Development, 2006); Susan Baker, *Sustainable Development* (New York: International Institute for Environment and Development, 2006); Lorraine Elliott, *The Global Politics of the Environment* (New York: New York University Press, 2004); Robert Paehlke, "Environmental Politics, Sustainability and Social Science," *Environmental Politics* 10, no. 4 (Winter 2001): 1-22; United Nations Environment Programme, *In Defence of the Earth: The Basic Texts on Environment: Founex—Stockholm—Cocoyoc* (Nairobi: United Nations Environment Programme, 1981).

76. 有关这一问题的杰出的诠释，见 Ramachandra Guha, *How Much Should a Person Consume? Environmentalism in India and the United States* (Berkeley: University of California Press, 2006), chap. 9。

第四章　冷战与环境文化

1. Vaclav Smil, *Energy in World History* (Boulder, CO: Westview, 1994), 185; 关于苏联的内容，见 Paul Josephson, "War on Nature as Part of the Cold War: The Strategic and Ideological Roots of Environmental Degradation in the Soviet Union," in *Environmental Histories of the Cold War*, ed. J. R. McNeill and Corinna Unger (New York: Cambridge University Press, 2010), 46。根据 Charles Maier, "The World Economy and the Cold War in the Middle of the Twentieth Century," in *The Cambridge History of the Cold War*, ed. Melvyn Leffler and Arne Westad (Cambridge: Cambridge University Press, 2010), 1: 64 所述，苏联将约 20% 的国民

生产总值用于军事开支，而美国、法国和英国则将 5%~10% 的国民生产总值用于军事目的。美国将约 3%~4% 的石油消费用于军队。F-16 战斗机从 1979 年起为空军立下了汗马功劳，仅一架这种飞机一个下午消耗的燃料就比一辆普通的美国家庭用车两年消耗的燃料还要多。

2. 关于州际系统及其生态影响，见 J. R. McNeill, "The Cold War and the Biosphere," in Leffler and Westad, *Cambridge History of the Cold War*, 3: 434-436。
3. Christopher J. Ward, *Brezhnev's Folly: The Building of BAM and Late Soviet Socialism* (Pittsburgh: Unviersity of Pittsburgh Press, 2009). 当然，这个计划也出于多种动机。
4. Philip Micklin, "The Aral Sea Disaster," *Annual Review of Earth and Planetary Sciences* 35 (2007): 47-72. 一个直接与冷战相联系的潜在问题与沃兹罗日杰尼耶岛（Vozrozhdeniya Island）有关。这曾是苏联生物武器计划的主要试验场所，炭疽、天花和许多其他病原体在此被制成武器。2001 年，这座岛变成了半岛的一部分，因此，啮齿动物和其他生物便轻而易举地在曾经隔绝孤立的试验场进进出出。
5. Yin Shaoting, "Rubber Planting and Eco-Environmental/Socio-cultural Transition in Xishuangbanna," in *Good Earths: Regional and Historical Insights into China's Environment*, ed. Abe Ken-ichi and James E. Nickum (Kyoto: Kyoto Unviersity Press, 2009), 136-143; Judith Shapiro, *Mao's War againt Nature* (New York: Cambridge University Press, 2001), 172-184; Hongmei Li, T. M. Aide, Youxin Ma, Wenjun Liu, and Min Gao, "Demand for Rubber Is Causing the Loss of High Diversity Rain Forest in SW China," *Biodiversity and Conservation* 16 (2007): 1731-1745; Wenjin Liu, Huabin Hu, Youxin Ma, and Hongmei Li, "Environmental and Socioeconomic Impacts of Increasing Rubber Plantations in Menglun Township, Southwest China," *Mountain Research and Development* 26 (2006): 245-253.
6. 关于纳瓦霍铀矿工的内容，见 B. R. Johnston, S. E. Dawson, and G. Madsen, "Uranium Mining and Milling: Navajo Experiences in the American Southwest," in *Half-Lives and Half-Truth: Confronting the Radioactive Legacies of the Cold War*, ed. Barbara Rose Johnston (Santa Fe, NM: School for Advanced Research Press, 2007), 97-116。
7. 基本数据见于 Arjun Makhijani, Howard Hu, and Katherine Yih, eds., *Nuclear Wastelands: A Global Guide to Nuclear Weapons Production and Its Health and Environmental Effects* (Cambridge MA: MIT Press, 1995)。
8. Kate Brown, *Plutopia: Nuclear Families, Atomic Cities, and the Great Soviet and American Plutonium Disasters* (New York: Oxford Unviersity Press, 2013); Michele Stenehjem Gerber, *On the Home Front: The Cold War Legacy of the Hanford Nuclear Site* (Lincoln: Unviersity of Nebraska Press, 2002); T. E. Marceau et al., *Hanford Site Historic District: History of the Plutonium Production Facilities, 1943-1990* (Columbus, OH: Battelle Press, 2003); John M. Whiteley, "The Hanford Nuclear Reservation: The Old Realities and the New," in *Critical Masses: Citizens, Nuclear Weapons Production, and Environmental Destruction in the United States and Russia*, ed. Russell J. Dalton, Paula Garb, Nicholas Lovrich, John Pierce, and John Whitely (Cambridge, MA: MIT Press, 1999), 29-58.
9. Ian Stacy, "Roads to Ruin on the Atomic Frontier: Environmental Decision Making at the Hanford Nuclear Reservation, 1942-1952," *Environmental History* 15 (2010): 415-448.
10. Brown, *Plutopia*, 169-170; Gerber, *Home Front*, 90-92; M. A. Robkin, "Experimental Release

of 131I: The Green Run," *Health Physics* 62, no. 6 (1992): 487-495.

11. Bengt Danielsson and Marie-Thérèse Danielsson, *Poisoned Reign: French Nuclear Colonialism in the Pacific* (New York: Penguin, 1986); Stewart Firth, *Nuclear Playground* (Honolulu: University of Hawai'i Press, 1986); Mark Merlin and Ricardo Gonzalez, "Environmental Impacts of Nuclear Testing in Remote Oceania, 1946-1996," in McNeill and Unger, *Environmental Histories*, 167-202. 几十年来，马绍尔群岛的岛民不情愿地组织美国的核试验，关于他们的命运，见 Barbara Rose Johnston and Holly M. Barker, *Consequential Damages of Nuclear War: The Rongelap Report* (Walnut Creek, CA: Left Coast Press, 2008)。

12. 尽管在托木斯克 7 号的放射性核素排放总量可能更大，但在那里它们却散布得更加广泛。Don J. Bradley, *Behind the Nuclear Curtain: Radioactive Waste Management in the Former Soviet Union* (Columbus: Battelle Press, 1997), 451ff. 关于苏联的核综合体，见 Nikolai Egorov, Valdimir Novikov, Frank Parker, and Victor Popov, eds., *The Radiation Legacy of the Soviet Nuclear Complex* (London: Earthscan, 2000); Igor Kudrik, Charles Digges, Alexander Nikitin, Nils Bøhmer, Vladimir Kuznetsov, and Vladislav Larin, *The Russian Nuclear Industry* (Oslo: Bellona Foundation, 2004); John Whiteley, "The Compelling Realities of Mayak," in Dalton et al., *Critical Masses*, 59-96。关于人类方面的后果，也可见 Paula Garb, "Russia's Radiation Victims of Cold War Weapons Production Surviving in a Culture of Secrecy and Denial," and Cynthia Werner and Kathleen Purvis-Roberts, "Unraveling the Secrets of the Past: Contested Visions of Nuclear Testing in the Soviet Republic of Kazakhstan," both in Johnston, *Half-Lives and Half-Truths*, 249-276, 277-298。

13. 一个挪威和俄罗斯的研究团队计算出，从 1948 年到 1996 年间在马亚克意外和故意释放的锶–90 和铯–137 相当于 8900 帕塔贝克勒尔（petabecquerels）的量。Rob Edwards, "Russia's Toxic Shocker," *New Scientist 6* (December 1997): 15. 1 帕塔贝克勒尔 =10^{15} 贝克勒尔；8900 帕塔贝克勒尔约等于 2.4 亿居里，约为官方估计值的 1.8 倍。

14. Bradley, *Behind the Nuclear Curtain*, 399-401; Garb, "Russia's Radiation Victims," 253-260.

15. Zhores Medvedev, *Nuclear Disaster in the Urals* (New York: Norton, 1979).

16. 近期有关苏联核问题的总结，有 Paul Josephson, "War on Nature as Part of the Cold War: The Strategic and Ideological Roots of Environmental Degradation in the Soviet Union," in McNeill and Unger, *Environmental Histories*, 43-46; and McNeill, "Cold War and the Biosphere," 437-443 （其中大部分的叙述是从此文得出的）。也可见 Brown, *Plutopia*, 189-212, 231-246。

17. Egorov et al., *Radiation Legacy*, 150-153; Bradley, *Behind the Nuclear Curtain*, 419-420.

18. 例如，Mark Hertsgaard, *Earth Odyssey* (New York: Broadway Books, 1998); Garb, "Russia's Radiation Victims"。也可见 Murray Feshbach, *Ecological Disaster: Cleaning Up the Hidden Legacy of the Soviet Regime* (New York: Twentieth Century Fund,1995), 48-49; Murray Feshbach and Alfred Friendly Jr., *Ecocide in the USSR* (New York: Basic Books, 1992), 174-179; Brown, *Plutopia*。

19. N. A. Koshikurnikova et al., "Morality among Personnel Who Worked at the Mayak Complex in the First Years of Its Operation," *Health Physics* 71 (1996): 90-99; M. M. Kossenko, "Cancer Mortality among Techa River Residents and Their Offspring," *Health Physics* 71 (1996): 77-82; N. A. Koshikurnikova et al., "Studies on the Mayak Nuclear Workers: Health Effects," *Radiation and Environmental Biophysics* 41 (2002): 29-31; Mikhail Balonov et al., "Assessment

of Current Exposure of the Population Living in the Techa Basin from Radioactive Releases from the Mayak Facility," *Health Physics* 92 (2007): 134-147. 美国能源部正在进行的研究也显示了在马亚克以前的员工中存在着严重的健康问题。见 http://hss.energy.gov/HealthSafety/IHS/ihp/jccret/active_projects.html。最近的一份不错的总结是：W. J. F. Standring, Mark Dowdall, and Per Strand, "Overview of Dose Assessment Developments and the Health of Riverside Residents Close to the 'Mayak' PA Facilities, Russia," *International Journal of Environmental Research and Public Health* 6 (2009): 174-199。

20. Whiteley, "Compelling Realities," 90, 引自 Paula Garb, "Camplex Problems and No Clear Solutions: Difficulties of Defining and Assigning Culpability for Radiation Victimization in the Chelyabinsk Region of Russia," in *Life and Death Matters: Human Rights at the End of the Millennium*, ed. B. R. Johnston (Walnut Creek, CA: AltaMira Press, 1997)。

21. 中国的情况是最不清晰的，那里的数据比俄罗斯还要少并且甚至更不可靠。见 Alexandra Brooks and Howard Hu, "China," in Makhijani et al., *Nuclear Wastelands*, 515-518。

22. Bellon Foundation, *Bellona Report No. 8: Sellafield*, at www.bellona.org. 还可见 Jacob Hamblin, *Poison in the Well: Radioactive Waste in the Oceans at the Dawn of the Nuclear Age* (New Brunswick, NJ: Rutgers University Press, 2008)。

23. 在 2006 年，俄罗斯一法庭裁决马亚克的主管维塔利·萨多夫尼科夫（Vitaly Sadovnikov）曾经在 2001—2004 年之间批准将数千万立方米的放射性废弃物倾倒入捷恰河（Techa River），以削减成本并且支付给自己更多钱。见 Bellona post of March 20, 2006, at www.bellona.ru/bellona.org/news/news_2006/Mayak_plant_%20general_director_dismissed_from_his_post。

24. National Geographic News: http://news.nationalgeographic.com/news/2001/08/0828_wirenukesites.html.

25. 锶-90 在某些生物化学性质方面与钙相仿，而且可以轻而易举地通过饮食进入人类的牙齿、骨骼和骨髓，它可以导致癌症和白血病。

26. Arhun Makhijani and Stephen I. Schwartz, "Victims of the Bomb," in *Atomic Audit: The Costs and Consequences of U. S. Nuclear Weapons since 1940*, ed. Stephen I. Schwartz (Washington, DC: Brookings Institution Press, 1998), 395, 给出了从 7 万至 80 万由美国的大气层试验导致的全球癌症死亡人数范围。对于核武器计划的其他方面导致的死亡人数的估算仍然不够准确，特别是当中国和苏联被列入考虑之列的时候。

27. 在美国，爱德华·特勒（Edward Teller）是他所谓的"地球工程（geographical engineering）"的主要支持者。特勒生于布达佩斯，在德国接受教育，曾是一名激烈的反共主义者，但当论及将核爆炸用于地球工程的时候，他就与最狂热的苏联空想家并无二致了。Teller et al., *The Constructive Uses of Nuclear Explosives* (New York: McGraw-Hill, 1968); Scott Kirsch, *Proving Grounds: Project Plowshare and the Unrealized Dream of Nuclear Earthmoving* (New Brunswick, NJ: Rutgers University Press, 2005).

28. 在涉及航空器和核武器的几十起事故中，这是其中之一，所有这些事故都没有导致全面灾难。Randall C. Maydew, *America's Lost H-Bomb: Palomares, Spain, 1966* (Manhattan, KS: Sunflower Unviersity Press, 1997); 一份易读的新闻报道来自 Barbara Moran, *The Day We Lost the H-Bomb: Cold War, Hot Nukes, and the Worst Nuclear Weapons Disaster in History* (New York: Presidio Press, 2009)。

29. 关于这些发生在南部非洲的战争的国际政治方面的探讨，见 Chris Saunders and Sue Onslow, "The Cold War and Southern Africa, 1976-1990," in Leffler and Westad, *Cambridge History of the Cold War*, 3: 222-243。关于社会影响和环境影响的探讨，见 Emmanuel Kreike, "War and Environmental Effects of Displacement in Southern Africa (1970s-1990s)," in *African Environment and Development: Rhetoric, Programs, Realities*, ed. William Moseley and B. Ikubolajeh Logan (Aldershot, UK: Ashgate, 2004), 89-110; Joseph P. Dudley, J. R. Ginsberg, A. J. Plumptre, J. A. Hart, and L. C. Campos, "Effects of War and Civil Strife on Wildlife and Wildlife Habitats," *Conservation Biology* 16, no. 2 (2002): 319-329。
30. Rodolphe de Koninck, *Deforestation in Viet Nam* (Ottawa: International Development Research Centre, 1999), 12. 落叶剂和罗马犁的故事在许多文本中有所叙述，并在这本书中得到了清晰的总结：Greg Bankoff, "A Curtain of Silence: Asia's Fauna in the Cold War," in McNeill and Unger, *Environmental Histories*, 215-216。也可见 David Biggs, *Quagmire: Nation-Building and Nature in the Mekong Delta* (Seattle: University of Washington Press, 2012)。
31. 关于越南战争的生态影响，最具权威的研究者是 A. H. Westing。例如，见 Westing, ed., *Herbicides in War: The Long-Term Ecological and Human Consequences* (London: Taylor and Francis, 1984)。
32. Bankoff, "Curtain of Silence."
33. Dudley et al., "Effects of War." 又见 M. J. Chase and C. R. Griffin, "Elephants Caught in the Middle: Impacts of War, Fences, and People on Elephant Distribution and Abundance in the Caprivi Strip, Namibia," *African Journal of Ecology* 47 (2009): 223-233。
34. Andrew Terry, Karin Ulrich, and Uwe Riecken, *The Green Belt of Europe: From Vision to Reality* (Gland, Switzerland: IUCN, 2006).
35. Lisa Brady, "Life in the DMZ: Turning a Diplomatic Failure into an Environmental Success," *Diplomatic History* 32 (2008): 585-611; Ke Chung Kim, "Preserving Korea's Demilitarized Corridor for Conservation: A Green Approach to Conflict Resolution," in *Peace Parks: Conservation and Conflict Resolution*, ed. Saleem Ali (Cambridge, MA: MIT Press, 2007), 239-260; Hall Healy, "Korean Demilitarized Zone Peace and Nature Park," *International Journal on World Peace* 24 (2007): 61-84.
36. Franz-Josef Strauses, 引自 Ramachandra Guha, *Environmentalism* (New York: Longman, 2000), 97。
37. Guha, *Environmentalism*, 69-79; Miller, *Environmental History of Latin America*, 204-205. 关于卡森以及人们对于《寂静的春天》的接受情况，见 Linda J. Lear, "Rachel Carson's 'Silent Spring,'" *Environmental History Review* 17, no. 2 (Summer 1993): 23-48。关于在《寂静的春天》出版前后人们对于滴滴涕的看法，见 Thomas R. Dunlap, ed., *DDT,* Silent Spring, *and the Rise of Environmentalism: Classic Texts* (Seattle: University of Washington Press, 2008)。
38. 威廉·克罗农（William Cronon）就是其中之一，他反对过分简化卡森和《寂静的春天》的影响，同时又承认应当偿还二者的恩情。见于他为这本书所作的序，Dunlap, *DDT,* "*Silent Spring,*" ix-xii。
39. Uekoetter, *The Age of Smoke*, 113-207.
40. Adam Rome, "'Give Earth a Chance': The Environmental Movement and the Sixties," *Journal of American History* 90, no. 2 (September 2003): 525-554; McCormick, *Reclaiming Paradise*,

52-54. 古哈（Guha）曾将“二战”后的第一个二十年称为“生态纯真年代”（age of ecological innocence）。见 Guha, *Environmentalism*, 63-68。

41. Russell J. Dalton, *The Green Rainbow: Environmental Groups in Western Europe* (New Haven, CT: Yale University Press, 1994), 36-37.

42. Jeffrey Broadbent, *Environmental Policies in Japan: Networks of Power and Protest* (Cambridge: Cambridge University Press, 1998), 12-19; Miranda Schreurs, *Environmental Politics in Japan, Germany, and the United States* (Cambridge: Cambridge University Press, 2003), 35-46; Rome, "'Give Earth a Chance'" ; Catherine Knight, "The Nature Conservation Movement in Post-War Japan," *Environmental and History* 16 (2010): 349-370; Brett Walker, *Toxic Archipelago: A History of Industrial Disease in Japan* (Seattle: University of Washington Press, 2010).

43. 诸如《增长的极限》之类的出版物引起的反响激烈且发人深思。美国经济学家朱利安·西蒙（Julian Simon）便是批评者中比较有名的一位。例如，见 Julian Simon, *The Ultimate Resource* (Princeton, NJ: Princeton University Press, 1981)。

44. McCormick, *Reclaiming Paradise*, 144-145; Frank Zelko, *Make It a Green Peace: The Rise of Countercultural Environmentalism* (New York: Oxford University Press, 2013).

45. Martinez-Alier, *Environmentalism of the Poor*; Guha and Martinez-Alier, *Varieties of Environmentalism*, 3-5.

46. Ramachandra Guha, "Environmentalist of the Poor," *Economic and Political Weekly* 37, no. 3 (January 19-25, 2002): 204-207. 后物质主义假说与美国政治科学家罗纳德·英格尔哈特（Ronald Inglehart）最为密切相关。

47. 印度的两位知识分子阿尼尔·阿加瓦尔（Anil Agarwal）和拉马钱德拉·古哈（Ramachandra Guha）在富国和穷国的环保主义者中间引发争论这件事上，起到的作用尤为突出。古哈承认他从阿加瓦尔那里得到了智识上和情感上的教益；见 Guha, "Environmentalist of the Poor"。关于抱树，见 Guha's *The Unquiet Woods: Ecological Change and Peasant Resistance in Himalayas* (Berkeley: Unviersity of California Press, 2000), 152-179, 197-200。关于美国环境史及其对来自印度学者的批判的接纳，见 Paul Sutter, "When Environmental Traditions Collide: Ramachandra Guha's *The Unquiet Woods* and U. S. Environmental History," *Environmental History* 14 (July 2009): 543-550。关于对抱树的多种阐释的综述，见 Haripriya Rangan, *Of Myths and Movement: Rewriting Chipco into Himalayan History* (London: Verso, 2000), 13-38。比较浪漫的一种论述来自 Vandana Shiva, "The Green Movement in Asia," in *Research in Social Movements, Conflicts and Change: The Green Movement Worldwide*, ed. Matthias Finger (Greenwich, CT: JAI Press, 1992), 195-215 (see esp. 202)。

48. 关于奇科·门德斯，见 Kathryn Hochstetler and Margaret E. Keck, *Greening Brazil: Environmental Activism in State and Society* (Durham, NC: Duke University Press, 2007), 111-112。关于讷尔默达，见 Madhav Gadgil and Ramachandra Guha, *Ecology and Equity: The Use and Abuse of Nature in Contemporary India* (London: Routledge, 1995), 61-63, 73-76. 在 Guha and Martinez-Alier, *Varieties of Environmentalism*, xviii-xix 中，提供了关于肯·萨罗-威瓦的生涯的简短总结。

49. Martinez-Alier, *Environemntalism of the Poor*, 168-194. 美国环境正义文献的一份经典文本是 Robert D. Bullard, *Dumping in Dixie: Race, Class and Environemntal Quality* (Boulder, CO: Westview, 1990)。

50. Shapiro, *Mao's War against Nature*, 21-65.

51. Valery J. Cholakov, "Toward Eco-Revival? The Cultural Roots of Russian Environmental Concerns," in Hughes, *Face of the Earth*, 155-157. 关于两次战争之间的资源保护主义，见Guha, *Environmentalism*, 125-130。关于苏联的河流，见Charles Ziegler, "Political Participation, Nationalism and Environmental Policies in the USSR," in *The Soviet Environment: Problems, Policies, and Politics*, ed. John Massey Stewart (New York: Cambridge University Press, 1992), 32-33。关于古巴，见 Sergio Diaz-Briquets and Jorge Perez-Lopez, *Conquering Nature: The Environmental Legacy of Sociallism in Cuba* (Pittsburgh: University of Pittsburgh Press, 2000), 13-17。

52. Marshall Goldman, "Environmentalism and Nationalism: An Unlikely Twist in an Unlikely Direction," in Stewart, *The Soviet Environment*, 2-3. 也可见 Stephen Brain, *Song of the Forest: Russian Forestry and Stalin's Environmentalism* (Pittsburgh: University of Pittsburgh Press, 2011)。

53. Cholakov, "Toward Eco-Revival?," 157-158; Ziegler, "Political Participation," 30-32.

54. Merrill E. Jones, "Origins of the East German Environmental Movement," *German Studies Review* 16, no. 2 (May 1993): 238-247; William T. Markham, *Environmental Organizations in Modern Germany: Hardy Survivors in the Twentieth Century and Beyond* (New York: Berghahn, 2008), 134-141.

55. Oleg N. Yanitksy, "Russian Environmental Movements," in *Earth, Air, Fire, Water: Humanistic Studies of the Environment*, ed. Jill Ker Conway, Kenneth Keniston, and Leo Marx (Amherst: University of Massachusetts Press, 1999), 184-186; Cholakov, "Toward Eco-Revival?," 161; Ze' ev Wolfson and Vladimir Butenko, "The Green Movement in the USSR and Eastern Europe," in Finger, *Research in Social Movements*, 41-50.

56. Yanfei Sun and Dingxin Zhao, "Environmental Campaigns," in *Popular Protest in China*, ed. Kevin J. O' Brien (Cambridge, MA: Harvard University Press, 2008), 144-162; Robert Weller, *Discovering Nature: Globalization and Environmental Culture in China and Taiwan* (Cambridge: Cambridge University Press, 2006), 115-129.

57. Uekoetter, *The Age of Smoke*, 252-258; Miller, *Environmental History of Latin America*, 206-208; Russell J. Dalton, "The Environmental Movement in Western Europe," in *Environmental Politics in the International Arena: Movements, Parties, Organizations, and Policy*, ed. Sheldon Kamieniecki (Albany: SUNY Press, 1993), 52-53; McCormick, *Reclaiming Paradise*, 125-131. 关于尼克松，见 Ted Steinberg, *Down to Earth: Nature's Role in American History* (New York: Oxford University Press, 2009), 251。

58. Lorraine Elliot, *The Global Politics of the Environment* (New York: New York University Press, 2004), 7-13; Hughes, "Biodiversity in World History," 35-36.

59. McCormick, *Reclaiming Paradise*, 88-105.

60. Samuel P. Hays, *A History of Environmental Politics since 1945* (Pittsburgh: University of Pittsburgh Press, 2000), 95-117; Hays, *Explorations in Environmental History: Essays by Samuel P. Hay* (Pittsburgh: University of Pittsburgh Press, 1998), 223-258.

61. Wangari Maathai, *Unbowed: A Memoir* (New York: Knopf, 2006), 119-138; Maathai, *The Green Belt Movement: Sharing the Approach and Experience* (New York: Lantern Books, 2003).

62. 尽管巴西有着悠久而令人钦佩的资源保护主义者的传统，它的领导人却几乎没有权力。见何塞·路易斯·德·安德拉德·佛朗哥（José Luiz de Andrade Franco）与何塞·奥古斯托・德鲁蒙德（José Augusto Drummond）撰写的论文，连载于 *Environmental History* 13 (October 2008): 724-750, and 14 (January 2009): 82-102。

63. Hochstetler and Keck, *Greening Brazil*, 26-33, 70-81, 97-130. 关于环保主义者关注巴西与联邦德国原子能合作的例子，见 *Das deutsch-brasilianische Atomgeschäft* (Bonn, 1977), self-published by Amnesty International/Brasilienkoordinationsgruppe, Arbeitsgemeinschaft katholischer Studenten-und Hochschulgemeinden, and Bundesverband Bürgerinitiativen Umweltschutz。

64. 见全球绿党（global greens）的网站，www.globalgreens.org/。

65. 在世纪末的时候会发生更多起大规模的超级油轮事故（见上文中关于煤炭和石油运输的部分）。最臭名昭著的事故有："阿莫克・卡迪斯号"（*Amoco Cadiz*）于 1978 年在布列塔尼（Brittany）附近，"埃克森・瓦尔迪兹号"（*Exxon Valdez*）于 1989 年在阿拉斯加附近。二者的吨位都约为"托里峡谷号"的两倍。见 Joanna Burger, *Oil Spills* (New Brunswick, NJ: Rutgers University Press, 1997), 28-61。

66. Christopher Key Chapple, "Toward an Indigenous Indian Environmentalism," in *Purifying the Earthly Body of God: Religion and Ecology in Hindu India*, ed. Lance E. Nelson (Albany, NY: SUNY Press, 1998), 13-38; Miller, *Environmental History of Latin America*, 209-211; Dalton, "The Environmental Movement," 58. 有关切尔诺贝利事故发生前后的法国的核政治的相关探讨，见 Michael Bess, *The Light-Green Society: Ecology and Technological Modernity in France, 1960-2000* (Chicago: University of Chicago Press, 2003), 92-109。

67. 具有讽刺意味的是，库斯托与法国环保主义者的关系并不融洽，他们认为他很幼稚。这并未阻止他们向库斯托提出邀请，请他在全国选举中领导绿党，他对此予以回绝。见 Bess, *The Light-Green Society*, 72-73。

68. 并非这所有的一切都是利润驱动的。古巴曾经进行了或许是世界上最大规模的有机农业实验。古巴在 20 世纪 90 年代失去了对于苏联石油的使用权，它在之后出于绝望转向了有机的方法。有些人认为现在的古巴人口享有比以往任何时候都更健康、更美味、更可持续的饮食。见 Miller, *Environmental History of Latin America*, 230-235。

精选书目

Bavington, Dean. *Managed Annihilation: An Unnatural History of the Newfoundland Cod Collapse.* Vancouver: University of British Columbia Press, 2010.

Bess, Michael. *The Light-Green Society: Ecology and Technological Modernity in France, 1960–2000.* Chicago: University of Chicago Press, 2003.

Blackbourn, David. *The Conquest of Nature: Water, Landscape, and the Making of Modern Germany.* New York: Norton, 2007.

Broadbent, Jeffrey. *Environmental Politics in Japan: Networks of Power and Protest.* Cambridge: Cambridge University Press, 1998.

Brown, Kate. *Plutopia: Nuclear Families, Atomic Cities, and the Great Soviet and American Plutonium Disasters.* New York: Oxford University Press, 2013.

Bullard, Robert D. *Dumping in Dixie: Race, Class and Environmental Quality.* Boulder, CO: Westview, 1990.

Burger, Joanna. *Oil Spills.* New Brunswick, NJ: Rutgers University Press, 1997.

Chan, Chak K., and Xiaohong Yao. "Air Pollution in Mega Cities in China." *Atmospheric Environment* 42 (2008): 1–42.

Chase, Michael J., and Curtice R. Griffin. "Elephants Caught in the Middle: Impacts of War, Fences and People on Elephant Distribution and Abundance in the Caprivi Strip, Namibia." *African Journal of Ecology* 47 (2009): 223–233.

Clark, William C., et al. "Acid Rain, Ozone Depletion, and Climate Change: An Historical Overview." In *Learning to Manage Global Environmental Risks,* vol. 1: *A Comparative History of Social Responses to Climate Change, Ozone Depletion, and Acid Rain,* ed. Social Learning Group. Cambridge, MA: MIT Press, 2007.

Cohen, Aaron J., et al. "The Global Burden of Disease Due to Outdoor Air Pollution." *Journal of Toxicology and Environmental Health* 68 (2005): 1301–1307.

Cohen, Joel E. *How Many People Can the Earth Support?* New York: Norton, 1995.

Collins, James P., and Martha L. Crump. *Extinction in Our Times: Global Amphibian Decline.* New York: Oxford University Press, 2009.

Costanza, Robert, et al. "The Value of the World's Ecosystem Services and Natural Capital." *Nature* 387 (May 15, 1997): 253–260.

Costanza, Robert, Lisa J. Graumlich, and Will Steffen, eds. *Sustainability or Collapse? An Integrated History and Future of People on Earth.* Cambridge, MA: MIT Press, 2007.

Cowie, Jonathan. *Climate Change: Biological and Human Aspects.* Cambridge: Cambridge University Press, 2007.

Cribb, Robert. "The Politics of Pollution Control in Indonesia." *Asian Survey* 30, no. 12 (December 1990): 1123–1135.

Crosby, Alfred W. *Children of the Sun: A History of Humanity's Unappeasable Appetite for Energy.* New York: Norton, 2006.

Crutzen, Paul, and Eugene Stoermer. "The Anthropocene." *IGBP Global Change Newsletter* 41 (2000): 17–18.

Cryer, Martin, Bruce Hartill, and Steve O'Shea. "Modification of Marine Benthos by Trawling: Toward a Generalization for the Deep Ocean?" *Ecological Applications* 12 (2002): 1824–1839.

Dalton, Russell J. *The Green Rainbow: Environmental Groups in Western Europe.* New Haven, CT: Yale University Press, 1994.

Dalton, Russell J., et al. *Critical Masses: Citizens, Nuclear Weapons Production, and Environmental Destruction in the United States and Russia.* Cambridge MA: MIT Press, 1999.

Daly, Herman E. "Steady-State Economics versus Growthmania: A Critique of the Orthodox Conceptions of Growth, Wants, Scarcity, and Efficiency." *Policy Sciences* 5, no. 2 (1974): 149–167.

Danielsson, Bengt, and Marie-Thérèse Danielsson. *Poisoned Reign: French Nuclear Colonialism in the Pacific.* Rev. ed. New York: Penguin, 1986.

Dauvergne, Peter. "The Politics of Deforestation in Indonesia." *Pacific Affairs* 66, no. 4 (Winter, 1993–1994): 497–518.

Davies, Richard G., et al. "Human Impacts and the Global Distribution of Extinction Risk." *Proceedings of the Royal Society: Biological Sciences* 273, no. 1598 (September 7, 2006): 2127–2133.

Davis, Devra. *When Smoke Ran Like Water: Tales of Environmental Deception and the Battle against Pollution.* New York: Basic Books, 2002.

DeFries, Ruth. *The Big Ratchet: How Humanity Thrives in the Face of Natural Crisis.* New York: Basic Books, 2014.

Díaz-Briquets, Sergio, and Jorge Pérez-López. *Conquering Nature: The Environmental Legacy of Socialism in Cuba.* Pittsburgh: University of Pittsburgh Press, 2000.

Dikötter, Frank. *Mao's Great Famine: The History of China's Most Devastating Catastrophe, 1958–1962.* New York: Walker, 2010.

Douglas, Ian. *Cities: An Environmental History.* London: I. B. Tauris, 2013.

Dubinsky, Zvy, and Noga Stambler, eds. *Coral Reefs: An Ecosystem in Transition.* New York: Springer, 2011.

Dudley, Joseph P., et al. "Effects of War and Civil Strife on Wildlife and Wildlife Habitats." *Conservation Biology* 16, no. 2 (2002): 319–329.

Dukes, J. S. "Burning Buried Sunshine: Human Consumption of Ancient Solar Energy." *Climatic Change* 61 (2003): 31–44.

Dunlap, Thomas R., ed. *DDT,* Silent Spring, *and the Rise of Environmentalism: Classic Texts.* Seattle: University of Washington Press, 2008.

Economy, Elizabeth. *The River Runs Black: The Environmental Challenge to China's Future.* Ithaca, NY: Cornell University Press, 2004.

Egorov, Nikolai N., Vladimir M. Novikov, Frank L. Parker, and Victor K. Popov, eds. *The Radiation Legacy of the Soviet Nuclear Complex: An Analytical Overview.* London: Earthscan, 2000.

Elliott, Lorraine. *The Global Politics of the Environment.* New York: New York University Press, 2004.

Elsheshtawy, Yasser, ed. *The Evolving Arab City: Tradition, Modernity and Urban Development.* London: Routledge, 2008.

Fang, Ming, Chak K. Chan, and Xiaohong Yao. "Managing Air Quality in a Rapidly Developing Nation: China." *Atmospheric Environment* 43, no. 1 (2009): 79–86.

Fearnside, Philip M. "Deforestation in Brazilian Amazonia: History, Rates, and Consequences." *Conservation Biology* 19, no. 3 (2005): 680–688.

Fenger, Jes. "Air Pollution in the Last 50 Years: From Local to Global." *Atmospheric Environment* 43 (2009): 13–22.

Feshbach, Murray. *Ecological Disaster: Cleaning Up the Hidden Legacy of the Soviet Regime.* New York: Twentieth Century Fund, 1995.

Feshbach, Murray, and Alfred Friendly Jr. *Ecocide in the USSR: Health and Nature under Siege.* New York: Basic Books, 1992.

Fiege, Mark. *The Republic of Nature: An Environmental History of the United States.* Seattle: University of Washington Press, 2013.

Finley, Carmel. "A Political History of Maximum Sustained Yield, 1945–1955." In *Oceans Past: Management Insights from the History of Marine Animal Populations,* ed. David J. Starkey, Poul Holm, and Michaela Barnard. London: Earthscan, 2008.

Firth, Stewart. *Nuclear Playground.* Honolulu: University of Hawai'i Press, 1986.

Fischer-Kowalski, Marina, et al. "A Socio-metabolic Reading of the Anthropocene: Modes of Subsistence, Population Size, and Human Impact on Earth" *Anthropocene Review* 1 (2014): 8–33.

Fleming, James Rodger. *Fixing the Sky: The Checkered History of Weather and Climate Control.* New York: Columbia University Press, 2010.

Forster, Clive. *Australian Cities: Continuity and Change.* Melbourne: Oxford University Press, 1995.

Franklin, H. Bruce. *The Most Important Fish in the Sea: Menhaden and America.* Washington, DC: Island Press, 2007.

Freese, Barbara. *Coal: A Human History.* Cambridge, MA: Perseus, 2003.

Gadgil, Madhav, and Ramachandra Guha. *Ecology and Equity: The Use and Abuse of Nature in Contemporary India.* London: Routledge, 1995.

Gaston, Kevin J., Tim M. Blackburn, and Kees Klein Goldewijk. "Habitat Conversion and Global Avian Biodiversity Loss." *Proceedings of the Royal Society of London: Biological Sciences* 270, no. 1521 (June 22, 2003): 1293–1300.

Gerber, Michele Stenehjem. *On the Home Front: The Cold War Legacy of the Hanford Nuclear Site.* 2nd ed. Lincoln: University of Nebraska Press, 2002.

Gerlach, Allen. *Indians, Oil, and Politics: A Recent History of Ecuador.* Wilmington, DE: Scholarly Resources, 2003.

Gilbert, Alan, ed. *The Mega-city in Latin America.* New York: United Nations University Press, 1996.

Gildeeva, Irina. "Environmental Protection during Exploration and Exploitation of Oil and Gas Fields." *Environmental Geosciences* 6 (1999): 153–154.

Gössling, Stefan, Carina Borgström Hansson, Oliver Hörstmeir, and Stefan Saggel. "Ecological Footprint Analysis as a Tool to Assess Tourism Sustainability." *Ecological Economics* 43 (2002): 199–211.

Greenhalgh, Susan. *Cultivating Global Citizens: Population in the Rise of China.* Cambridge, MA: Harvard University Press, 2010.

———. *Just One Child: Science and Policy in Deng's China.* Berkeley: University of California Press, 2008.

Grimm, Nancy B., et al. "Global Change and the Ecology of Cities." *Science* 319 (February 8, 2008): 756–760.

Grundmann, Reiner. "Ozone and Climate: Scientific Consensus and Leadership." *Science, Technology, & Human Values* 31, no. 1 (January 2006): 73–101.

Guha, Ramachandra. *Environmentalism: A Global History.* New York: Longman, 2000.

———. *The Unquiet Woods: Ecological Change and Peasant Resistance in the Himalayas.* Rev. ed. Berkeley: University of California Press, 2000.

Guha, Ramachandra, and Juan Martinez-Alier. *Varieties of Environmentalism: Essays North and South.* Delhi: Oxford University Press, 1998.

Gutfreund, Owen D. *Twentieth-Century Sprawl: Highways and the Reshaping of the American Landscape.* New York: Oxford University Press, 2004.

Hall, Charles, et al. "Hydrocarbons and the Evolution of Human Culture." *Nature* 426 (2003): 318–322.

Hall, Peter. *Cities of Tomorrow: An Intellectual History of Urban Planning and Design in the Twentieth Century*. Rev. ed. Oxford, UK: Blackwell, 1996.

Haller, Tobias, et al., eds. *Fossil Fuels, Oil Companies, and Indigenous Peoples: Strategies of Multinational Oil Companies, States, and Ethnic Minorities; Impact on Environment, Livelihoods, and Cultural Change*. Zurich: Lit, 2007.

Hamblin, Jacob Darwin. *Poison in the Well: Radioactive Waste in the Oceans at the Dawn of the Nuclear Age*. New Brunswick, NJ: Rutgers University Press, 2008.

Hardjono, J. "The Indonesian Transmigration Scheme in Historical Perspective." *International Migration* 26 (1988): 427–438.

Hashimoto, M. "History of Air Pollution Control in Japan." In *How to Conquer Air Pollution: A Japanese Experience*, ed. H. Nishimura. Amsterdam: Elsevier, 1989.

Hays, Samuel P. *Explorations in Environmental History: Essays*. Pittsburgh: University of Pittsburgh Press, 1998.

———. *A History of Environmental Politics since 1945*. Pittsburgh: University of Pittsburgh Press, 2000.

Heitzman, James. *The City in South Asia*. New York: Routledge, 2008.

Hochstetler, Kathryn, and Margaret E. Keck. *Greening Brazil: Environmental Activism in State and Society*. Durham, NC: Duke University Press, 2007.

Hughes, J. Donald, ed. *The Face of the Earth: Environment and World History*. Armonk, NY: M. E. Sharpe, 2000.

Isenberg, Andrew, ed. *The Oxford Handbook of Environmental History*. New York: Oxford University Press, 2014.

Jacobs, Nancy. *Environment, Power and Injustice: A South African History*. New York: Cambridge University Press, 2003.

Jenkins, Martin. "Prospects for Biodiversity." *Science* 302, no. 5648 (November 14, 2003): 1175–1177.

Johnston, Barbara Rose, ed. *Half-Lives and Half-Truths: Confronting the Radioactive Legacies of the Cold War*. Santa Fe, NM: School for Advanced Research Press, 2007.

Johnston, Barbara Rose, and Holly M. Barker. *Consequential Damages of Nuclear War: The Rongelap Report*. Walnut Creek, CA: Left Coast, 2008.

Jones, Merrill E. "Origins of the East German Environmental Movement." *German Studies Review* 16, no. 2 (1993): 235–264.

Josephson, Paul, et al. *An Environmental History of Russia*. New York: Cambridge University Press, 2013.

Kahn, Matthew E. "The Environmental Impact of Suburbanization." *Journal of Policy Analysis and Management* 19, no. 4 (2000): 569–586.

Karan, P. P., and Kristin Stapleton, eds. *The Japanese City*. Lexington: University Press of Kentucky, 1997.

Kashi, Ed. *The Curse of the Black Gold: 50 Years of Oil in the Niger Delta*. Edited by Michael Watts. Brooklyn: PowerHouse, 2009.

Ken-ichi, Abe, and James E. Nickum, eds. *Good Earths: Regional and Historical Insights into China's Environment*. Kyoto: Kyoto University Press, 2009.

Khuhro, Hamida, and Anwer Mooraj, eds. *Karachi: Megacity of Our Times*. Karachi: Oxford University Press, 1997.

Kimmerling, Judith. "Oil Development in Ecuador and Peru: Law, Politics, and the Environment." In *Amazonia at the Crossroads: The Challenge of Sustainable Development*, ed. Anthony Hall. London: Institute of Latin American Studies, 2000.

Knight, Catherine. "The Nature Conservation Movement in Post-war Japan." *Environment and History* 16 (2010): 349–370.

Koninck, Rodolphe de. *Deforestation in Viet Nam*. Ottawa: International Development Research Centre, 1999.

Kreike, Emmanuel. "War and Environmental Eff ects of Displacement in Southern Africa (1970s–1990s)." In *African Environment and Development: Rhetoric, Programs, Realities*, ed. William G. Moseley and B. Ikubolajeh Logan. Burlington, VT: Ashgate, 2003.

Kudrik, Igor, et al. *The Russian Nuclear Industry*. Oslo: Bellona Foundation, 2004.

Langston, Nancy. *Toxic Bodies*. New Haven: Yale University Press, 2010.

Lawton, Richard, ed. *The Rise and Fall of Great Cities: Aspects of Urbanization in the Western World*. New York: Belhaven, 1989.

Lewis, Simon L. "Tropical Forests and the Changing Earth System." *Philosophical Transactions: Biological Sciences* 361, no. 1465 (January 29, 2006): 195–196.

Li, Hongmei, et al. "Demand for Rubber Is Causing the Loss of High Diversity Rain Forest in SW China." *Biodiversity and Conservation* 16 (2007): 1731–1745.

Li, Lillian M. *Fighting Famine in North China: State, Market, and Environmental Decline, 1690s–1990s*. Stanford, CA: Stanford University Press, 2007.

Liu, Wenjun, Huabin Hu, Youxin Ma, and Hongmei Li. "Environmental and Socioeconomic Impacts of Increasing Rubber Plantations in Menglun Township, Southwest China." *Mountain Research and Development* 26 (2006): 245–253.

Lu, Z., et al. "Sulfur Dioxide Emissions in China and Sulfur Trends in East Asia since 2000." *Atmospheric Chemistry and Physics Discussion* 10 (2010): 8657–8715.

Ma, Yonghuan, and Fan Shengyue. "The Protection Policy of Eco-environment in Desertification Areas of Northern China: Contradiction and Countermeasures." *Ambio* 35 (2006): 133–134.

Maathai, Wangari. *Unbowed: A Memoir.* New York: Knopf, 2006.
MacDowell, Laurel Sefton. *An Environmental History of Canada.* Vancouver: University of British Columbia Press, 2012.
Makhijani, Arjun, Howard Hu, and Katherine Yih, eds. *Nuclear Wastelands: A Global Guide to Nuclear Weapons Production and Its Health and Environmental Effects.* Cambridge, MA: MIT Press, 1995.
Markham, William T. *Environmental Organizations in Modern Germany: Hardy Survivors in the Twentieth Century and Beyond.* New York: Berghahn, 2008.
Marks, Robert. *China: Its Environment and History.* Lanham, MD: Rowman and Littlefield, 2013.
Martinez-Alier, Juan. *The Environmentalism of the Poor: A Study of Ecological Conflicts and Valuation.* New Delhi: Oxford University Press, 2004.
McCormick, John. *Reclaiming Paradise: The Global Environmental Movement.* Bloomington: Indiana University Press, 1989.
McKibben, Bill. *Hope, Human and Wild: True Stories of Living Lightly on the Earth.* Minneapolis: Milkweed, 2007.
McNeill, J. R. "The Cold War and the Biosphere." In *The Cambridge History of the Cold War,* vol. 3: *Endings,* ed. Melvyn P. Leffler and Odd Arne Westad. Cambridge: Cambridge University Press, 2010.
———. *The Mountains of the Mediterranean World: An Environmental History.* Cambridge: Cambridge University Press, 1992.
———. *Something New under the Sun: An Environmental History of the Twentieth-Century World.* New York: Norton, 2000.
McNeill, J. R., and Corinna Unger, eds. *Environmental Histories of the Cold War.* New York: Cambridge University Press, 2010.
McNeill, William H. *Plagues and Peoples.* Garden City, NY: Anchor/Doubleday, 1976.
McShane, Clay. *Down the Asphalt Path: The Automobile and the American City.* New York: Columbia University Press, 1994.
Medvedev, Zhores A. *Nuclear Disaster in the Urals.* New York: Norton, 1979.
Melosi, Martin V. *Effluent America: Cities, Industry, Energy, and the Environment.* Pittsburgh: University of Pittsburgh Press, 2001.
———. "The Place of the City in Environmental History." *Environmental History Review* 17 (1993): 1–23.
———. *The Sanitary City: Urban Infrastructure in America from Colonial Times to the Present.* Baltimore: Johns Hopkins University Press, 2000.
Micklin, Philip. "The Aral Sea Disaster." *Annual Review of Earth and Planetary Sciences* 35 (2007): 47–72.

Mikhail, Alan, ed. *Water on Sand: Environmental Histories of the Middle East and North Africa*. New York: Oxford University Press, 2013.

Miles, Edward L. "On the Increasing Vulnerability of the World Ocean to Multiple Stresses." *Annual Review of Environment and Resources* 34 (2009): 18–26.

Miller, Char, ed. *On the Border: An Environmental History of San Antonio*. Pittsburgh: University of Pittsburgh Press, 2001.

Miller, Ian J., Julia A. Thomas, and Brett Walker, eds. *Japan at Nature's Edge: The Environmental Context of a Global Power*. Honolulu: University of Hawai'i Press, 2013.

Miller, Shawn William. *An Environmental History of Latin America*. New York: Cambridge University Press, 2007.

Mirza, M. Monirul Qader. "Climate Change, Flooding and Implications in South Asia." *Regional Environmental Change* 11, supp. 1 (2011): 95–107.

Molina, Mario J., and Luisa T. Molina. "Megacities and Atmospheric Pollution." *Journal of the Air and Waste Management Association* 54 (2004): 644–680.

Montrie, Chad. *To Save the Land and People: A History of Opposition to Surface Mining in Appalachia*. Chapel Hill: University of North Carolina Press, 2003.

Mudd, G. M. "Gold Mining in Australia: Linking Historical Trends and Environmental and Resource Sustainability." *Environmental Science and Policy* 10 (2007): 629–644.

Mukherjee, Suroopa. *Surviving Bhopal: Dancing Bodies, Written Texts, and Oral Testimonials of Women in the Wake of an Industrial Disaster*. New York: Palgrave Macmillan, 2010.

Muscolino, Micah. *The Ecology of War in China: Henan Province, the Yellow River, and Beyond*. New York: Cambridge University Press, 2014.

Nelson, Arvid. *Cold War Ecology: Forests, Farms, and People in the East German Landscape, 1945–1989*. New Haven, CT: Yale University Press, 2005.

Nelson, Lane E., ed. *Purifying the Earthly Body of God: Religion and Ecology in Hindu India*. Albany: State University of New York Press, 1998.

Nesterenko, Alexey B., Vassily B. Nesterenko, and Alexey V. Yablokov. "Consequences of the Chernobyl Catastrophe for Public Health." *Annals of the New York Academy of Sciences* 1181 (2009): 31–220.

Newman, Peter, and Jeffrey Kenworthy. *Sustainability and Cities: Overcoming Automobile Dependence*. Washington, DC: Island Press, 1999.

Niele, Frank. *Energy: Engine of Evolution*. Amsterdam: Elsevier, 2005.

Nilsen, Alf Gunvald. *Dispossession and Resistance in India: The River and the Rage*. London: Routledge, 2010.

Olajide, P. A., et al. "Fish Kills and Physiochemical Qualities of a Crude Oil Polluted River in Nigeria." *Research Journal of Fisheries and Hydrobiology* 4 (2009): 55–64.

Omotola, J. Shola "'Liberation Movements' and Rising Violence in the Niger Delta: The New Contentious Site of Oil and Environmental Politics." *Studies in Conflict and Terrorism* 33 (2010): 36–54.

O'Rourke, Dara, and Sarah Connolly. "Just Oil? The Distribution of Environmental and Social Impacts of Oil Production and Consumption." *Annual Review of Environment and Resources* 28 (2003): 587–617.

Orum, Anthony M., and Xiangming Chen, *The World of Cities: Places in Comparative and Historical Perspective*. Malden, MA: Blackwell, 2003.

Pfister, Christian. "The 'Syndrome of the 1950s' in Switzerland: Cheap Energy, Mass Consumption, and the Environment." In *Getting and Spending: European and American Consumer Societies in the Twentieth Century*, ed. Susan Strasser, Charles McGovern, and Matthias Judt. Cambridge: Cambridge University Press, 1998.

Pick, James B., and Edgar W. Butler. *Mexico Megacity*. Boulder, CO: Westview, 2000.

Premat, Adriana. "Moving between the Plan and the Ground: Shifting Perspectives on Urban Agriculture in Havana, Cuba." In *Agropolis: The Social, Political, and Environmental Dimensions of Urban Agriculture*, ed. Luc J. A. Mougeot. London: Earthscan, 2005.

Purvis, Nigel, and Andrew Stevenson. *Rethinking Climate Diplomacy: New Ideas for Transatlantic Cooperation Post-Copenhagen*. Washington, DC: German Marshall Fund of the United States, 2010. http://www.gmfus.org/archives/rethinking-climate-diplomacy-new-ideas-for-transatlantic-cooperation-post-copenhagen.

Qu, Geping, and Li Jinchang. *Population and the Environment in China*. Edited by Robert B. Boardman. Translated by Jiang Baozhong and Gu Ran. Boulder, CO: Lynne Rienner, 1994.

Radkau, Joachim. *The Age of Ecology*. London: Polity, 2014.

——. *Nature and Power: A Global History of the Environment*. Translated by Thomas Dunlap. Cambridge: Cambridge University Press, 2008.

Rangarajan, Mahesh. "The Politics of Ecology: The Debate on Wildlife and People in India, 1970–95." In *Battles over Nature: Science and the Politics of Conservation*, ed. Vasant K. Saberwal and Mahesh Rangarajan. Delhi: Orient Blackswan, 2003.

Reader, John. *Cities*. New York: Atlantic Monthly, 2004.

Rees, William E. "Ecological Footprints and Appropriated Carrying Capacity: What Urban Economics Leaves Out." *Environment and Urbanization* 4, no. 2 (1992): 121–130.

Roberts, Callum. *The Unnatural History of the Sea*. Washington, DC: Island Press, 2007.

Rome, Adam. *The Genius of Earth Day*. New York: Hill and Wang, 2014.

———." 'Give Earth a Chance': The Environmental Movement and the Sixties." *Journal of American History* 90, no. 2 (September 2003): 525–554.

Ruddiman, William H. *Plows, Plagues and Petroleum: How Humans Took Control of Climate*. Princeton, NJ: Princeton University Press, 2005.

Sagane, Rajendra. "Water Management in Mega-cities in India: Mumbai, Delhi, Calcutta, and Chennai." In *Water for Urban Areas: Challenges and Perspectives*, ed. Juha I. Uitto and Asit K. Biswas. New York: United Nations University Press, 2000.

San Sebastián, Miguel, and Anna-Karin Hurtig. "Oil Exploitation in the Amazon Basin of Ecuador: A Public Health Emergency." *Revista panamericana de salud pública* 15 (2004): 205–211.

Satterthwaite, David. *Barbara Ward and the Origins of Sustainable Development*. London: International Institute for Environment and Development, 2006.

Scharping, Thomas. *Birth Control in China, 1949–2000: Population Policy and Demographic Development*. London: RoutledgeCurzon, 2003.

Schmucki, Barbara. *Der Traum vom Verkehrsfluss: Städtische Verkehrsplanung seit 1945 im deutsch-deutschen Vergleich*. Frankfurt: Campus, 2001.

Schreurs, Miranda A. *Environmental Politics in Japan, Germany, and the United States*. Cambridge: Cambridge University Press, 2002.

Schwartz, Stephen I., ed., *Atomic Audit: The Costs and Consequences of U.S. Nuclear Weapons since 1940*. Washington, DC: Brookings Institution, 1998.

Sewell, John. *The Shape of the Suburbs: Understanding Toronto's Sprawl*. Toronto: University of Toronto Press, 2009.

Shapiro, Judith. *Mao's War against Nature: Politics and the Environment in Revolutionary China*. Cambridge: Cambridge University Press, 2001.

Sharan, Awadhendra. *In the City, out of Place: Nuisance, Pollution, and Dwelling in Delhi, c. 1850–2000*. New Delhi: Oxford University Press, 2014.

Shi, Anqing. "The Impact of Population Pressure on Global Carbon Emissions, 1975–1996: Evidence from Pooled Cross-Country Data." *Ecological Economics* 44 (2003): 29–42.

Singh, Satyajit. *Taming the Waters: The Political Economy of Large Dams in India*. Delhi: Oxford University Press, 1997.

Smil, Vaclav. *Energy at the Crossroads: Global Perspectives and Uncertainties*. Cambridge, MA: MIT Press, 2003.

———. *Energy in Nature and Society: General Energetics of Complex Systems*. Cambridge, MA: MIT Press, 2008.

———. *Energy in World History*. Boulder, CO: Westview, 1994.

———. *Transforming the Twentieth Century: Technical Innovations and Their Consequences*. New York: Oxford University Press, 2006.

Smith, Jim T., and Nicholas A. Beresford. *Chernobyl: Catastrophe and Consequences*. Berlin: Springer, 2005.

Solomon, Lawrence. *Toronto Sprawls: A History*. Toronto: University of Toronto Press, 2007.

Sovacool, Benjamin K. "The Costs of Failure: A Preliminary Assessment of Major Energy Accidents, 1907–2007." *Energy Policy* 36 (2008): 1802–1820.

Stacy, Ian. "Roads to Ruin on the Atomic Frontier: Environmental Decision Making at the Hanford Nuclear Reservation, 1942–1952." *Environmental History* 15 (2010): 415–448.

Steffen, Will, Paul J. Crutzen, and J. R. McNeill. "The Anthropocene: Are Humans Now Overwhelming the Great Forces of Nature?" *Ambio* 36 (2007): 614–621.

Steffen, Will, et al. "The Trajectory of the Anthropocene: The Great Acceleration." *Anthropocene Review* 2 (2015): 81–98.

Steinberg, Ted. *Down to Earth: Nature's Role in American History*. 2nd ed. New York: Oxford University Press, 2009.

Stern, David I. "Global Sulfur Emissions from 1850 to 2000." *Chemosphere* 58 (2005): 163–175.

Sternberg, R. "Hydropower: Dimensions of Social and Environmental Coexistence." *Renewable and Sustainable Energy Reviews* 12 (2008): 1588–1621.

Stoll, Mark. *Inherit the Holy Mountain: Religion and the Rise of American Environmentalism*. New York: Oxford University Press, 2015.

Terry, Andrew, Karin Ullrich, and Uwe Riecken. *The Green Belt of Europe: From Vision to Reality*. Gland, Switzerland: International Union for Conservation of Nature, 2006.

Thukral, Enakshi Ganguly, ed. *Big Dams, Displaced People: Rivers of Sorrow, Rivers of Change*. New Delhi: Sage, 1992.

Tiffen, Mary, Michael Mortimore, and Francis Gichuki. *More People, Less Erosion: Environmental Recovery in Kenya*. Chichester, UK: Wiley, 1994.

Uekoetter, Frank. *The Age of Smoke: Environmental Policy in Germany and the United States, 1880–1970*. Pittsburgh: University of Pittsburgh Press, 2009.

Unger, Nancy. *Beyond Nature's Housekeepers: American Women in Environmental History*. New York: Oxford University Press, 2012.

Vermeij, Geerat J., and Lindsey R. Leighton. "Does Global Diversity Mean Anything?" *Paleobiology* 29, no. 1 (2003): 3–7.

Vilchek, G. E., and A. A. Tishkov. "Usinsk Oil Spill." In *Disturbance and Recovery in Arctic Lands: An Ecological Perspective*, ed. R. M. M. Crawford. Dordrecht, Netherlands: Kluwer Academic, 1997.

Volti, Rudi. "A Century of Automobility." *Technology and Culture* 37, no. 4 (1996): 663–685.

Walker, Brett L. *Toxic Archipelago: A History of Industrial Disease in Japan*. Seattle: University of Washington Press, 2010.

Walker, J. Samuel. *Three Mile Island: A Nuclear Crisis in Historical Perspective*. Berkeley: University of California Press, 2004.

Watt, John, Johan Tidblad, Vladimir Kucera, and Ron Hamilton, eds. *The Effects of Air Pollution on Cultural Heritage*. Berlin: Springer, 2009.

Weart, Spencer R. *The Discovery of Global Warming*. Rev. ed. Cambridge, MA: Harvard University Press, 2008.

Webb, James L. A., Jr. *Humanity's Burden: A Global History of Malaria*. Cambridge: Cambridge University Press, 2009.

Weller, Robert P. *Discovering Nature: Globalization and Environmental Culture in China and Taiwan*. Cambridge: Cambridge University Press, 2006.

Westing, Arthur H., ed. *Herbicides in War: The Long-Term Ecological and Human Consequences*. London: Taylor and Francis, 1984.

White, Richard. *The Organic Machine: The Remaking of the Columbia River*. New York: Hill and Wang, 1995.

White, Tyrene. *China's Longest Campaign: Birth Planning in the People's Republic, 1949–2005*. Ithaca, NY: Cornell University Press, 2006.

Williams, Michael. *Deforesting the Earth: From Prehistory to Global Crisis*. Chicago: University of Chicago Press, 2003.

Wilson, E. O., with Frances M. Peter, eds. *Biodiversity*. Washington, DC: National Academy Press, 1986.

Winiwarter, Verena, and Martin Knoll. *Umweltgeschichte: Eine Einführung*. Cologne: Böhlau, 2007.

Wood, John R. *The Politics of Water Resource Development in India: The Narmada Dams Controversy*. Los Angeles: Sage, 2007.

Worster, Donald. *Dust Bowl: The Southern Plains in the 1930s*. New York: Oxford University Press, 1978.

———. *Rivers of Empire: Water, Aridity, and the Growth of the American West*. New York: Oxford University Press, 1992.

Yablokov, Alexey V., Vassily B. Nesterenko, and Alexey V. Nesterenko. "Consequences of the Chernobyl Catastrophe for the Environment." *Annals of the New York Academy of Sciences* 1181 (2009): 221–286.

Zelko, Frank. *Make It a Green Peace: The Rise of Countercultural Environmentalism*. New York: Oxford University Press, 2013.

致 谢

我们向下列乔治敦大学的同人致以谢意，其中有些是研究生。他们阅读了本书的全部或部分内容，并提供了有益的反馈：Clark Alejandrino, Carol Benedict, Meredith Denning, Toshi Higuchi, Faisal Husain, Adrienne Kates, Lindsay Levine, Robynne Mellor, Michelle Melton, Robert Mevissen, Graham Pitts, Colleen Riley, Alan Roe 和 Yubin Shen。在希尔托普（Hilltop）以外的地方，Akira Iriye, Stephen Macekura, Marie Sylvia O'Neill, Jürgen Osterhammel 和 Jan Zalaciewicz 也给我们提供了有用的信息或评论，也向他们表示感谢。

见识丛书

科学 历史 思想

01《时间地图：大历史，130亿年前至今》 ［美］大卫·克里斯蒂安

02《太阳底下的新鲜事：20世纪人与环境的全球互动》 ［美］约翰·R. 麦克尼尔

03《革命的年代：1789—1848》 ［英］艾瑞克·霍布斯鲍姆

04《资本的年代：1848—1875》 ［英］艾瑞克·霍布斯鲍姆

05《帝国的年代：1875—1914》 ［英］艾瑞克·霍布斯鲍姆

06《极端的年代：1914—1991》 ［英］艾瑞克·霍布斯鲍姆

07《守夜人的钟声：我们时代的危机和出路》 ［美］丽贝卡·D. 科斯塔

08《1913，一战前的世界》 ［英］查尔斯·埃默森

09《文明史：人类五千年文明的传承与交流》 ［法］费尔南·布罗代尔

10《基因传：众生之源》（平装+精装） ［美］悉达多·穆克吉

11《一万年的爆发：文明如何加速人类进化》

［美］格雷戈里·柯克伦 ［美］亨利·哈本丁

12《审问欧洲：二战时期的合作、抵抗与报复》 ［美］伊斯特万·迪克

13《哥伦布大交换：1492年以后的生物影响和文化冲击》

［美］艾尔弗雷德·W. 克罗斯比

14《从黎明到衰落：西方文化生活五百年，1500年至今》（平装+精装）

［美］雅克·巴尔赞

15《瘟疫与人》 ［美］威廉·麦克尼尔

16《西方的兴起：人类共同体史》 ［美］威廉·麦克尼尔

17《奥斯曼帝国的终结：战争、革命以及现代中东的诞生，1908—1923》

［美］西恩·麦克米金

18《科学的诞生：科学革命新史》（平装） ［美］戴维·伍顿

19《内战：观念中的历史》 ［美］大卫·阿米蒂奇

20《第五次开始》 ［美］罗伯特·L. 凯利

21《人类简史：从动物到上帝》（平装+精装） ［以色列］尤瓦尔·赫拉利

22《黑暗大陆：20 世纪的欧洲》 ［英］马克·马佐尔

23《现实主义者的乌托邦：如何建构一个理想世界》 ［荷］鲁特格尔·布雷格曼

24《民粹主义大爆炸：经济大衰退如何改变美国和欧洲政治》［美］约翰·朱迪斯
25《自私的基因（40 周年增订版）》（平装 + 精装）［英］理查德·道金斯
26《权力与文化：日美战争 1941—1945》［美］入江昭
27《犹太文明：比较视野下的犹太历史》［以］S. N. 艾森斯塔特
28《技术垄断：文化向技术投降》［美］尼尔·波斯曼
29《从丹药到枪炮：世界史上的中国军事格局》［美］欧阳泰
30《起源：万物大历史》［美］大卫·克里斯蒂安
31《为什么不平等至关重要》［美］托马斯·斯坎伦
32《科学的隐忧》［英］杰里米·鲍伯戈
33《简明大历史》［美］大卫·克里斯蒂安［美］威廉·麦克尼尔 主编
34《专家之死：反智主义的盛行及其影响》［美］托马斯·M. 尼科尔斯
35《大历史与人类的未来（修订版）》［荷］弗雷德·斯皮尔
36《人性中的善良天使》［美］斯蒂芬·平克
37《历史性的体制：当下主义与时间经验》［法］弗朗索瓦·阿赫托戈
38《希罗多德的镜子》［法］弗朗索瓦·阿赫托戈
39《出发去希腊》［法］弗朗索瓦·阿赫托戈
40《灯塔工的值班室》［法］弗朗索瓦·阿赫托戈
41《从航海图到世界史：海上道路改变历史》［日］宫崎正胜
42《人类的旅程：基因的奥德赛之旅》［美］斯宾塞·韦尔斯
43《西方的困局：欧洲与美国的当下危机》［德］海因里希·奥古斯特·温克勒
44《没有思想的世界：科技巨头对独立思考的威胁》［美］富兰克林·福尔
45《锥形帐篷的起源：思想如何进化》［英］乔尼·休斯
46《后基因组时代：后基因组时代的伦理、正义和知识》［美］珍妮·瑞尔丹
47《世界环境史》［美］威廉·H. 麦克尼尔 约翰·R. 麦克尼尔 等 编著
48《竞逐富强：公元 1000 年以来的技术、军事与社会》［美］威廉·麦克尼尔
49《大加速：1945 年以来人类世的环境史》
［美］约翰·R. 麦克尼尔［美］彼得·恩格尔克
50《不可思议的旅程：我们的星球与我们自己的大历史》［美］沃尔特·阿尔瓦雷兹
51《认知工具：文化进化心理学》［英］塞西莉亚·海耶斯
52《人工不智能：计算机如何误解世界》［美］梅瑞狄斯·布鲁萨德
53《断裂的年代：20 世纪的文化与社会》［英］艾瑞克·霍布斯鲍姆

……后续新品，敬请关注……